岭南城市绿色建设研究与实践

陈荣毅　杨仕超　马燕飞　余亚斌　主编

中国建筑工业出版社

图书在版编目（CIP）数据

岭南城市绿色建设研究与实践 / 陈荣毅等主编. —
北京：中国建筑工业出版社，2022.11
ISBN 978-7-112-28152-7

Ⅰ.①岭… Ⅱ.①陈… Ⅲ.①城市—生态建筑—建筑
设计—研究—岭南 Ⅳ.①TU201.5

中国版本图书馆CIP数据核字（2022）第209605号

责任编辑：李玲洁
责任校对：李美娜

岭南城市绿色建设研究与实践

陈荣毅　杨仕超　马燕飞　余亚斌　主编

*

中国建筑工业出版社出版、发行（北京海淀三里河路9号）
各地新华书店、建筑书店经销
北京点击世代文化传媒有限公司制版
北京富诚彩色印刷有限公司印刷

*

开本：787毫米×1092毫米　1/16　印张：15　字数：315千字
2022年11月第一版　2022年11月第一次印刷
定价：**138.00**元
ISBN 978-7-112-28152-7
（40272）

编委会

主编单位：广州市南沙区建设中心

广东省建筑科学研究院集团股份有限公司

主　　编：陈荣毅　杨仕超　马燕飞　余亚斌

编写人员：黄志锋　袁　峥　李传义　吴培浩　周　荃

崔　麟　丁　可　李　青　张昌佳　赵珣宇

唐　毅　李旭颖　蔡　剑　王　智　赵宇翔

蓝洪宁　杜文淳　张忱忱

前　言

建筑业是国民经济的支柱产业，为我国经济社会发展和民生改善作出了重要贡献。但同时，建筑业仍然存在资源消耗大、污染排放高、建造方式粗放等问题，与“创新、协调、绿色、开放、共享”的新发展理念要求还存在一定差距。在2020年联合国大会上，中国承诺力争在2030年前实现碳达峰，2060年前实现碳中和。建筑业面临的转型发展任务十分艰巨。

为推动建筑业转型升级和绿色发展，进一步规范和指导绿色建造工作，住房和城乡建设部在2021年3月16日发布了《绿色建造技术导则（试行）》，提出绿色建造全过程关键技术要点，引导绿色建造技术方向。

岭南城市的绿色建设实践依托国家可持续发展战略的大背景，在绿色规划、绿色设计、绿色建造、绿色运营、绿色拆除等建筑全生命周期的各个环节中落实各项绿色措施，助力建筑业绿色转型发展。

本书的编制，旨在对我国岭南城市的绿色建设相关内容进行初步探索，研究绿色建设的概念和内涵，在此基础上，构建与之相匹配的技术指标体系以及与绿色建设要求相适应的关键技术框架，并以实际工程实践进行案例分析，探索出一条岭南城市绿色建设的可行路径。

全书共分为6章，主要内容如下：

第1章，我国绿色建设发展现状与要求：简述绿色建设的概念与内涵，以及国家在绿色建设方面的总体要求及发展情况。

第2章，岭南城市特点与绿色建设：简述岭南城市的建设特点及绿色要求，并以广东省为例，简述岭南城市绿色建设发展情况。

第3章，绿色建设技术体系：从绿色建设的指标体系、标准体系、关键技术三个方面介绍绿色建设技术体系的构成及主要内容。

第4章，绿色建设政策体系：从绿色建设的市场机制及保障措施两个方面介绍绿色建设政策体系的构成及主要内容。

第5章，绿色建设实践：从城市整体规划、城区规划建设、绿色建筑建设三个层面分别挑选典型的实际工程案例进行分析，详细介绍这些项目在绿色建设方面的主要亮点及实践经验。

第6章，总结：对本书介绍的内容进行归纳。

在"2030年碳达峰，2060年碳中和"的总体目标要求下，城乡建设领域的绿色低碳化已迫在眉睫，目前针对我国城市绿色建设的系统性研究成果较少，专门针对岭南城市的绿色建设研究更是凤毛麟角，本书试图通过梳理城市建设的关键点，基于工程建设的全流程，提出岭南城市绿色建设的关键技术和重点内容，助力城乡建设领域碳达峰、碳中和目标的实现。本书在编写过程中，参考了许多专家学者的论著与研究成果，虽已列明于参考文献中，但仍恐有疏漏之处，诚请多加包涵！本书作者能力有限，书中不足之处，恳请广大同仁批评指正。

目　录

第 1 章

我国绿色建设发展现状与要求

1.1 绿色建设的概念与内涵

1.1.1 绿色建设的概念

对于岭南城市而言，绿色建设是以倡导人与自然生态和谐共生为理念，以以人为本、因地制宜、维护城乡生态安全、传承发展岭南建筑文化为立足点，以创建宜居城乡、实现可持续发展为总体目标的城乡建设模式。它在产业支撑、人居环境、社会保障、生活方式等方面突破传统，实现城乡建设模式的转变；在自主创新能力、资源节约利用、降低污染排放、产业结构水平、信息化程度、质量效益等方面转型升级，实现城乡建设的跨越式发展。

1.1.2 绿色建设的内涵

“绿色建设”的概念涉及很广，其中“绿色”的概念已牵涉经济、文化、社会等诸多领域，而“建设”的概念又涵盖了建设项目的全领域和全寿命期等众多方面，因此，“绿色建设”的概念具有丰富的内涵。

（1）“绿色建设”是生态文明在建设领域的具体表现，是建设领域的发展理念和价值取向，将引领和规范的各项建设活动向节约、低碳、环保等可持续发展方向转化。

（2）“绿色建设”是国家“新型城镇化”和“绿色化”在建设领域的落地，是城乡建设的发展目标，在生态保护、产业支撑、人居环境、社会保障、生活方式等方面突破传统，实现城乡建设的跨越式发展。

（3）“绿色建设”是建设产业转型升级的动力与方向，是推动经济发展的新引擎，将加快建筑产业现代化、BIM 技术、智能家居等新兴产业的集群布局，引导传统建筑产业、建材产品等朝绿色化方向发展，促进建设产业的生产方式和商业模式转变。

（4）“绿色建设”落实在城市和乡村的建筑和基础设施等建设各方面，且涵盖了立项、规划、选址、设计、施工、运营管理、改造等建设全过程，是业主、开发商、设计人员、施工人员、物业管理人员等建设从业人员总的行动纲领。

（5）“绿色建设”是城乡的现代化建设模式，BIM 等技术的推进将极大地减少建设浪费和重复建设，建筑工业化等将改变劳动力密集的建设方式，建筑垃圾的分类和循环利用等将变废为宝。

（6）“绿色建设”是政府引导建设工作的抓手，是系统推进绿色城市、绿色乡村、绿色基础设施、绿色建筑等工作的框架，是重点突破建筑工业化、海绵城市、建筑垃圾处理、绿色建材、城市管廊等工作的全局支撑。

（7）“绿色建设”为普通大众提供更加健康、舒适、便利的城市环境和居住环境，并引导普通大众的日常生活消费向勤俭节约、绿色低碳、文明健康的方向转变。

（8）“绿色建设”是对地方建筑文化的传承和发展，紧密结合当地的气候、人文、经济等方面的现状，对岭南城而言，应强调遮阳、通风、除湿、隔热等技术特点，系统创建岭南特色的宜居城乡。

1.2　国家对绿色建设的总体要求

城市活动是导致气候变化的主要原因之一（图 1.2-1），推进城市建设运营方式的绿色转型是改善环境的重要手段。2007 年党的十七大报告首次提出“生态文明”，标志着生态文明建设的全面推进。城市建设涉及城市空间布局、组团结构、职住平衡等，从而影响到居民生活的方方面面，因此转型工作需要顾全全局。

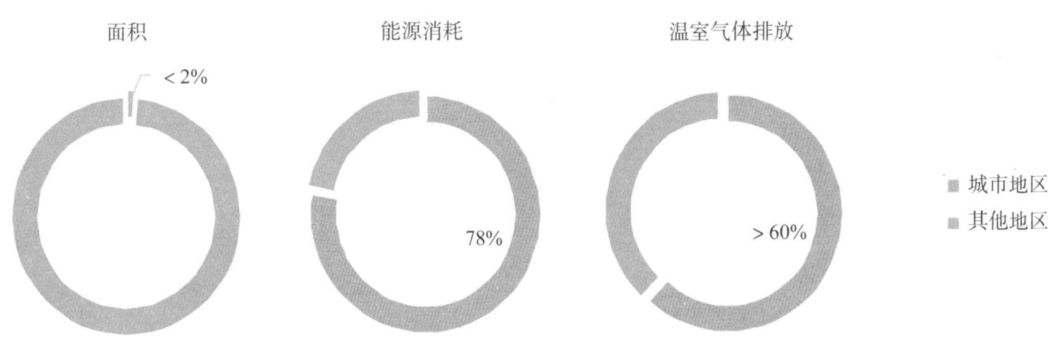

图 1.2-1　控制城市碳排放是实现碳中和的关键（来源：联合国人居署）

2008 年 3 月，国务院印发《中国 21 世纪初可持续发展行动纲要》，提出了我国可持续发展的目标、重点领域和保障措施。《中国 21 世纪初可持续发展行动纲要》中，明确我国实施可持续发展战略的指导思想是：坚持以人为本，以人与自然和谐为主线，以经济发展为核心，以提高人民群众生活质量为根本出发点，以科技和体制创新为突破口，坚持不懈地全面推进经济社会与人口、资源和生态环境的协调，不断提高我国的综合国力和竞争力，为实现第三步战略目标奠定坚实的基础。

2014 年，中共中央和国务院联合发布《国家新型城镇化规划（2014—2020 年）》，提出“绿色城市”理念，要求创新规划理念，“将生态文明理念全面融入城市发展，构建绿色生产方式、生活方式和消费模式”。在 2015 年 3 月召开的党中央政治局会议中，我国首次提出了一个让人耳目一新的概念——“绿色化”，这是对十八大提出的“新四化”概念的提升，在“新型工业化、城镇化、信息化、农业现代化”之外，又加入了“绿色化”，变成“新五化”，并且将其定性为“政治任务”。

这次会议提出的“绿色化”，有几个层次的含义：

首先，它是一种生产方式——“科技含量高、资源消耗低、环境污染少的产业结构和生产方式”，而且希望带动“绿色产业”，“形成经济社会发展新的增长点”。

其次，它也是一种生活方式——“生活方式和消费模式向勤俭节约、绿色低碳、文明健康的方向转变，力戒奢侈浪费和不合理消费”。

最后，它还是一种价值取向——“把生态文明纳入社会主义核心价值体系，形成人人、事事、时时崇尚生态文明的社会新风”。

简而言之，就是把生态文明摆到了非常高的位置，不仅要在经济社会发展中实现发展方式的“绿色化”，而且要使之成为高级别价值取向。其阶段性目标，就是“推动国土空间开发格局优化、加快技术创新和结构调整、促进资源节约循环高效利用、加大自然生态系统和环境保护力度”，也就是朝着生态文明建设的总体目标进发。

在“新型城镇化”方面，国家相继提出了“积极稳妥推进城镇化，合理调节各类城市人口规模，提高中小城市对人口的吸引能力，始终节约用地，保护生态环境；城镇化要发展，农业现代化和新农村建设也要发展，同步发展才能相得益彰，要推进城乡一体化发展。”“推进城镇化，核心是人的城镇化，关键是提高城镇化质量，目的是造福百姓和富裕农民。要走集约、节能、生态的新路子，着力提高内在承载力，不能人为‘造城’，要实现产业发展和城镇建设融合，让农民工逐步融入城镇。要为农业现代化创造条件、提供市场，实现新型城镇化和农业现代化相辅相成。”

新型城镇化是以城乡统筹、城乡统一、产城互动、节约集约、生态宜居、和谐发展为基本特征的城镇化，是大中城市、小城镇、新型农村社区协调发展、互促共进的城镇化。城乡基础设施要一体化，公共服务要均等化；把城、乡建成具有较高品质的适宜人居之所;要走集约、节能、生态的新路子，实现产业发展和城镇建设融合。国家把“新五化”作为新时期的政治任务提出来，这充分体现了国家对绿色建设事业的高度重视，在可以预见的未来，绿色建设产业将获得国家政策的大力支持。

2016 年《中华人民共和国国民经济和社会发展第十三个五年规划纲要》提出“生产方式和生活方式绿色、低碳水平上升。能源资源开发利用效率大幅提高，能源和水资源消耗、建设用地、碳排放总量得到有效控制，主要污染物排放总量大幅减少”的生态环境质量改善目标。城市绿色发展已经成为我国新型城镇化战略的核心举措。

另外，党的十九大报告提出的“十四条坚持”中将“坚持人与自然和谐共生”纳入新时代坚持和发展中国特色社会主义的基本方略，在具体论述生态文明建设的重要性时，报告前所未有地提出“像对待生命一样对待生态环境”“实行最严格的生态环境保护制度”等论断，在论及着力解决突出环境问题时，提出“打赢蓝天保卫战”的理念，集中体现出党中央全面提升生态文明、建设美丽中国的坚定决心和坚强意志，为中国特色社会主义新时代树起了生态文明建设的里程碑。

自 2020 年底以来，我国多次在重要场合和政策文件中提及碳达峰、碳中和。2020 年 9 月，习近平主席在第七十五届联合国大会上郑重宣布，中国将提高国家自主贡献力度，二氧化碳排放力争于 2030 年前达到峰值，争取 2060 年前实现碳中和。2021 年 3 月，习近平总书记主持召开中央财经委员会第九次会议强调要把碳达峰碳中和纳入生态文明建设整体布局，力争 2030 年前实现碳达峰，2060 年前实现碳中和，要以能源绿色低碳发展为关键，加快形成节约资源和保护环境的产业结构、生产方式、生活方式、空间格局，坚定不移走生态优先、绿色低碳的高质量发展道路。

2021 年 10 月，中共中央办公厅、国务院办公厅印发《关于推动城乡建设绿色发展的意见》，提出“到 2035 年，城乡建设全面实现绿色发展，碳减排水平快速提升，城市和乡村品质全面提升，人居环境更加美好，城乡建设领域治理体系和治理能力基本实现现代化，美丽中国建设目标基本实现”的总体目标。城乡绿色建设的指导工作包括三大部分，推进城乡建设一体化发展、转变城乡建设发展方式、转变城乡建设创新工作方法。“推进城乡建设一体化发展”中，提出促进区域和城市群绿色发展、建设人与自然和谐共生的美丽城市、打造绿色生态宜居的美丽乡村等三项主要任务；“转变城乡建设发展方式”中，从建设高品质绿色建筑、提高城乡基础设施体系化水平、加强城乡历史文化保护传承、实现工程建设全过程绿色建造、推动形成绿色生活方式等五个方面提出转型发展要求；在“创新工作方法”中，提出要统筹城乡规划建设管理、建立城市体检评估制度、加大科技创新力度、推动城市智慧化建设、推动美好环境共建共治共享等五项方法，为城乡建设绿色发展提供坚实保障。

1.3 我国绿色建设总体发展情况

我国绿色建设发展路径是以国家生态文明、科学发展观和新型城镇化等基本国策为基础，通过国家各部委和各级地方政府的激励政策的出台，推动绿色产业发展，提高国民环保意识。

目前，我国基本已形成目标清晰、政策配套、标准较为完善的绿色建设推进体系。虽然我国绿色建设工作相对于发达国家起步较晚，但发展速度非常快。一方面，国家各部委相继出台多个政策措施推动城市发展向低碳、生态、绿色、集约转型；另一方面，住房和城乡建设部陆续发布《民用建筑绿色设计规范》JGJ/T 229—2010、《绿色建筑评价标准》GB/T 50378—2019 等一系列的工程建设标准，对各类民用建筑绿色评价、绿色设计、绿色施工、绿色改造等工作提供技术支撑，并印发《绿色建筑评价管理办法》和《绿色建筑标识管理办法》等规范性文件。

以政策体系为契机，各地根据地方特色陆续展开绿色建设试点工程、财政资金补贴、资质评优等激励措施，实践范围包括绿色建筑、绿色建造、绿色重点小城镇等。住房和城乡建设部于 2021 年 3 月推动湖南省、广东省深圳市、江苏省常州市三个地区开展绿色建造试点，并印发《绿色建造技术导则（试行）》。“十三五”期间，累计建成装配式建筑面积达 16 亿 m^2，年均增长率为 54%。

2014 年我国建筑节能方面投入超过 40 亿元，到 2015 年，全国新增绿色建筑面积达到 10 亿 m^2 以上，2020 年我国城镇绿色建筑占新建建筑比重将提升至 50%。截至 2020 年底，全国绿色建筑面积累计达 66.45 亿 m^2。

近年来，我国城乡建设工作逐步从传统建造模式开始向系统化绿色发展模式转型，绿色建设已初有成效，但仍有发展空间。首先，人居环境质量仍有待提高，人口数量、经济发展、城市布局和自然环境之间的发展依然不均衡。其次，虽然政策体系已初步建立，但各地绿色建设发展不均，且市场层面的技术成熟度与宣传推广力度仍有待加强。而有些建设内容仍在项目示范阶段，还需收集实践经验与市场反馈资料。

第2章

岭南城市特点与绿色建设

2.1 岭南区域特点

南岭山脉以南称作“岭南”，五岭一线位于南岭山脉，由越城岭、都庞岭、萌诸岭、骑田岭、大庆岭组成，长达 1400km，横亘在广西东部至广东东部与湖南、江西之间。岭南北枕五岭，南临南海，西连云贵，东接福建，在地理位置上相对独立。由于古代交通落后，海拔仅约 1000m 的五岭山地阻碍了古岭南与岭北中原的沟通来往，但也因此使得岭南地区极富地域特色的文化体系得以孕育和发展。

岭南是一个文化地理概念，并没有一个统一的范围边界定义。有学者认为广义概念下的岭南地区包括广东省、海南省、广西南部、福建省南部，台湾南部以及香港、澳门。而狭义概念下的岭南地区指广东省及其以南地带，包括香港、澳门及海南省北部。在大多数情况下，“岭南”与“广东”、“华南”语义相近，有一定程度的相互混用。当代学者一般认为岭南是指广东、广西、海南三省以及香港、澳门两个特别行政区，即我国现今华南地区范围。

2.1.1 地理环境

在地形地貌方面，岭南地区五岭形胜，曲折绵延。地势由西部高至东南低呈梯级变化，由粤东、粤北、粤西三个方向的山地到粤中和粤南的平原，直至东南海滨所构成。岭南历史上曾经历多次断裂、褶皱和岩浆等地壳运动，导致地貌形态复杂多样，有山脉、河流、山地、丘陵、台地和平原等。整体来看，珠江三角洲和韩江三角洲地势平坦，是岭南主要的平原地区。

在水文特征方面，岭南地区江海汇聚，水乡泽国。珠江水系由东江、北江、西江三江组成，支流众多，河网密布，汇聚于珠江三角洲最终流入南海。正因此，珠江三角洲土地肥沃，水陆交通便利，为岭南日后成为我国经济发达地区奠定了物质基础。岭南濒临大海，成为“海上丝绸之路”的起点，与世界文化不断接轨、碰撞，深受西方外来文化熏陶，与东方中华文化融汇于此，形成我国独一无二且兼容并蓄的岭南地域文化。

2.1.2 气候环境

岭南地理区位上位于东亚季风气候区南部，具有热带、亚热带季风海洋性气候特点，以我国热工学划分则为夏热冬暖地区。岭南地区全年暖热，夏长冬短，夏季高温多雨，冬季温和少雨。北回归线穿越广东中部，太阳高度角大，日照时间长且辐射量大。

岭南北面依靠南岭山脉，东北面邻近武夷山脉，西南面接云开山脉，一字排开，呈自东北向西南走向，形成一道天然屏障，冬季阻挡了来自北方的干燥寒冷空气；岭南南临大海，夏季气温升高迎来海洋暖湿气流，带来充沛降雨。

岭南地区的年降水量在 800mm 以上，雨季主要集中在每年春夏季节 4 ~ 9 月份，尤其在 4、5 月份的时节，岭南地区长时间处于低温阴雨的环境，室内湿度常常达到饱和状态，俗称“回南天”，这是岭南气候中的一大特色。东部沿海地区夏秋季节受台风影响大，局部地区还会出现风灾和水灾。这与相对少雨的秋冬季形成了干湿分明的气候对比。

因此，岭南地区气候环境重点表现为高温炎热，湿润多雨，台风频繁，即“湿、热、风、雨”。针对这些气候特点，建筑遮阳、通风、隔热、防潮、防台风五个方面成为当地建筑考虑的要点。

2.1.3　文化发展

历史上，岭南文化经历了各种异质性的文化的杂糅，秦朝以来的本土百越文化、北方汉族南迁带来的中原文化、外出经商的岭南人带来的海外文化、周边的荆楚文化、吴越文化等在五岭以南这片土地上交织、碰撞、杂糅，形成了包容并蓄的岭南文化特点。岭南文化的形成和发展过程，目前学术界仍未有统一的看法。大多数学者认为岭南文化历史的构成是由南越土著文化、中原文化和海洋文化三种主要元素的融合。而在发展阶段方面则可分为四个时期。

1. 原型时期

可以上溯至垌中岩人、马坝人、柳江人时期，下限到春秋战国时代。这个时期的岭南地区文化处于原始时期,众多不同的部族共同生活在这片土地上。故史书称之为“百越”或“百粤”。在这个历史时期还未形成具有地域文化内涵的岭南文化。

2. 孕育时期

从秦的建立到南北朝时期，是岭南文化的孕育时期。在中原文化的不断输入，以及周边地域文化和海洋文化的刺激、影响下，岭南地区在融入大中华文化的同时，孕育着富有地方色彩的地域文化。

3. 形成和成熟时期

唐代到鸦片战发爆发以前，是岭南文化的形成和发展时期。今天我们看到的岭南方言群的地域分布格局，大体上在唐朝到五代时期基本形成。而随着宋、元、明以至清代前期，岭南文化在中国政治、经济重心南移的刺激下得到进一步的发展，更趋成熟。

4. 近代转变时期

由于岭南文化具备外向文化型的特点，而近代西方文化伴随着殖民势力又首先从这里与东方文化发生碰撞，所以岭南文化是中国文化率先发生近代转变的地方。岭南文化在近代的转变在中国近代史上产生了重大的影响。而澳门、香港地区在西学东渐后形成了富有特色的新岭南文化类型，使岭南文化的色彩更为缤纷。

2.1.4 建筑特点

从建筑布局来看，岭南建筑多为竹筒屋或三院两廊式的三合院，建筑沿中轴线大体上左右对称布置，高耸的外墙起到了遮阳的作用。从建筑材料来看，多为砖石结构，既达到了承重坚固的特点，也利于散热。从建筑外观来看，岭南由于地处沿海地区，华侨众多，对外较为开放，因此建筑风格复杂多样，并带有不少西洋建筑风格。值得一提的是，岭南民族众多，外来人口入迁较多，造成了建筑形式的多样化、多元化，如客家土楼正是为了自我防卫的需求而建成的。在建筑装饰艺术上，岭南建筑具有极高的成就，普通建筑其栏杆上瓜果花鸟的石雕和镂雕，佛山祖庙的木雕，广州汉墓出土的牌坊、亭子都展现出岭南古建筑装饰艺术的魅力。

2.2 岭南特色绿色技术

2.2.1 岭南历史文化对建筑的影响

早在古代，地处南海之滨的岭南地区，商贸发达，岭南又因大山阻隔而免受北方战乱和政治风波的干扰，逐渐形成了重利实惠的社会风尚。由于得天独厚的地理条件，岭南自古以来就有对外贸易的风气，甚至在明朝闭关锁国的岁月里也未曾中断。受到外贸的刺激和商品经济的发展，商品意识不断强化和明确化，重商、求利的价值取向更显突出，特别是近代时期西方资本主义生产方式与经济贸易进入岭南，进一步助长了岭南人务实求利，经世致用的观念意识。

建筑是文化的重要载体之一，而岭南文化包容并蓄与经世致用的特点反映到建筑上便是实用性。从形式上，岭南建筑包容并蓄，不拘一格，不定一尊，善于从其他建筑形式中汲取养分；从设计手法上，岭南建筑更是因地制宜，手法多变；设计理念更是从环境出发，不被条条框框所限制，主张“古今中外，皆为所用”，具有十足的实用主义倾向。尤其是岭南传统建筑针对岭南气候的“湿、热、风、雨”的特点，形成了一套基于气候适用性的被动降温手法。

1. 史前时期

距今约十三万年前的旧石器时代，在岭南大地生存与发展的马坝人是华南地区目前发现和确认最早的古人类，也是中华民族祖先的构成部分之一，他们创造的岭南文化是一种原生态的本根文化。广东曲江马坝人栖息的天然洞穴是人们所知最早的岭南地区居住场所。建筑的起源便是从对不利气候的“防备”开始。到了新石器时代，先人居住范围的迁徙规律是从内陆洞穴开始，逐渐向山岗围绕河流的地区演进，最终迁移至沿海岛屿。

因此，大量贝丘和沙丘遗址在岭南聚落地区中被挖掘，显示出先人们已经掌握了较简单的地面建筑形式和墓葬营造技术。经过漫长的石器时代，岭南进入了夏商周三代的青铜时期，也即百越文化时期，由于社会生产力的发展，与吴越、闽越、滇越等周边越族交流频繁，吸收其先进的文化因素，到百越文化时期岭南文化已初步形成多元化的文化格局。在这个时期，岭南地区首次发现了位于广东省肇庆市高要茅岗的水上干栏式木构建筑遗址。古越人为改善气候湿热的不利因素，选择一棵矗立在水塘中的大树，木柱支撑，横木拉结，板材棚面，形成一个居住面，顶部再用树皮茅草覆盖构成避雨的棚顶。这种在树上搭设窝棚的巢居形式，便是岭南早期干栏建筑的雏形。

春秋时期，自称华夏民族的中原地区各国的经济和文化相比因地势阻隔缺少交流的岭南地区发达得多，不论是在物质、制度还是精神文化层面，岭南文化都落后于中原文化，史料多称岭南为一块“化外之地”“瘴病之乡”“蛮夷之国”。这种状态直到进入唐代，汉族取代越族成为岭南文化的主体，中原文化进入岭南，与岭南本土文化进行交融整合。

随着人类文明成长的发展，巢居的发展也有了变化。干栏建筑在我国悠久历史拉开了帷幕，它的出现与早期土著居民所处的自然生态环境是分不开的。岭南地区境内山地丘陵众多，降水量多，气候湿热，四季不明显。为适应岭南山地丘陵巨多的丛林环境地形和高温潮湿炎热的气候条件，古越人为了得到一个相对平衡和干燥的居住环境，被动生成出了底层架空抬高居住界面的干栏建筑，具有避野兽毒虫侵害，避瘴气，兼具遮阳、通风、隔热、防雨、防潮等功能。

原始祖先有意识地选择居住选址和营造方式，类型从穴居到半地穴式、地面式多种形式共存，再到对岭南传统建筑产生深远影响的干栏建筑出现，逐渐发展为以干栏为主的建筑形式。

2. 秦汉魏晋时期

“秦汉时期的岭南建筑，在低起点的基础上表现出吸收外来先进文化极强的兼容性，同时又融入地方特色，创造出适合本地自然地理环境的工艺技术，初步形成了以中国传统建筑体系为依托而又具有岭南地方特色的建筑体系”。秦始皇在统一岭南之后，大力兴建灵渠，将长江与珠江两条水系连接起来，交通上不再受五岭之隔，促进了中原与岭南之间的文化与技术交流，也带动了社会经济产业如农业、手工业等迅速发展。秦国覆灭之后，南越王赵佗在岭南建立了南越国，大力倡导与邻为善的睦邻、富邻周边政策，进一步发展了岭南地区的城市与建筑。

秦汉时期的岭南民居建筑难以保留至今，考古学界和建筑学界只能借岭南地区汉墓中出土的大量陶屋明器来还原岭南传统民居的源流及演变问题。西汉中期和后期的陶屋均为干栏式，但从广州地区出土的东汉明器形制来看，民居不再是纯粹干栏，而逐渐向地面建筑发展，属于一种过渡时期的建筑形式。东汉前期出土的明器中出现了单层陶屋的形式，而到了东汉后期时，干栏式陶屋大量减少，分布地区也在逐渐减小，受到中原建筑文化的冲击，岭南干栏逐渐被来自中原的合院式建筑所同化，二层的干栏建筑逐渐向单层建筑发展。

东汉晚期出土陶屋中占比最多的是三合式民居，与广府三间两廊民居的平面布局、空间结构和造型特点都如出一辙，可以认为三合式陶屋所代表的传统建筑就是三间两廊的雏形。

目前土著居民沿用千年的干栏建筑多分布于邻里少数民族地区，如广西、云南等地。结合诸多学界前辈的研究分析，岭南原生的干栏建筑受汉文化影响逐渐减少的原因主要体现在以下几个方面：

（1）经济实力的提高。魏晋南北朝时期，一大批来自中原的汉民为了避战南下，中原人的迁入为岭南地区带来了先进的建筑技术及文化，促使社会经济突破、发展和稳固，越来越多的人口对民居的建筑形式、类型及质量有了新的要求，如寺观、庙宇、学宫等，而干栏建筑难以满足这些方面的要求。

（2）营造技术的发展。秦砖汉瓦技术的引进，砖砌墙体有着施工简便、构造坚固以及承载力高的优点，瓦提高了房屋的防水性，相较之前的茅草铺顶有了改善，干栏建筑多为木架结构，容易失火，砖瓦技术使房屋的安全性大大提升，在湿热气候的岭南地区砖木混合结构的耐用性明显优于纯木构的干栏式结构。

（3）生活模式的转变。以家庭为核心的汉文化聚居模式影响了岭南地区居住模式，促使居住模式从原本的“上人下畜”改善为“人畜分开”。随着生活水平的提升，民居建筑也由单一功能发展为多元功能。随着人口不断增多聚集，人多地少的矛盾问题逐渐显现，出于安全防范的心理，民居建筑的布局特征由开放、开敞、通透的底层架空式转变为对内开敞、对外封闭的合院式。

（4）儒学思想的传入。受中原传统礼制文化的影响，儒学传入岭南地区后，人们在精神层面受儒学影响颇深，在建筑方面则表现为传统村落普遍采取一种序列性和系统性强的聚落布局模式，讲求主次分明、尊卑有序。由灵活的、非对称的单体布局向主座为三开间，中轴对称的合院式布局转变。建筑材料和建造技术也有所进步，砖石墙体相比木构架作为围护结构，对聚居村落的安全性和防御性均有所提升优化。

可见，岭南古南越民居已经历了一个由干栏式、曲尺式（L形）、三合式再逐渐演化成汉民居三间两廊的过程，可以认为是岭南传统民居被“中原化”的过程。岭南摈弃干栏建筑逐步采用合院式，并不是一蹴而就的，而是在与中原居住文化的不断交流中吸纳了若干中原建筑文化，并结合了岭南沿海地区湿热多雨、多台风的气候，最终一步步发展形成现在有外封闭内开敞特点的三间两廊民居。

3. 唐宋元时期

唐朝时期，张九龄开凿“大庆岭古道”，又称“梅关古道”。古骚道的开通大大改观了南北的交通堵塞，进一步促进了南北在经济、文化、技术方面的交流，成为岭南和中原的往来中枢。此后的清政府实行海禁，广州成为唯一的通商口岸，作为商贸通道的梅关古道更趋繁荣，更是直接促成了“海上丝绸之路”的诞生。

宋朝三百年间，广州城垣开展了轰轰烈烈的建设活动。一是历经多次扩建和修缮，最终形成子城、东城、西城的三城格局，城市中的居住区经过改造，原有道路被拓宽，房屋普遍使用砖瓦砌筑避免火患；二是开挖了六条防洪排涝的水渠形成城市排水系统，并设置水闸和水关，兼具防火、通航的作用。“古渠有六，贯串内城，可通舟揖。使渠通于壕，壕通于江海，城中可无水患，实会垣之水利”，可见，“六脉渠”是宋代以来广州城的主要水系网络，也是我国城市水利史的伟大创造。

如此大规模的扩建形势，各种园林建筑必然应运而生，砖、瓦、石、木等工艺也理应蓬勃发展。到了元代，基本承袭宋代广州城的城市格局，没有太大改变。据文献记载，宋元时期广州子城的北部，即现今的省财厅和原儿童公园一带，一直是当时重要的官署园林建筑区域。在广州财厅前一带，宋代建有经略安抚使司署园林建筑，以及西园、石屏堂、元老壮猷堂、连天观阁、先月楼台、运甓斋、飨军堂等重要园林建筑。

总结下来，唐宋元时期的岭南建筑表现出更小巧、更亲水、建筑植物种类更丰富的特点。

4. 明清及近代民国时期

明清时期，大规模的汉人迁移活动接近尾声，三大民系逐渐成型，岭南地区政治、经济、文化稳定发展。随着建造材料和技术的不断发展，建筑的类型种类更为多样，建筑群体规模也逐渐壮大。同时，人们日益增长的精神文化需求需要得到更好的满足，砖雕、木雕、石雕、灰塑、陶塑、壁画等装饰艺术巧夺天工。

到了清代中期，岭南传统民居不论是在聚落布局、空间形态和细部构造方面都已发展成熟，形成极其具有岭南鲜明的地域特色的建筑体系。传统村落布局中，村前常设有风水塘，宗祠沿中轴线布置在最前端的中心位置，整个村落围绕宗祠建设，作为村民主要活动场所的晒谷场紧挨风水塘，民居单体按梳式布局的形式进行摆放。在岭南传统村落中，最基本的民居原型是三间两廊；在城镇中，地少人多的原因导致民居空间形态不断向上生长、向窄压缩，因此城镇中基本民居原型为竹筒屋。

从晚清到民国阶段，人口的进一步扩张导致土地紧张，海上贸易使得岭南经济发展空前繁荣，人们生活较为富裕。在这样的时代背景下，岭南民居衍生出了并联式竹筒屋、多层竹筒屋、西关大屋、骑楼住宅等形式。后来随西方建筑文化的引入，产生了独院式的别墅住宅。中华人民共和国成立后，民居逐渐向简约现代住宅过渡，诞生了一大批运用新材料、新技术的岭南现代建筑。

2.2.2　岭南建筑技术特点

1. 岭南建筑的基本元素

岭南建筑从颇具江南特色到兼具中西方建筑风格，它在历史中经历了数次变化，最终形成了自身的风格。明末清初的“小江南”，广州的镇海楼、岭南第一楼，潮州的广济门城楼，琼州的钟楼等，粤中、粤西花塔类的楼阁式砖塔、粤东的砖石混构塔、珠江三角洲的文塔等，以及广州的海山仙馆以及清代粤中四大名园（顺德清晖园、番禺余荫山房、佛山梁园、东莞可园），潮阳西园、澄海西塘等。此外，书院、学宫、宗祠、会馆、府邸等大型建筑组群，则以广州陈家祠为杰出代表。

“岭南建筑”的概念不是一种形式、风格或符号，它是一种根植于地域气候环境和文化的设计思想。岭南建筑具有四个方面特征：开敞通透的平面与空间布局（室内外空间过渡和结合的敞廊、敞窗、敞门以及室内的敞厅、敞梯、支柱层、敞厅大空间等）；轻巧的外观造型（建筑不对称的体型体量、线条虚实的对比，多用轻质通透的材料以及选用通透的细部构件等）；明朗淡雅的色彩（比较明朗的浅色淡色，青、蓝、绿等纯色基调）；建筑结合自然的环境布置（建筑与大自然的结合，建筑与庭园的结合）。

岭南植被丰富，园林植物也有很强的岭南特色。而且岭南的气候更适合植被生长，茂盛的植物让岭南园林独具特色。岭南气候湿热，建筑相对于江南更加开敞，通风也更好。加入了本土化元素，建筑显得更加休闲，而且相对人工痕迹较重的江南园林而言，与自然结合得更多。建筑的不同风格，也表现出岭南人的心态——与世无争和融入自然。

在岭南建筑的发展历程中，夏昌世先生是代表人物，在他的影响下，本地区建筑师以佘峻南、莫伯治、何镜堂等为代表，不断发展和创新，逐渐形成具有鲜明特性的现代岭南建筑。“岭南建筑”的概念是基于地域气候特征的创新设计思想。“岭南建筑”鼓励设计创新，通过与环境的和谐共生，使建筑具有地域性表现并融于地域文化之中。塑造岭南特色的关键在于适应岭南气候、岭南文化，形成生态自然的生活环境。岭南的现代建筑师们结合工程实践对岭南建筑的创作进行摸索，如广州白云山上的白云山庄旅舍、双溪别墅，市内的矿泉别墅、友谊剧院以及白云宾馆、东方宾馆、广州出口商品交易会陈列馆等。这批建筑物都带有明显的岭南色彩，如开敞通透的平面和空间处理、轻巧自由的建筑造型、淡雅明朗的色彩格调、富有南国特色的细部处理，以及建筑与大自然、庭园的结合等。

2. 岭南建筑的布局特点

不同类型的传统建筑的形成受到长时间多方面的综合影响，陆琦教授认为，建筑的布局方式和规模大小与封建礼制、宗法观念和经济等因素相关，改善建筑内部生活环境需要对自然气候条件加以有效利用，建筑丰富的外在形态则是通过多种本土材料和建造技术组合而成。在岭南乡村地区中，传统的建筑群体布局形态以梳式布局和水乡格局为主，单体建筑类型以三间两廊民居分布最广；而在岭南城镇地区中，传统民居则以竹筒屋、骑楼和西关大屋为典型代表。

（1）群体布局

1）梳式布局

岭南传统文化主导下的梳式布局是最具代表性的村落布局形式（图 2.2-1），主要集中分布于广府地区，少量分布于粤西地区和海南局部地区。梳式布局的特点是背山面水，建筑主界面朝南，沿着常风向布局，使整个建筑群体空间通透。建筑前的水塘、农田，树木构成了一个低温空间，使在其中流动的空气温度降低。而建筑中的房顶、墙体温度相对较高，形成了高温空间。因此这种典型的岭南建筑群布局在客观上促进了空气的热对流，即使在风平浪静的天气中，建筑内外由于冷热温度差的作用，会自然形成冷热空气交换，在建筑群之间达到通风降温的作用。

梳式布局的村落构成要素根据类型学可分为点、线、面三大类，点状要素以民居、宗祠为主，防御建筑（如炮楼、门楼、隘门）和附属功能建筑（如家庙、私塾、文塔等）为辅组成；线状要素主要是纵向排列的里巷和横向将其连通的横巷；面状要素包括有村落前部的禾坪广场、风水塘和村落后部的小山、树林。

梳式布局村落整体规律而整齐、前低后高的态势。两列民居之前的巷道称为“里”，宽约 1.2 ~ 2m，因两侧山墙高耸遮阴，又常被称作冷巷。民居入口开门方向朝向巷道。梳式布局村落中前座与后座之间常留有一道宽 50cm 的“火缝”用作村落防火和通风，有些村落为节约用地也会采用公共墙体的组织方式。民居单体建筑结构相对独立，以一座三合院为基础原型，通过首尾相接、纵向联排的排布方式，可发展为“上三间、下三间”的四合院，有序地形成了“耙齿”状中的一支，多支横向并排组合即形成了广府传统村落的梳式布局，成为岭南独有的总体布局方式。

由于坐北向南的房屋全年日照充足，且古时候来自北方的外患众多等防御心理因素等，中国人在传统意义上常认为坐北朝南是最佳朝向，但在实际调研中发现，受岭南地区夏季主导风向、风水学等因素的影响，以广府文化主导的梳式村落朝向以东南向居多，例如从化钟楼村，除了建筑分布集中的大组团外，也有以小组团分散的梳式村落如三水大旗头村。

图 2.2-1　岭南建筑的梳式布局

梳式布局村落中必要构成要素除了主要部分民居建筑群和交通部分巷道外，还有禾坪、风水塘和后山。宗祠前多为禾坪，主要作晒谷场或村民重大聚会的活动场所；禾坪前为风水塘，村前设大水塘是古人“塘之蓄水，足以荫地脉，养真气”“聚水生财，万流归宗”的美好向往。村落前有水塘、后有靠山的布局模式在适应气候地理方面有利于夏季起遮挡东西向太阳辐射，冬季可防北风。水塘一般呈半圆形，也有因用地限制呈不规则的长圆形，这种形态产生的原因是古人封建风水学思想，认为半圆形与“反弓形”的河流形状作抵抗，弥补对村落整体风水影响上的不足。村中公共水井也多设于池塘旁，供村民蓄水、养鱼、灌溉、取肥等日常生活所需，同时也起到了村落排水、防洪、防火的安全性等多功能用途。

2）水乡格局

岭南地区地处珠三角冲积平原，地貌水文上表现为水网密布，河道众多。因此，许多传统村落水系丰富，内部分布多处河涌和水塘，与外江支流相通，形成了依水而居的水乡风貌并保留至今，是具有岭南自然形态、气候特征、人文特色和农业经济等特征的典型岭南水乡聚落（图 2.2-2）。随着历史进程发展，乡村自治下的宗族村落人口规模不断扩大，部分地区在梳式布局的基础上，结合具体的地理位置和自然环境，产生了不同的治水策略，逐渐衍化出了不同的村落布局形态。总结归纳主要有四种类型，分别是：①围绕中心池塘，百巷环塘而建的块状布局；②依托高岗，环绕山岗态势建设的放射状布局；③沿条形河涌，依水而筑的带状布局；④在河网平原地区建村的网格状布局。

岭南地区规模较小的梳式布局村落大多为单姓氏宗族，村落规划以首排宗祠为核心导向，民居建筑先沿纵向排布成列，再沿横向并列组合，形成梳式特征明显的村落布局式样。而大型规模的传统村落，受到人文和自然双重因素的影响，由于村内人口众多、由多个姓氏组成，村中往往对应设置多个宗祠，且由于珠三角地区山地丘陵、水网河涌分布广泛，将地貌分割成形态和大小不一的可建设地块。岭南传统村落大多以有较强规律性的梳式布局为基本原型，水乡聚落则更具自由性和灵活性，能够很好地适应不规则地形和人口扩张需求。

图 2.2-2　岭南建筑的水乡布局

（2）单体布局

1）三间两廊民居

岭南乡村的家庭结构以一家一户为主，每户一般为两代人居住，与我国其他地区的汉民族传统民居类似，岭南地区乡村和部分城镇也多采用合院式民居，即三间两廊民居（图 2.2-3）。由三开间主座建筑与前带两廊和天井组成的三合院，“三间”指的是居中为厅堂，两侧为卧室（可设隔墙分为头房和尾房）的平面形式；“两廊” 指的是厅堂前的内天井两旁的功能空间，一侧为厨房一侧为入口门厅，或是分家后两侧共同作为厨房和出入门厅。

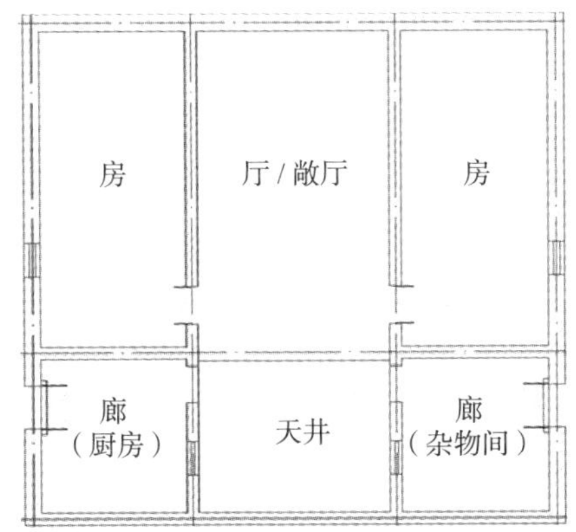

图 2.2-3　典型三间两廊民居首层平面图

在空间布局上，岭南传统民居多为一层，少见二层，三层更为罕见，常在中厅或两侧卧室上空设阁楼，以扩大利用空间储物。岭南地区重祭祖、祭祀文化，中厅内靠后墙设神楼，或布置后房，以供奉祖先牌位和财神，厅后墙面 “不开窗以守财”。整座民居仅在两侧卧室的东、西外墙各设一个小窗。天井前部设有封闭围墙，用于与前一住户分隔，墙上多设壁盒用以拜天官，与中厅神盒相对。天井内常设有一口水井供家庭使用，并布置简单绿化，两廊的屋顶坡度向天井倾斜，寓意 “财水内流”。岭南传统村落多建于平原地区，村中地基微斜，传统民居通过调整建筑标高形成梯级高差，屋檐雨水落于天井，自渗进入地表径流，排到环绕在民居周围的明暗沟渠，最后由高向低汇聚村前池塘中，满足防洪、排涝的要求。

在细部构造和装饰上，岭南传统民居多为单层双坡屋面，砖木混合结构，外墙材料多为青砖或土坯墙来承重，墙脚采用麻石砌筑以防潮，其中麻石堆砌的高度越高显示出该民居建屋者身份地位越显赫，麻石墙脚上刻有石雕的犹为甚。屋顶形式为硬山顶或悬山顶，多为硬山，高出屋面的镬耳封火山墙是岭南地区的特色墙头样式。正门入口上方的飘檐和建筑山墙的顶部，大多用石雕、砖雕或木雕进行装饰，纹样多为草木花鸟和山水人物等，雕刻装饰手法使建筑在朴素的外形上更为典雅、美观，立面不再单调。民居户门采用岭南地区常见的 “三重门”，从外到内依次为脚门、趟栊门和板门，兼具防盗和通风的作用。与巷道相通的入口大门为凹斗门，向内凹入用以遮阳防雨。

2）竹筒屋民居

明清时期南海县管辖的广州城西门外一带地方的统称为“西关”，西关在清代早期仅是广州城外的城乡结合部。1757年乾隆下令“一口通商”政策，仅能通过广州一地对外贸易，在这之后的百年时间中，十三行持续垄断了我国对外出口的贸易市场，西关也因此迅速崛起，成为当年广州最繁华的经济发达地区。西关是富商巨贾的聚集地，同时吸引了众多前来进行商贸活动的人，导致人口高度密集，土地稀缺紧张的窘迫局面。在这样的时代背景下，民居建筑纵向发展成为必然趋势，高效的户内空间组合方式尽量使住宅容积最大化，高度节地的新建筑类型“竹筒屋”因而诞生。

在空间布局上，竹筒屋是一种单开间、窄面宽、深进深的直筒形民居（图2.2-4），因平面狭长似竹子，厅房多进式的空间布局如竹节，而得名“竹筒屋”，其中以广州西关地区的竹筒屋最具典型性。早期竹筒屋诞生时为单层建筑，随着砖木结构的发展成熟逐渐被多层竹筒屋替代，目前留存下来的竹筒屋建筑层数多为二三层。竹筒屋民居开间面宽为3 ~ 4m，进深根据建设地块的用地范围可灵活延伸，短的平均为7 ~ 8m，长的以15 ~ 25m居多，平面开间与进深之比为1 ∶ 4至1 ∶ 8不等。竹筒屋内的功能用房沿进深方向可主要分为三段分区，头部为入口厅堂，中部为卧室和天井，尾部为厨房、厕所和天井，根据民居的进深条件可以灵活增加卧室和天井的数量。在近代城市的形成过程中，适应地方气候和受场地约束的竹筒屋也保留和延续了一些岭南传统民居空间特征，如天井、厅堂、过道组成的采光通风体系，塑造室内阴凉的居住环境。通过改变天井、交通空间的数量和室内位置，又组成了不同布局的竹筒屋类型。

竹筒屋均联排临街而设，通过窄长的街巷组织联系，一个街区中的街道多为东西走向，民居多为南北朝向。竹筒屋左右两侧和后侧紧靠邻居房屋，仅有一个建筑立面面向街道，减少了太阳热辐射对室内的影响。为进一步减少室内交通空间，两栋竹筒屋并联共用一部楼梯，成为并联式竹筒屋，竹筒屋栋栋相连，形成了岭南地区特殊的城市高密度街区。

在细部构造和装饰方面，临街户门保留了岭南地区的传统做法，由三道门构成，第一道是腰门，常为带有雕刻装饰的木质屏风门，高度与外窗台齐平，用于遮挡沿街过路行人的视线，提高私密性；第二道是趟栊门，门框中间横架着单数圆木，左右开启，主要便于通风；第三道多为厚实木质门。竹筒屋较大的层高剖面中，室内厅堂、房间和冷巷之间的隔墙不通到顶，户内空间可进行气流交换。建筑屋顶形式受西洋建筑影响采用平屋顶，门相和窗户设铁艺窗花，二层以上阳台的通透栏杆的装饰风格也偏向西方建筑风格。

3）西关大屋

清末民初，广州城内的名门望族、殷商豪绅不再满足于空间狭小的竹筒屋民居，在广州西关一带兴建了富有岭南特色的广府传统大型天井院落式布局的近代版本建筑，俗称“西关大屋”（图2.2-5）。

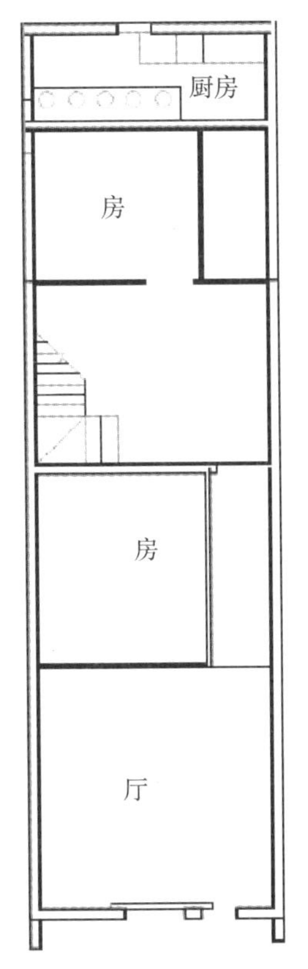

图 2.2-4　典型“竹筒屋”平面图

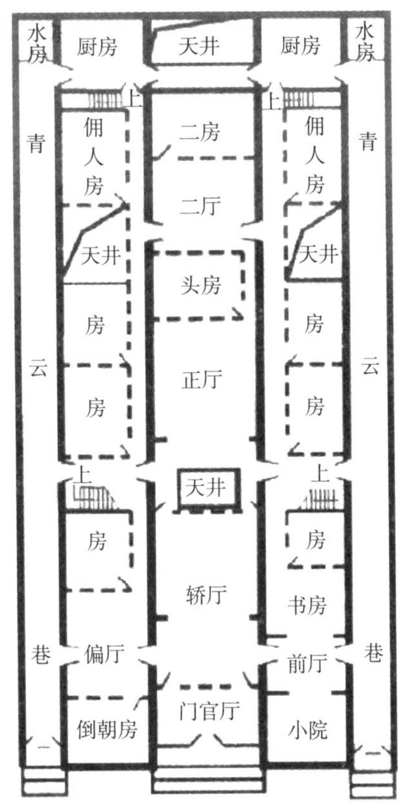

图 2.2-5　典型“西关大屋”平面图

西关大屋的建筑规模较大，占地面积多为 400 ~ 500m^2，较大的可达 700 ~ 800m^2，面宽超过 10m，纵深为 20 ~ 40m。民居朝向多为坐北朝南，垂直街巷纵向延伸，设有入口大门的正立面朝向街道，剩余三个面则紧贴隔邻建筑物，十分契合广州亚热带地区气候，表现出岭南合院式传统民居典型特征，即对外封闭、对内开敞。

西关大屋作为广府地区特权阶级人群的居所，具有建筑空间上高大宽敞、类型多样、功能分化细致，建筑布局上形制严谨、秩序分明、仪式性强的特点。在空间布局上，西关大屋延续了广府传统民居中纵向展开空间组织模式，同样以“间”和“进”定义其规模与形制。清末的西关大屋多为砖木结构、硬山顶，每个双坡屋面下对应的空间即为“一进”，每一进的正间为厅堂及其附属房间（如正厅与头房、二厅与二房）。根据使用功能方面可以分为三部分，一是第一、二进靠近住宅入口主要用于招待宾客和日常休憩，二是第三进为屋主与内眷的主要居住空间，三是末进为佣人使用的后勤服务区。

三边过西关大屋一般为深三进，各进分正间和偏间。第一进正间为门厅，偏间分列左右为倒朝房或天井花园；第二进正间为轿厅，偏间也分列左右为偏厅，在偏厅后会布置多个房间；第三进正间前为正厅、后为头房，左右偏间会布置多个偏厅。各进的正间前后常以天井相隔，各进的偏间前后则不设天井而设轩廊以增加可使用的室内面积，轩廊的采光通风多采用高侧窗，二、三进偏间之间的轩廊常作为阁楼的楼梯间使用。西关大屋多在三进的厅堂后布置一个后天井，在其两侧安排厨房等后勤辅助用房。个别规模不大的西关大屋不布置轿厅，而是在正厅后设二厅，规模较大的西关大屋则为深四进，均布置有门厅、轿厅、正厅、二厅。

在西关大屋中，屋主、宾客、内眷、佣人都有各自的所属空间，不可轻易来往和越界，阶级层次分明，反映了西关封建家族的生活居住模式和内外有别、尊卑有序的传统礼教思想，是其区别于清末民国其他近代住宅的根本特征。

在细部构造和装饰方面，西关大屋墙体砌筑材料多为青砖，门窗过梁和墙脚处多为水磨麻石，麻石板墙裙高及人腰。室内地面多用可吸湿防潮的白泥大阶砖，屋面常用蚝壳片做亮瓦增加室内采光，或推拉式天窗既可防雨也可开启通风散热。住宅大门与竹筒屋民居形式类似，即“三件头”大门，从外至内分别为腰门、趟栊门、板门，但用料和装饰更为名贵繁复。西关大屋正立面十分朴素典雅，主要通过采用大尺度的青砖和麻石建材来彰显房屋主人的不凡气度，以及不喜广府传统壁画、灰塑等装饰手法。西关大屋诞生在岭南地区西风东渐的背景之下，受近代西方建筑文化的影响，素雅的立面风格呈现中西结合的风格。与简洁外立面形成对比的是，室内装饰装修则丰富多样，如精美木雕花饰的飞罩和屏风，蚀刻五彩玻璃的满州花窗等，陈设有名贵的红木家具以及灯具、条幅、对联、古董、字画、瓶花、盆栽、笼鸟、镜台等艺术品。

4）骑楼

随着岭南地区明末清初时期商业迅速发展，近代受随海上贸易传入东南亚地区的殖民地外廊式建筑文化影响，与广府地区的自然地理气候条件相适应，传统民居逐渐从对外封闭的界面开辟成为对外开敞的沿街商业，建筑立面装饰风格也呈现出东西文化深度融合的结果。骑楼民居底层部分架空退让形成遮阳避雨的人行道，未架空的部分用于商铺空间，二层以上为居住空间仿佛“骑”在交通廊道上，因而得名“骑楼”（图 2.2-6）。

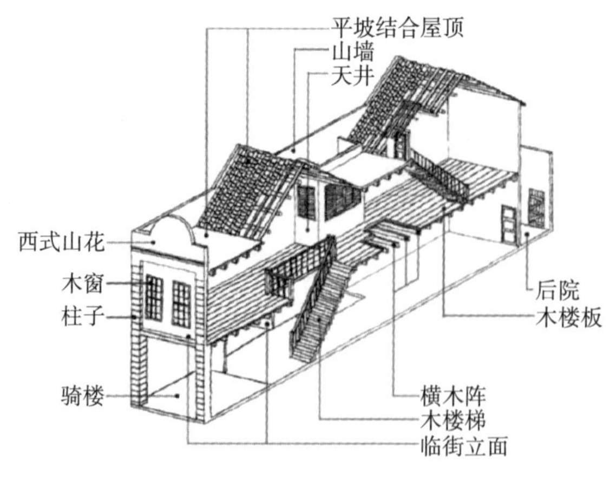

图 2.2-6　典型“骑楼”剖面图

在空间布局上，骑楼在孕育背景、诞生年代、分布区域和平面形制都与竹筒屋有着高度相似性，但也不尽相同，下面将骑楼与竹筒屋作对比阐述。在平面形态方面，骑楼和竹筒屋都是解决城市用地紧张的产物，均呈开间小进深大的狭长矩形，开间尺度区别不大，而进深尺度竹筒屋比骑楼更长一些，骑楼的开间约在 4 ～ 5m，进深约 15m；在建筑处理手法方面，骑楼相较竹筒屋更倾向对商业经营的考虑，底层架空的檐廊灰空间为街上来往行人提供便利，同时也起到了适应岭南湿气候的过渡缓冲作用；在功能布局方面，骑楼主要为“下店上宅”或“前店后宅”的商住结合模式。

在建筑材料方面，随着近代建筑科技技术的发展，混凝土、水泥和钢筋成为骑楼的主要材料；在立面特征方面，相比没有多余装饰的竹筒屋而言，骑楼更重视文化艺术审美价值的体现，立面采取三段式结构，由底层的扶壁柱廊、中层的窗间墙和阳台、顶层的山花女儿墙三部分构成。立面样式多采用具有西洋建筑风格的设计元素，形成了形制类型丰富的骑楼标志性风貌（图 2.2-7），这一装饰手法也是骑楼民居区别于追求外观朴素淡雅的三间两廊、竹筒屋等其他岭南传统建筑的关键性文化符号。

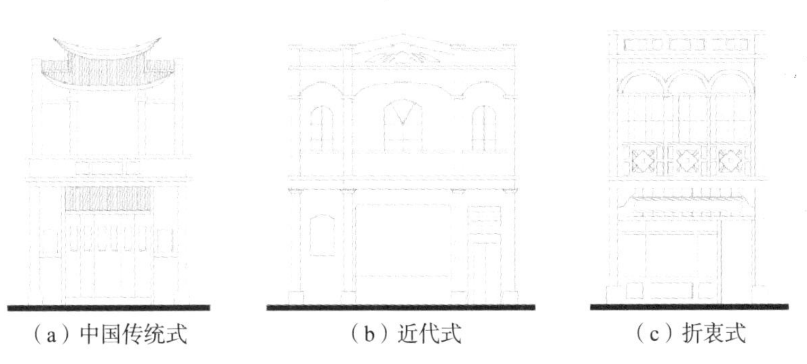

（a）中国传统式　（b）近代式　（c）折衷式

图 2.2-7　骑楼常见立面形式

3. 岭南建筑的特色技术

岭南的大部分地区地处“南亚热带地区”，这个地区有着明显的气候特征。这里夏天时间长、基本无冬，夏季长达半年；是海洋性气候、台风多、气候变化快；紧临南海，台风多发；高温多雨、潮湿、四季常绿。针对气候，岭南的建筑要以防热为主，应重视自然通风、遮阳、隔热，而不考虑冬季的保温；建筑长时间需要空调，节能以空调节能为主，利用自然通风，减少空调使用；建筑规划可适当满足日照，尽量满足自然采光；建筑应充分利用雨水，严格雨污分流；注意自然湿地、人工湿地应用，水系、生态的保护；保障室内空气质量；建筑需要防潮，室内新风需要除湿，材料需要防霉。

岭南也有相应的地域特点。这里山丘、水网密布，土地资源紧张；人口密度大、城市密集；经济发展迅猛、城市规划滞后（城市随道路扩张），城中村、规划滞后的旧区众多；城市生活环境越来越恶劣（噪声，空气、水污染，城市垃圾，交通拥堵）。根据这些特点，岭南的绿色建筑应该实现高容积率下合理进行规划布局，依地形布局；应合理开发利用地下空间；建筑需要防洪涝、泥石流等，生命线设施要防水淹；做好建筑节能，优化建筑布局、总平面设计，建筑平面优化，传统岭南建筑要素；对室外声环境采取一定优化措施，重视建筑隔声；应对围护结构节能性能进行优化；空调系统应进行节能优化、智能控制，要提高设备高效率；关注公共建筑照明节能；做好建筑的智能化节能管理；适当应用可再生能源（太阳能、水源热泵，光伏发电照明）。

（1）遮阳

遮阳技术可以说是岭南传统建筑在适应高温气候和调节日照的重中之重，通过屋顶和建筑物突出部分来创造有荫蔽的区域，使建筑最大程度地阻隔太阳的直接辐射，保证房屋内部和周围小环境内的温度不会过热。

岭南传统建筑通过巧妙的布局可以实现遮阳的效果。例如岭南传统村落中，建筑的梳式布局排列规整而紧密，通过建筑之间的间距、高耸镬耳山墙和窄长的冷巷道形成的“高墙窄巷”，还有建筑群高低檐廊的设置，都是运用建筑自身形体自遮阳产生大面积阴影，直接或间接遮挡阳光，使一部分建筑空间处于墙荫遮蔽之下。另外，通过设置村落庭院、天井、冷巷，为村民创造较为阴凉的公共休憩室外活动空间。

还有城镇中的竹筒屋联排布局，因建筑的东、西向外墙紧贴相邻楼栋，两两建筑无缝衔接，互为各自的东西向遮阳，最大限度地阻隔了夏季东西晒太阳辐射热，还同时避免了侧墙热传导，极大地减少了建筑得热，保持建筑室内长时间凉快舒适的环境。但是，这种布局也会导致建筑采光不足的问题，从而产生建筑室内环境相对潮湿的弊端。

岭南传统民居建筑中的遮阳手法丰富多样，主要采取的是通过屋顶遮阳来阻挡太阳辐射，其次为外墙遮阳与门窗遮阳，除此以外还有阳台、廊道、山墙、绿化等各种利用空间或构件的遮阳细部做法（图 2.2-8）。传统民居屋顶面瓦的样式与铺叠方法对遮阳效果起到关键作用，自带凹凸纹理的蚝壳外墙犹如天然的遮阳百叶，遮阳效果比普通砖墙要好，且片片排列会形成一定的空气间隙，有利于隔绝外界热量。

（2）开敞通风

岭南地区气候炎热、潮湿，通风是提高建筑舒适性的必然途径。从宏观层面，建筑的合理布局是营造良好通风环境的关键，岭南传统村落中常见的起通风作用的气候空间有池塘和冷巷（图 2.2-9），池塘的微气候调节作用体现在夏季温度较高的风经过村前水塘令空气温度有所下降，再通过里巷、天井进入民居内部，将略微湿润的清凉自然风输送进室内，缓解夏日酷暑之感。

冷巷的微气候调节作用则体现在传统民居山墙高宽比较大，建筑通过狭窄的冷巷，将空气引入建筑内部，经过敞厅与庭院，在通过天井的热压差拔风作用形成空气流动，人们在敞厅及庭院等半开放的空间中活动，能够感受到自然通风带来的舒适感。此外，冷巷也是通过热力差构成空气对流体系的典型岭南建筑设计手法，冷巷是通过建筑的排列组合形成一个狭窄的巷道，当太阳倾斜照在冷巷里时，巷道的一侧会形成建筑的阴影区，

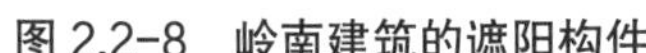

图 2.2-8　岭南建筑的遮阳构件

图 2.2-9　岭南建筑的冷巷

巷道内的向阳面与阴影面就会形成温度差，从而产生热压通风。因此，巷道的使用，不仅解决了交通、分割空间、防火的问题，更进一步丰富了建筑通风系统。

在微观层面，建筑单体的室内空间布局对内部通风效果起着决定性作用。岭南传统民居通过青云巷、庭院、天井等开敞空间的做法形成了良好的微气候，并通过巧妙的空间组合来引风入室，风压作用与热压作用共同结合，有效提升建筑室内的热环境质量（图 2.2-10）。此外，岭南传统建筑通常在建筑顶部设置细部的通风构造，来进一步促进建筑室内的自然通风强度，这是由于当室内空间的温度高于室外时，热空气将上升通过顶部通风口排出，冷空气从建筑下部的窗口补充进入室内，从而形成一套促使空气有效交换的热压通风系统。常见的细部通风技术措施有四种（图 2.2-11）：一是风兜，即利用两层不同标高的坡屋面将风引向室内，达到促进室内自然通风的效果；二是山墙气窗，即在封闭的山墙顶部开设通风口以带走建筑屋顶吸收的热量；三是格栅檐口，即在建筑坡屋顶的檐口下方设置局部格栅，使室内外气流通过格栅进行互换；四是墙檐缝隙，即是建筑屋顶和墙体的连接处留出一定距离，多见于斗栱层承托屋面，有利于将高处气流引向室内空间。

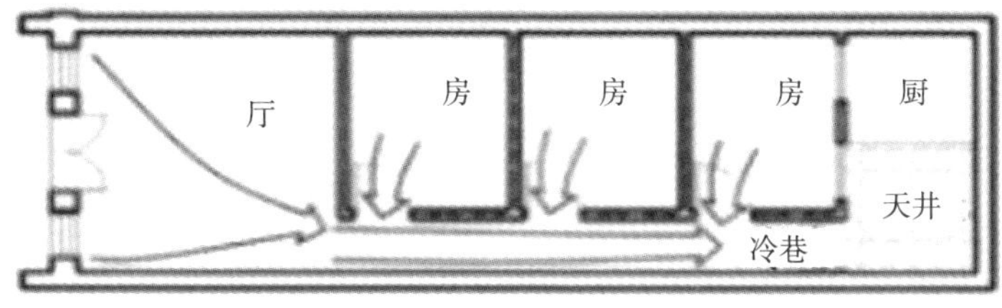

冷巷 + 天井风压通风

图 2.2-10　冷巷和天井通风示意图

（a）风兜

（b）山墙气窗

（c）格栅檐口

（d）墙檐缝隙

图 2.2-11　建筑细部通风做法示意图

（3）隔热

隔热就是阻碍室外热流传入室内，由于通风的要求，岭南建筑多开窗，斜照进来的阳光会增加建筑受热量；此外，屋顶一直是建筑受热的主要来源。而窗户与屋顶，则是建筑隔热的主要对象，岭南建筑中对于隔热主要的做法是建筑顶层加做隔热层，以及窗户加遮阳构件。

屋顶常采用的双层屋面和双层瓦屋面，上层隔热材料起到吸收太阳热辐射的作用，通过双层隔热材料之间形成的静态空气层，降低空气对流频率，从而降低屋顶构造的导热系数，为建筑室内提供良好的隔热效果（图 2.2-12）。

外墙通常采用清水青砖墙或厚重的土坯砖墙，青砖和土都是岭南地区常用的建筑材料，热惰性能较好。青砖使用几顺一丁的砖砌法，空斗墙的中空结构有效地隔绝和缓冲墙外环境中的热量，形成建筑室内冬暖夏凉的效果。

图 2.2-12　岭南建筑的屋顶隔热构件

（4）防潮

岭南地区雨季频繁，气候潮湿，年平均相对湿度高达 80%。每当春季时海洋暖湿空气登陆，南北冷暖气流交汇，建筑内部常会出现泛潮现象。因此，传统建筑中墙体和地面有许多适应性构造做法，以抵御不良气候因素的影响，隔绝地下水和空气中的水汽，防止湿气的毛细蒸发作用对建筑构件带来破坏，维持室内环境的舒适性和安全性及建筑物的使用耐久性。

岭南民居建筑的墙裙多铺设条石，得益于石材的不透水性能，具有极佳的防雨和防潮作用；墙体多采用三合土墙、青砖墙、蚝壳墙和珊瑚石墙等天然防潮材质。岭南传统建筑常在地基上铺一层干砂作垫层，砂石具有良好的透气性，导水性能差，可以有效地隔绝地下潮气的浸入；干砂上再铺黏土大阶砖，其导热系数较小，地面温度可以快速升温，因此可以有效地减少泛潮现象。

除上述利用建筑材料进行防潮以外，岭南传统建筑中有一种特殊的将阳光照射入室内的做法，即“过白”（图 2.2-13），也是解决泛潮问题的常见方法。过白指的是从纵向剖面来看，人们的视线从敞厅后部距地面高约 1.2m 处望向前进厅堂，在人眼的视线范围内要求在敞厅檐口与前厅屋脊之间，能够看到一定天空的面积。这里的天空面积说的就是“过白”的面积，建筑的前后间距将对“过白”范围的大小产生影响。“过白”的防潮原理是天空光到达的地面的地表温度高于民居内部湿空气的露点温度，通过对建筑屋檐高度巧妙的设置引光入室，解决春季泛潮问题（图 2.2-14）。

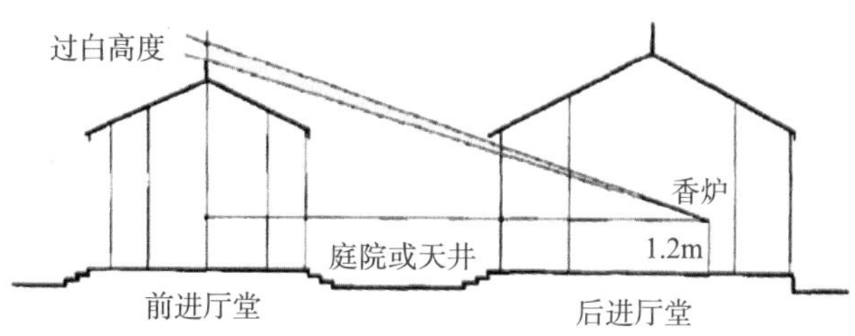

图 2.2-13　岭南传统建筑中的“过白”防潮手法

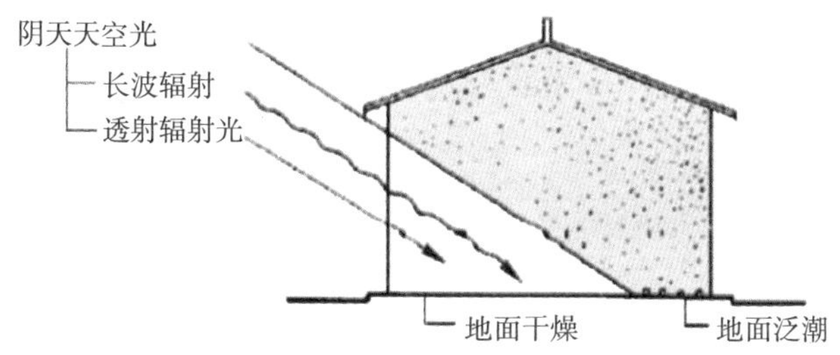

图 2.2-14　“过白”手法的防潮原理

在三间两廊民居中，天井同时肩负建筑遮阳、采光和通风的“重任”，但遮阳与通风、采光的技术要求往往是矛盾的。具体来说，天井通过屋檐的自遮挡有效屏蔽太阳辐射，这就要求天井的面积尽可能缩小，与此同时，天井还需要承担引风入室和采纳阳光的职责，因此天井的尺度需要控制在合理的范围内，既不能离前屋过近，也不能太远受到过度日照。这时，“过白”在其中表现的作用便体现出来了，其本质是平衡地控制合院式民居的前后间距，从而促使面向天井开放的敞厅空间将通风和采光效果发挥到极致，获得散热效果极佳的热舒适实用空间。为了更好地实现“过白”，岭南传统建筑在设计时既要对建筑整体尺度比例进行合理的控制，还要在建筑局部不断调整和完善一系列细部构造做法，如地面处理、屋面算水、檐口处理、二层楼板后退等具体手法。

2.2.3 岭南特色建筑技术在绿色建筑中的运用

1. 岭南建筑元素在绿色建筑中的应用

绿色建筑最为重要的首先是规划和建筑，因为规划和建筑为人们的生活和生产提供了必须的空间和基本的环境，而且规划和建筑是长远的，设备、设施的寿命相对而言是短暂的。岭南建筑注重与自然环境、庭园的协调结合，岭南建筑的布局、装饰的格调讲究自由和自然均符合绿色建筑的基本理念。

在岭南地区，绿色建筑非常重视园林设计（图 2.2-15），岭南园林可以在室外热环境改善、绿化、改善声环境、风环境等方面有很大的作用，符合绿色建筑的要求。岭南园林以水为主，围绕水配置亭、廊、楼、桥、山，最为突出的是岭南丰富的植物。水面、植物和亭子、廊道的阴凉，可以改善室外热环境（降低热岛强度），水面还可以用来蓄积雨水。树荫、亭子及廊道利于人在其中休息、行走而较为阴凉，亭子、廊道还利于避雨和行走不被雨淋，这些元素都可以为休闲提供良好的环境。丰富的植物使得所在区域空气清新，风景迷人。园林的围合布置，使得园林内很安静，改善了声环境。归纳说来，岭南园林在室外热环境、声环境、风环境、场地绿地、场地生态、雨水设施、控制径流、植物配置、灌溉节水、雨水利用等方面对绿色建筑做出贡献。

图 2.2-15 岭南园林设计

其次，岭南建筑的一些与气候特征有关的元素可归纳为遮阳、隔热、通风、抗风、防潮几个主要方面。由于气候温和，人们活动空间向外推移，因而，冷巷、天井、露台、敞廊、敞厅、敞梯、敞窗、敞门等开放性空间得到了充分的安排，从封闭的室内环境中走向了自然，空间自由、流畅、开敞。冷巷、天井可以形成阴凉的室外环境，加上这些开放性空间，与室外阴凉环境相结合，炎热时可以利用自然风。而且，这些空间根本不用装空调，从而使得需要空调的建筑空间大大减少，这是从建筑设计方面最为有效的节能手段。岭南建筑这些开敞、开放的特征，可以在满足建筑节能标准、建筑体型优化设计、通风散热、分区空调、自然通风、自然采光、室内空气质量改善等方面为绿色建筑加分。

岭南建筑被动式降温理念在以前没有空调设备的年代发挥了重要的作用，但是由于现代建筑的复杂性，一些原有的设计手法已有其局限性，需要结合当今绿色建筑的新理念，发展出新的设计手法来应对不断变化更新的环境要求。

例如冷巷，现在已较难应用于现代建筑中，但仍然可以运用冷巷降温及放大风速的功能，创造一些新的空间类型来代替其在通风系统中的作用。例如一些建筑通过在外立面设置狭长型的通风口的方式（图 2.2-16），使整个建筑空间变得通透，促进室内外空气的自由流动，建筑内部各个功能区可以与通风口进行空气交换，而狭长型的通风口这种类似冷巷放大风速的原理，使得这种空气交换速度更快，效率更高，很好地起到建筑被动降温的作用。

岭南建筑的天井，在现代建筑中更是被普遍应用，许多大型商场都在室内设置巨大的中庭（图 2.2-17），建筑的各个功能区围绕中庭布置，在中庭上空开设玻璃天窗，这种设计理念与天井中热压通风原理契合：建筑外部每个窗户、门洞以及架空层作为建筑的进风口，室外空气沿着每一个功能空间向中庭方向流动，中庭上空的天窗作为建筑的出风口，形成了一种新型的热压通风通道。

图 2.2-16　狭长型外墙通风口

图 2.2-17　大型商业体的中庭

再次，岭南建筑的轻巧、通透外观造型（图 2.2-18），与北方建筑有着很大的区别。轻巧造型可以使得建筑不蓄积热量，加上建筑通透，有良好的自然通风，建筑在夜晚很快就随气温下降而快速散热而变得阴凉，从而大大减少空调的开启时间。轻巧的造型风格，有利于遮阳构件的设置；通透的外观造型则非常有利于自然通风，有利于设置开敞空间。传承岭南建筑轻巧、通透的造型，可以使本地的绿色建筑做出本区域的绿色建筑风格。

图 2.2-18　岭南建筑通透的设计特点

最后，岭南建筑的外立面颜色以灰色、浅色为主，符合此地建筑以防热为主的要求。浅色有利于建筑反射太阳的辐射热，明朗淡雅的色彩是在湿热环境下所必须的，淡雅的色彩可以使人心平气和，自然也就没有那么燥热。灰色调较为清凉，而且雨后也显得清新自然，耐污染，适应湿热气候。灰色调或淡雅色调，也使得建筑比较清新轻盈，不那么浮躁，创造较为稳重（不轻浮）的文化氛围。

另外由于气候多雨，岭南建筑物顶部常做成多层斜坡顶，也往往设置种植屋面，同时结合庭院和园林设置“渗、滞、蓄、用、排”功能的理水设施，这些特征都与南方的湿热气候有很大的关系。处理好雨水的排放、收集、蓄积，建筑的垂直绿化，这也是本地绿色建筑的关键或亮点。

2. 岭南地区建筑的绿色技术方向

绿色建筑应该以满足人们工作、生活需求为基本前提，以全寿命期节约自然资源、保护环境为目标，以因地制宜的原则为基本思路，充分挖掘传统建筑技术和应用业已积累的绿色建筑技术，形成可以大量推广、复制的绿色建筑技术体系。针对国家对绿色建筑的要求，应在以下几个方面走出地区独特的技术方向：

（1）室外环境方面

要能够充分适应高容积率的现实需要，通过优化总平面布局，做好区域自然通风优化（通道、间距、架空），避免大厦高速风；合理应用岭南传统园林，通过水面、水景、乔木、灌木、喜阴植物、草地、透水地面，推广屋顶绿化，垂直绿化，营造舒适室外热环境和绿色景观；在场地充分设置雨水收集利用设施，有条件的项目根据地形利用池塘、人工湿地控制雨洪等；利用架空地面、地下组织交通，接驳公共交通，方便行人，并合理设置停车；利用围合空间优化室外声环境等。

（2）资源利用方面

充分利用自然通风降温，利用天井和开敞、半开敞空间，减少空调空间，并合理设置空调分区；采取多种适合气候的围护结构隔热降温技术，包括遮阳构件、遮阳产品、保温隔热材料、反射隔热、绿化隔热、蒸发降温、通风隔热等；合理设计空调系统，寻求更适合的空调节能方式。

采用风冷系统空调、无蒸发耗水量的冷却技术，减少空调补水；结合景观的屋面雨水收集系统，利用雨水进行景观用水补水、灌溉、清洗、道路浇洒等；种植岭南园林植物，节约绿化灌溉用水，使用必要的滴灌等灌溉节水技术；合理设计排水、排污系统，确保雨污分流。

（3）安全耐久方面

积极采用钢结构等轻质、耐久的结构体系；采取功能性构件设计，避免过多装饰构件；积极使用高性能混凝土等高性能材料，以及高耐久性材料；室内房间隔断优先使用绿色轻质内隔墙或灵活隔断；积极探索工业化构件，减少建筑垃圾；充分利用信息化技术指导施工，从而缩短工期、减少浪费；根据条件，尽可能对于建筑废弃物和可循环材料再利用。

（4）健康舒适方面

空调系统对新风进行除湿，控制湿度；通过屋顶隔热，东西墙隔热，采光顶遮阳和通风等措施改善室内的热环境和舒适性；采取有利于自然通风的通透、开敞设计，并对装修材料的污染物释放进行控制；考虑结合声学的围合设计，在进行自然通风的同时采取措施隔绝室外噪声，并减少设备噪声；重视办公室的自然采光设计，以及地下空间的采光、通风改善；充分利用天井、中庭进行室内的自然采光；积极考虑设置结合立面和景观的可调节外遮阳装置。

综上所述，随着大批量建筑的建成，今后 20 年，建筑的建设必将从“飞行”走向“着陆”，建筑的设计、建设等必须从“粗放”走向“精细”。今后，只有融入了更多的绿色建筑元素、更多的岭南建筑文化，这样的建筑才能称得上“精细”，才能满足不断增加的绿色需要和精神文化追求。

岭南地区的绿色建筑应该充分应用岭南园林技术，以水为主线，围绕配置亭、廊、楼、桥、山以及岭南丰富的植物，从而在改善室外热环境、声环境、风环境、场地绿地、场地生态，完善雨水设施、径流控制、植物配置、灌溉节水、雨水利用等方面做出精细化的规划设计。在建筑风格方面，应该秉承岭南建筑轻巧、通透的建筑风格，在立面上设置遮阳构件，应用遮阳产品，并设置足够的通风开口。在建筑色彩方面注重灰色系和淡雅色彩，形成地方风格。在建筑的空间设置方面，应设置天井、敞廊、敞厅、敞梯、敞窗、敞门等开放性空间，与室外阴凉环境相结合，充分利用自然风，不装或少装空调，减少需要空调的建筑空间，做好建筑体型优化设计、通风散热、分区空调、自然通风、自然采光、室内空气质量改善等。针对多雨气候，设置种植屋面和建筑的垂直绿化，处理好雨水的排放、收集、蓄积，同时结合庭院和园林设置“渗、滞、蓄、用、排”功能的理水设施。

为满足绿色建筑的要求，本地的绿色建筑还需要在室外环境、资源利用、安全耐久、健康舒适等方面多做提高。如在规划建筑方面，要优化总平面布局，合理设置空调分区，采取多种适合气候的围护结构隔热降温技术；要节约空调水耗，使用必要的灌溉节水技术；要优化结构体系，采用高性能材料；要隔绝室外噪声，并减少设备噪声，重视自然采光设计，设置结合立面和景观的可调节外遮阳装置等。

现如今，岭南建筑文化也需要适应形势，得到进一步发展。绿色建筑是当前的国家战略，而且绿色建筑也要求因地制宜，所以应该将绿色建筑的理念融入岭南建筑之中，大力发展绿色建筑，升华岭南建筑风格，全面提升岭南建筑文化。

2.3 岭南城市绿色建设主要内容

岭南城市建筑业仍在发展，建筑能耗还在不断升高。一方面，随着居民生活水平的不断提高，对建筑室内环境要求也越来越高，包括对热舒适和对室内空气质量等要求；另一方面，居民生活对家用电器的品类和数量不断提高，越来越多的智能产品给生活带来便捷的同时，也提高了用电量。

一直以来，有很多学者研究地域性差异带来的建设特点的差异。随着国家建设要求的转型，岭南城市建设特点也随之改变。

2.3.1 绿色城市规划

在城市规划中，绿色规划设计有效遵循了绿色生态发展的原则，有利于构建一个生态环境优良型、资源节约型、可持续发展型的城市。在城市规划中实施绿色规划技术措施有利于促进城市整体朝着绿色、节约的方向发展。

1. 以人为本

绿色城市规划设计的主要目的是提高城市宜居环境，把城市发展与生态保护相融合，使环境保护意识深入日常生活当中，促进人与自然理念在城市发展中得到体现，实现人与自然的和谐发展，改变传统单一追求发展的方式，坚持以人为本的城市发展原则。在城市设计规划过程中，为了更好地改善人类的居住环境，在有限的生活空间内规划出更加科学的生活秩序，应当从空间规划入手，确保城市发展能够促进人类生存环境的改善。城市规划设计不仅体现在对公共区域的规划，还体现在建筑之间的空间设计。绿色城市从民居环境入手，在注重城市环境保护的基础上，充分重视城市建筑空间中人类的居住环境，将城市建设品质与居民的居住质量有机结合，充分体现以人为本的规划设计原则。

2. 绿色生态

在绿色城市规划设计中，首要原则就是坚持绿色生态，以保护环境作为绿色城市建设的重要任务。在城市规划建设过程中，应当充分利用绿色植物，采用生态设计理念，规划好城市区域之间的联系，合理规划绿色面积和人们生活区域的有机统一，用绿色生态的区域规划串联人们的日常生活与自然生态。在以绿色城市理念规划设计城市建设过程中，应当充分重视生态保护，尽量在不破坏原有生态条件的基础上开展城市建设，保护好城市的自然生态，明确城市发展的合理性。城市建设与自然环境协调发展，需具备生态保护意识，强调对城区生态植物和水资源的合理规划，用更加尊重自然的眼光开展城市发展规划，促进城市绿色发展。

3. 节能环保

随着城市人口和经济规模的不断增长，城市的资源消耗量不断增大。然而，资源是有限的，过度的资源消耗势必制约城市的可持续发展，因此，在绿色城市规划设计过程中，要特别注重节能环保的原则，构建低能耗的绿色城市，促进城市的可持续发展。首先，在城市规划设计中，尽可能采用更多的可再生资源来维持城市的运转，如太阳能光伏、光热技术的应用等。其次，更多地用新能源取代传统能源，例如用新能源汽车替代传统燃油汽车，减少城市的废气排放，改善城市环境。

4. 产业设计

在城市规划中，要坚持资源利用低碳化、绿色化、再生化和循环化，对传统产业实施绿色化改造，发展绿色产业，打造完善的绿色产业体系。在社会经济各生产领域实施现代循环经济的减量化、循环再生利用、资源再配置、资源替代和无害化储藏五大原则，以实现资源集约循环利用，变废为宝，减少废弃物的产生，促进绿色产业协同发展，实现资源利用的乘数效应。

2.3.2　绿色建筑设计

建筑本体设计由内而外涉及多个方面。

1. 墙体

由于岭南气候夏季持续高温且空气湿度较大，因此建筑外墙体材料选择需考虑保温性、强度、防火性、经济性和耐久性。在外墙构件预制的过程中，宜选用浅色或反射率高的外墙表面材质。此外，应用太阳能光伏建筑一体化设计，也可减少建筑外墙太阳辐射吸收。

2. 屋面

种植屋面和太阳能光伏屋面是两种典型的遮阳型屋面。相关实验表明，夏季绿化屋面外表面最高温比无绿化屋面外表面最高温低 20℃以上。太阳能光伏屋面适合岭南光强的特点，但存在前期投入大，后期维护要求高等问题。

3. 门窗

通过提高建筑门窗的节能性能，减少建筑室内外通过门窗的热量交换。门窗的热损失占建筑总能耗的近 50%。控制建筑门窗比、选用合适的玻璃和窗框、重视遮阳设备的选用是有效控制室内热舒适的手段。

4. 空调系统

岭南夏季气温高，特别是岭南城市夏季时间长，制冷需求是能耗的主要组成。强调建筑被动式设计能够减少热环境对空调系统的依赖，而后调试能提高运行管理的有效性。

5. 照明系统

结合智能管理系统能有效提高节能水平。然而自然采光，不仅从能源消耗还是居民舒适度上看，都是比电力照明更好的选择。

2.3.3 景观设计

城市内涝、水资源短缺、面源污染等雨洪问题是世界上许多城市的共性问题，西方国家在城市雨洪管理探索实践中，提出了低影响开发理念和方法（Low Impact Development，简称 LID），其核心内容在于通过分散的、小规模的源头控制来达到对暴雨所产生的径流和污染的控制，从而使开发区域尽量接近于自然的水文循环。

首先，从城市治理体系和治理能力现代化的高度定位海绵城市的长远目标。当代中国的城市治理是在“发展与安全同构”的背景下展开的，即一切城市安全问题和发展问题在基本领域甚至要素方面相互重叠，使得广义的城市安全议题同城市治理体系的相互关系更加紧密。就此而言，海绵城市的深刻背景不局限于特定雨洪灾害的应对，而是针对由雨洪灾害所引发的城市治理体系与能力困境。因此，未来的海绵城市建设，应从城市安全和城市发展同构的背景去思考，跳出彻底消除灾害、与灾害抗争的思维局限，不断以海绵城市建设为抓手推进城市治理体系和治理能力现代化。

其次，从健全城市应急管理体系的角度优化海绵城市的政策方案。实际上，特大暴雨造成的灾害具有显著的系统效应，针对雨洪灾害风险及事故应对往往关涉整个应急管理体系。就此而言，海绵城市建设需要应急管理体系的协调配合，实现从防灾减灾向韧性治理的转变。因此，城市规划、法律法规、监测预警、灾害管理、预案实施、灾害保险以及提高全民防灾抗灾意识和能力等都应当被视为海绵城市的题中之义。同时，城市排水、防洪、应急、交通等部门协调联动对于发挥“海绵城市”治理效能具有重要意义。

再次，推动工程项目和非工程措施在海绵城市实践中的有机统一。海绵城市建设不仅要注重工程项目的建设，更需要关注非工程措施发挥的积极作用，保持二者在治理实践中的平衡。因此，一方面要在工程规划建设中纳入关于承灾能力的考量，提升城市工程系统应对极端灾害的能力，另一方面更应该从加强风险监测预警、向公众及时准确地传递风险信息，完善应急管理法律法规以及畅通各个部门信息沟通与协调联动机制等方面增强城市灾害风险应对能力。

最后，城市建设规划编制要注重因地制宜和因城施策。海绵城市建设应充分发挥规划的引领和控制作用，做到规划先行和统筹推进。依据住房和城乡建设部《海绵城市专项规划编制暂行规定》等文件要求，在准确识别试点区域本底条件及问题的基础上，科学合理确定规划目标与指标。在编制城市总体规划、控制性详细规划以及交通、绿地、排涝防洪等相关专项规划时，将海绵城市建设的相关指标融入其中，确保各规划的相互协调和衔接。

2.3.4　绿色施工

绿色施工是建筑全寿命周期中的一个重要阶段。实施绿色施工,应进行总体方案优化。在规划、设计阶段，应充分考虑绿色施工的总体要求，为绿色施工提供基础条件。实施绿色施工，应对施工策划、材料采购、现场施工、工程验收等各阶段进行控制，加强对整个施工过程的管理和监督。

绿色施工是指工程建设中，在保证质量、安全等基本要求的前提下，通过科学管理和技术进步，最大限度地节约资源与减少对环境负面影响的施工生产活动，全面实现建筑企业“四节一环保”（节能、节地、节水、节材和环境保护）。

绿色施工应符合国家的法律、法规及相关的标准规范，实现经济效益、社会效益和环境效益的统一。实施绿色施工，应依据因地制宜的原则，贯彻执行国家、行业和地方相关的技术经济政策。运用 ISO14000 和 ISO18000 管理体系，将绿色施工有关内容分解到管理体系目标中去，使绿色施工规范化、标准化。鼓励各地区开展绿色施工的政策与技术研究，发展绿色施工的新技术、新设备、新材料与新工艺，推行应用示范工程。

2.3.5　绿色建材

推广和应用绿色建材是保护环境、节约资源、实现可持续发展的重要举措。我国应用量最大的水泥、钢材、平板玻璃等建筑材料，大多生产方式粗放，资源消耗量大，能耗高，能效低。发展绿色建材，逐步调整建材的产业结构，转变发展方式，在生产、运输、存储、使用、废弃和回收再利用的全生命周期内减少对环境的污染，对提高资源能源利用效率、实现可持续发展具有重要意义。

推广应用绿色建材可以有效消纳废弃材料垃圾，废弃物的无污染化回收再利用正在成为现代社会中进行科学研究的热点与重心。发展绿色建材可以有效地对建筑废弃物、危险性废料、工业废渣、生活垃圾等进行再利用，用最低限度的资源得到最大数量的产品，实现资源流动的闭合回路。

2020 年 7 月 15 日住房和城乡建设部、国家发展改革委、教育部、工业和信息化部、中国人民银行、国管局、银保监会等七部委，联合印发《绿色建筑创建行动方案》，提出加快推进绿色建材评价认证和推广应用，建立绿色建材采信机制，推动建材产品质量提升。指导各地制定绿色建材推广应用政策措施，推动政府投资工程率先采用绿色建材，逐步提高城镇新建建筑中绿色建材应用比例。同年 10 月 13 日，财政部、住房和城乡建设部两部委印发《关于政府采购支持绿色建材促进建筑品质提升试点工作的通知》（财库〔2020〕31号），文件鼓励建筑企业推广使用绿色建材，实施绿色建材批量集中采购，加强金融政策、税收政策和创新政策支持，大力促进绿色建材的研究应用和行业发展。

2.3.6 绿色物业管理

大多数物业项目普遍存在设施设备基础资料管理欠缺，巡检、维保计划性不强，运行数据未能有效掌握，日常工作的跟踪管理缺乏实时快速获取设施设备管理信息的手段和评价方法等问题。

绿色物业的管理节能可以引入智慧物业平台，通过制定工程类体系文件，包括对流程、标识和标准的优化，建立设备台账，加入运行模块、巡视模块、维保管理和能源管理，力求准确了解楼宇设备的运行状况和能耗情况。智慧物业平台可由各个模块组成。通过实时监控设备数据，对设备进行监督和实时预警；随着客观真实的数据不断积累及智慧分析，为管理层对建筑整体设施设备的运营、优化提供决策辅助；专注于维修业务的管理平台，通过工作流的重构、工作管理透明化和闭环化、交易机制的创新和大数据的应用，实现“以交易代替管理”，提高管理效率，提升客户满意度。根据物业管理经验、数据信息及大厦个性化特点，制定精准的设备运行时间和日期，做到“需用即开，开则必用”，达到制度化、流程化。

近年来，很多物业公司在能源精细化管理方面实现了巨大的突破，特别是对设备进行技术改造和设备改造方面。通过对物业楼宇的能源审计全方位的剖析能耗使用情况，并提出可行性的节能改造方案。

2011年，深圳市组织起草《深圳市绿色物业管理导则（试行）》、《深圳市绿色物业管理项目评价办法（试行）》及《评价细则（试行）》等文件，在国内率先开展“绿色物业管理试点”和“绿色物业管理项目星级评价”。深圳市绿色物业管理项目评价细则包括基本绿色物业管理制度、节能管理、节水管理、垃圾减量分类管理、绿化管理、污染管理、行为引导与公众参与、创新鼓励等方面内容。

2.4 岭南城市绿色建设发展情况

2.4.1 广东省

1. 广东省建设领域的“绿色革命”要求

（1）生态环境形势严峻

联合国气候变化框架公约参加国通过了《京都协议书》，作为签署国，中国提出到

2025 年，非化石能源消费比重达到 20% 左右，单位国内生产总值能源消耗比 2020 年下降 13.5% 的目标。建筑能耗已经接近全国能耗总量的 30%，而且消耗的是以电为主的高品位能源，建筑节能任务将更重，产生的综合节能效果将更好。

2014 年 11 月，中美双方发布应对气候变化的联合声明。我国首次正式提出 2030 年碳排放达到峰值，这意味着到 2030 年，我国的碳排放必须转头向下，快速减少，这是我国向全世界的庄严承诺。

改革开放以来，广东经济得到了空前的发展，在经济总量不断提高的同时，经济质量也在不断地提升，产业结构不断升级，产业国际竞争力不断加强，珠三角城市群崛起。但从权威媒体发布的数据，如可持续发展总指数、经济发展水平指数、经济发展质量指数、环境水平指数、生态水平指数、社会发展水平指数等的结果看，广东省的生态环境问题十分严峻，具体表现为如下几个方面：

1）污染严重，生态环境日益恶化。

在发展中国家，剧增的建筑量造成的侵占土地、破坏生态环境等现象日益严重。与山东、江苏、浙江等沿海省份相比，广东省的污染物排放水平明显偏高，全省流经城市的河流水质污染十分严重，珠江口的海水水质也比较差，特别是有机污染严重。城市噪声污染也正困扰着广东，在对全省 19 个地级市的监测中发现，深圳、东莞等 7 个城市的区域环境噪声超过 60dB，严重时超过 80dB。生活垃圾、建筑垃圾围城现象也是特别的严重，垃圾填埋及焚烧均遇到很大的障碍，填埋所造成的潜在污染难以评估。在环境总体污染中，与建筑有关的空气污染、水污染、垃圾排放占人类活动产生垃圾总量的 40%。

2）耕地剧减，人地矛盾十分尖锐。

随着城市发展，基础设施、城建用地迅速增加，据统计，广东省人均耕地面积只有 $0.27hm^2$，不及全国平均数的一半，也远低于联合国划定的人均 $0.63hm^2$ 的警戒线。广东的土地消耗大，GDP 每增长 1 个百分点就要消耗土地 508 万亩，珠三角大部分城市正面临无地可用的局面。

3）水资源匮乏，水土流失严重。

在国家层面，水资源总体匮乏。我国的年均水资源总量达到 2.81 万亿 m^3，居世界第 6 位。但我国人均水量为 $2231m^3$，仅为世界人均水平的 1/3，居世界第 88 位。另外，我国水资源区域不平衡十分严重，东北、东南沿海、长江中下游、西南、华南等地区的水资源相对比较丰富，但华北、西北、中原地区缺水严重。水资源的城乡差异也较为普遍，大城市、超大城市普遍缺水，北方大城市情况更甚。

在广东省层面，水土流失的情况较为严重。全省水土流失面积达 6 万 km^2，强度侵蚀达 1 万多 km^2，比中华人民共和国成立初增加 52.4%，全省受泥沙危害的农田有 138 万亩。每年水土流失量 4000 多万吨，相当于 15 万亩农田的耕作层。给农业生产带来极大的危害。广东省实现可持续发展战略首先要重点解决的就是要从根本上解决生态环境恶化的问题，大力发展循环经济，将生态环境保护纳入国民经济核算体系，实现经济社会与生态环境的协调发展。

（2）粗放的城乡建设模式

广东省建设领域存在的突出问题之一是城乡建设模式粗放，能源资源消耗高、利用效率低，重规模轻效率、重外观轻品质、重建设轻管理。特别是一些地方规划混乱、严重滞后、无延续性、随意更改，造成城区的野蛮扩张、侵蚀耕地，城区噪声、灰尘、空气污染异常严重，基础设施建设严重落后；大拆大建，让建筑使用寿命远低于设计使用年限，让市政设施一改再改，交通改善异常困难；重建设、轻管理，造成大量的既有工程带病运行、寿命缩短，大量的市政设施运行不良、寿命短。建筑结构缺乏维护管理，城市的公共安全受到威胁，如楼房倒塌、玻璃掉落伤人、电梯伤人、城市积水内涝、生活垃圾围城、道路桥梁等城市基础设施施工、运营管理等问题严重影响市民生活和城市运营等。

建筑业对物质资源的消耗是巨大的，包括大量的钢材、木材、水泥、玻璃、塑料等。这些材料的生产需要冶炼、熔融、烧结大量的金属和非金属矿物原料、化工原料，因此建筑业也间接消耗了大量的矿产和土地资源。在加快推进生态文明建设中，建筑业要承担改革的使命，加快转变发展方式。

2.“广东绿色建设”箭在弦上

2014 年 7 月，广东省政府在文件《关于促进新型城镇化发展的意见》（粤发〔2014〕13 号）中首次提出“构建绿色建设体系”的工作要求，随后省住房和城乡建设厅厅长王芃在当年的工作报告中也明确提出了“探索低碳生态发展模式，树立广东绿色建设新标杆”的要求。要确立绿色生态城区、绿色生态社区、绿色基础设施以及绿色建筑、绿色施工、绿色能源运用、绿色物业管理等全领域的绿色建设模式。要建立符合广东实际的低碳生态城市规划建设指标体系，健全从规划编制到建设实施全过程的低碳生态城市建设管理机制，推进国家低碳生态城市示范省建设。要开展“绿色建设”适用技术研究，突出解决建筑节能和绿色建筑发展的重大技术问题，建立绿色建设全过程的标准体系，实现绿色建筑的规模化发展，打响广东“绿色建设”品牌。

在广东省政府与住房和城乡建设部最近签订的省部合作《共同推进城乡规划建设体制改革试点省建设合作协议》中，一项重要的工作内容是转变传统开发建设方式，构建广东“绿色建设体系”，并明确了三个主要的工作目标：①建立绿色建设指标体系；②开展绿色建设试点；③创新绿色建设金融。

可见，“绿色建设”已成为广东省实现低碳生态和可持续发展的重要支点，是广东省在新型城镇化建设中要树立和坚持的重要原则。

目前，广东省的绿色建设工作尚处于探索阶段，没有成熟的绿色建设模式可供借鉴参考，存在不少需要研究的问题，如绿色建设区域发展不平衡、建筑业转型升级缓慢、绿色建设概念和模式尚未确立、市场配置资源的决定性作用还存在体制机制障碍等。为此亟需针对目前广东省在绿色建设方面的问题，从节能减排和可持续发展视角出发，基于城市建设全领域和具体项目的全寿命期，提出广东省绿色建设体系，以期指导目前绿色建设工作，从而为树立广东绿色建设品牌，推进广东省国家低碳生态城市示范省和国家新型城镇化示范省建设。

3. 广东省在绿色建设方面取得的成绩

（1）相关政策文件与技术指引

近年来，为了推动绿色建设事业向前发展，省委省政府，省住房和城乡建设厅在政策法规方面做了大量的工作，先后发布了多项具有明确指导意义的政策文件及技术指引。

在新型城镇化方面，省住房和城乡建设厅联合发展改革委组织编制了《广东省新型城镇化规划（2021—2035 年）》；在城乡一体化建设方面，编制了《珠江三角洲全域规划》；在建设事业深化改革方面，发布了《广东省住房城乡建设事业深化改革的实施意见》；在建筑产业转型升级方面，编制了《广东省建筑业“十四五”发展规划》。

（2）深化改革的成果

1）建立工作机制

住房和城乡建设厅贯彻落实中央和省的改革部署，成立深化改革领导小组，筹组人员设立改革办。印发了《广东省住房城乡建设事业深化改革的实施意见》等重要文件，加强了改革的顶层设计。梳理出 31 项改革要点 69 个改革任务，逐项督导，全面推进。

2）探索城乡规划改革

积极构建国民经济和社会发展规划、城市总体规划、土地利用总体规划之间，基于城乡空间布局的衔接与协调平台。省住房和城乡建设厅总结推广广州市“三规合一”工作经验，研究部署各地开展“十三五”近期建设规划编制工作，切实发挥近期建设规划作为有效衔接城市总体规划和控制性详细规划及“三规合一”法定平台的地位和作用，制定《广东省新型城镇化规划建设管理办法》，探索与新型城镇化相适应的城乡规划建设和管理机制。

3）创新城市建设投融资体制

省住房和城乡建设厅组织开展城市基础建设投融资体制机制研究，制定了《广东省城市建设领域投融资模式及金融工具运用指引》，与中国投资咨询公司洽谈合作开展污水处理项目 PPP 模式，推动组建省棚户区改造省级融资平台，利用国家开发银行棚户区改造专项贷款资金加快推进改造项目。国开行预审通过棚户区改造专项贷款 44.6 亿元，发放了 10 亿元贷款；同时，吸引社会资金 113.8 亿元投入棚户区改造。

4）深化建筑业市场管理体制改革

进一步规范政府管理，激发市场活力。在广东省统一部署下，住房和城乡建设厅对本级行政职权进行了全面清理，调整完善了责权清单，推进机构设置调整和行政审批改革，主动转变行业监管方式。全省的行业管理机构普遍归口为三四个单位，管理体制进一步理顺。

（3）新型城镇化成果

1）以城市群为主体形态的新型城镇化

创新编制《珠江三角洲全域规划》，推进珠三角转型发展。在珠江三角洲全区域的尺度统筹安排覆盖城乡的生产、生活、生态空间要素，提出实现珠三角优化发展的城市群格局及其空间战略和政策路径，统筹布局和安排珠三角建设世界级城市群的具体行动和重大项目。

创新构建区域协调新格局。住房和城乡建设厅积极推动建设“广佛肇＋清远、云浮”“深莞惠＋汕尾、河源”“珠中江＋阳江”三个新型都市区，在区域发展中，将环珠三角5市纳入三大新型都市区一体化考虑，支持5市分别参加广佛肇、深莞惠、珠中江三个都市区的联席协调会议，形成对接机制，实现了“珠三角优化发展”和“粤东西北振兴发展”两大政策区有机衔接，有力推进以城市群为主体形态的新型城镇化，助推了省域均衡发展。

加大对粤东西北地级市中心城区扩容提质指导力度。省委办、省府办印发《推动粤东西北地区地级市中心城区扩容提质工作方案》（粤办发〔2014〕3号）等重要文件，明确扩容提质目标体系、进度安排及实施要点，加强规划编制指导。

2）转变发展模式

进行TOD开发规划编制。有关地方编制了珠三角轨道交通第二批共7个场站的TOD综合开发规划，启动第三批共15个场站开发规划的编制工作。

推进集约节约用地。在省政府的统筹部署下，住房和城乡建设厅积极研究制定加快棚户区改造，促进城市更新的政策文件。省政府常务会议审议通过了《关于深入推进“三旧”改造工作的实施意见》，会同国土资源厅印发《关于开展“三旧”改造规划修编工作的通知》，加强工作指导，确保任务落实，全年完成了170宗“三旧”改造方案进行的规划审查。

加强历史文化保护。省政府办公厅印发《关于加强历史建筑保护的意见》（粤府办〔2014〕54号），省住房和城乡建设厅会同国土资源厅、文化厅等部门全面部署“三旧”改造地块的历史文化遗产普查工作，将历史文化传承和“三旧”改造结合起来。

（4）绿色建筑

广东省的绿色建筑目前已实现了规模化发展。全省严格实行规划、设计、施工和验收四位一体的建筑节能监管制度，强化了建筑全寿命周期节能标准的落实。在全国率先开展了规划阶段建设用地用电约束性指标管理工作。完善了建筑节能与绿色建筑标准技术体系，明确了2020年全省绿色建筑占新建建筑比例60%的发展目标。发布实施了《广东省住房和城乡建设厅关于保障性住房实施绿色建筑行动的意见》，从2014年起，新建大型公共建筑、政府投资新建的公共建筑以及广州市、深圳市新建的保障性住房全面执行绿色建筑标准。新建建筑节能设计执行率100%，施工阶段执行建筑节能标准计划达

99.9%。2014 年全省新增节能建筑 9922 万 m^2，完成既有建筑节能改造 879 万 m^2；绿色建筑项目新增 151 个，新增面积 1653 万 m^2，超年度目标 135 万 m^2。绿色建筑保有量和新增量均居全国第二位。实现节约能源 554 万 tce，减排二氧化碳 1440 万 t。

随着《广东省绿色建筑条例》的实施，“十三五”时期，绿色建筑总面积超过 5 亿 m^2。城镇绿色建筑占新建建筑比例逐年递增，达到 63%，超额完成“十三五”目标任务，深圳、珠海等地绿色建筑占新建建筑比例达到 100%。二星级及以上绿色建筑评价标识项目 1391 个，面积 1.15 亿 m^2。积极推动既有居住建筑节能改造，推进老旧小区节能和绿色化微改造，其中“十三五”期间，全省完成既有建筑节能改造面积 1873 万 m^2。

广东省装配式建筑持续发展，从政策定制、项目示范到产业发展近年来均有明显的变化。相继出台《广东省人民政府办公厅关于大力发展装配式建筑的实施意见》等一批政策，发布实施《装配式建筑评价标准》DBJ/T 15—163—2019 等一批地方标准和《装配式混凝土结构保障性住房、人才房》系列图集，建立国家装配式建筑质量监督检验（广东）中心。获批 2 个国家示范（范例）城市、21 个国家级产业基地和 1 个国家钢结构装配式住宅建设试点项目，认定 2 个省级示范城市、83 个省级产业基地、42 个省级示范项目，发挥示范引领作用。促进产业集群，培育装配式混凝土预制构配件企业 53 家，装配式钢结构构件企业 18 家。“十三五”期间，广东省累计新建装配式建筑面积超过 1.08 亿 m^2，累计竣工装配式建筑 2488.53 万 m^2。

广东省也是全国率先开展绿色物业推广的地方之一。2018 年 10 月，深圳市市场和质量监督管理委员会发布《绿色物业管理导则》，从组织管理、规划管理、实施管理、评价管理和培训宣传管理等角度规范物业市场。

（5）绿色基础设施

1）完善城乡生态安全格局

有序开展了完善珠三角绿道网络体系，绿道升级系列工作，加快开发绿道网综合功能。积极对接国家公园要求，以绿道网为基础，以建设社区体育公园、郊野公园为近期工作重点，构建省域公园体系。目前，全省新建 207 个社区体育公园，累计建成绿道 11511km。建设生态景观林带 2750km，完成森林碳汇工程造林 355 万亩，扩大省级生态公益林 750 万亩，增加森林公园、湿地公园 210 个，森林覆盖率达 58.69%。建制镇总体规划覆盖率约 87%，村庄规划覆盖率约 60%。新增 35 个中国传统村落，437 个省级宜居社区。共创建宜居示范城镇 173 个、宜居示范村庄 462 个。在全国率先部署开展生态控制线划定工作，着手制定《广东省生态控制线管理条例》。

2）加强城市基础设施建设

组织制定了全省城市供水水质督察计划和实施方案，开展了四大流域原水水质监测与污染预警系统建设和运营，妥善处置贺江、北江等水污染事件，努力确保供水安全。全省 67 个县和珠三角 73 个中心镇已全部建成污水处理设施，污水处理能力居全国领先水平，建成污水处理设施 426 座、日处理能力达 2248 万 t，配套管网 2.2 万多公里。全省新增城镇生活污水日处理能力 553.4 万 t 以上，全省城镇生活污水处理率达到 85%，其中珠江三角洲地区达 90% 以上、其他地区达 75% 以上。对 8 个城市开展防水排涝工作督导，东莞、云浮、潮州、清远等 4 地编制完成城市防水排涝规划。广州、深圳、珠海、佛山等地已建成地下管线综合管廊长度约 89km。

深入实施南粤水更清行动计划、大气污染防治行动方案、重金属污染综合防治行动计划等。全省环境质量总体稳定，城市集中式饮用水源水质保持 100% 达标，珠三角地区 PM2.5 下降 10.6%、PM10 下降 11.4%，全省平均灰霾天数下降 6.62%。

3）统筹推进城乡生活垃圾无害化处理

推进《广东省城乡生活垃圾管理条例》立法，将农村生活垃圾管理纳入城乡一体化管理。加强垃圾处理设施建设，全省共建成启用生活垃圾无害化处理场（厂）92 座，总处理规模达 7 万 t/d。纳入农村垃圾管理考核范围的 71 个县（市、区），有 50 个已建成“一县一（垃圾处理）场”，有 21 个已开工建设；全省 1049 个乡镇全部建成“一镇一站（垃圾转运）”，约 14 万自然村全部建成“一村一点（垃圾收集）”。8 个县开展了农村生活垃圾分类试点。

4）推进智慧城市建设

省住房和城乡建设厅组织成立了智慧城市专家组，制定出台技术导则，推进 10 个城市（区、镇）创建国家智慧城市试点，认真落实“宽带”中国战略，大力推进新建建筑光纤到户建设和既有建筑光纤到户改造。

4. 发展绿色建设存在的问题

尽管广东省在绿色建设的有关方面已取得了一定的成绩，但要真正让绿色建设事业蓬勃发展，仍然存在不少问题需要解决。

（1）绿色建设包含的具体内容有待明确

尽管国家已经明确提出了“绿色化”的新时期经济建设发展要求，但“绿色建设”仍然是一个新概念，对绿色建设包含的具体内容是什么尚无完整的、成体系的认识。“绿色”是对建设方式及管理运营的要求，要从生态保护、能源节约、环境宜居等方面对工程建设的全过程提出具体要求。“建设”是工程项目从无到有的全过程，包括规划、立项、设计、施工、运营、维护等全寿命期，同时，“建设”从所属领域的角度又包含了城市建设、乡村建设、基础设施建设、建筑等。可见，“绿色建设”包含的内容众多，涵盖工程建设和生态文明建设的方方面面，而且相互交叉，形成了一个错综复杂的网络。因此，要推进绿色建设的发展，一是要尽可能将“绿色建设”的网络编制完整，使绿色建设的内容都包到这张网络中，二是要解构每个网络节点，明确绿色建设每一项元素的具体内容，使整个“绿色建设”的概念明朗化，才有利于后续根据具体内容制定对应措施推动绿色建设的发展。

（2）绿色建设的技术支撑体系尚需完善

目前，在广东省绿色建设体系的构建中仍然存在不少技术缺口，例如在生态文明建设方面，城市生态容量控制、生态保护、节能减排、环境保护的相关技术亟待研发；在可持续发展方面，城市规模控制、产业集聚与调整、人口结构变化、城市空间、城市功能、建筑形态与功能等技术开发仍然有待提高；在宜居环境构建方面，城乡环境、区域环境、室内环境的改善技术都非常值得研究；在产业发展方面，标准化、信息化技术、装配化设计、制造、安装、维护、维修技术等都是十分关键的研究课题。若能对上述一系列研究领域实现技术突破，将能有效支撑绿色建设体系的构建。

而在技术标准体系中，最大的问题在于目标标准体系尚未完善，目前只有绿色建筑层面建立了《绿色建筑评价标准》GB/T 50378—2019，而在绿色生态城区层面，有《绿色生态城区评价标准》GB/T 51255—2017，但绿色市政和绿色乡村层面的目标标准目前仍然是空白，亟待建立相应的目标标准，以构建完整的绿色建设标准体系。

（3）绿色建设的理念尚未普及

尽管广东省在绿色建设的相关方面已经做了不少工作，取得了一定的成绩，如新建建筑节能设计执行率已达到 100%，施工阶段执行建筑节能标准计划达 99.9%。但“绿色化”并不单单指节能，还包括生态保护、环境宜居等方面。因此，真正在建设全过程坚持绿色化理念的案例并不多，绿色化在工程建设领域还远未普及。从建设的全过程看，规划阶段的绿色化程度很低，很少有项目做绿色规划，尤其在城市整体规划、乡村规划的绿色化方面有很大缺失。设计和施工阶段目前已有一些技术标准对绿色化作出要求，但在实际中的执行力度还有待提高。在运营维护阶段，绿色建设同样存在大量空白，目前仅有绿色建筑的运营标识制度考虑了绿色运营的内容，其他项目在运营阶段基本没有关注绿色化的问题。而从建设的各个领域来看，建筑是绿色化程度最高的领域，但也仅限于新建建筑的设计、施工等阶段，而对于既有建筑的绿色改造也并未发展。基础设施的建设则绿色化程度更低，是未来绿色建设应该重点考虑的方向。

由此可见，绿色建设的理念在工程实际中仍尚未普及，需要建立相关的管理制度推动绿色建设的发展。另外，绿色建设不可避免地会增加一定的建设成本，这也是建设市场对绿色建设积极性不高的原因之一，这也需要市场机制与行政管理制度配合，出台具体的措施促进绿色建设的发展。

（4）绿色建设的发展重点有待补充

正如前文所述，从工程项目的建设过程看，目前绿色建设的相关工作重点基本集中在设计和施工阶段，对“一头一尾”的规划阶段和运营阶段很少涉及，而实际上，规划阶段和运营阶段对绿色建设而言更为重要。

规划是建设蓝图的总设计，如果在城市规划中着重考虑绿色化内容，就相当于在工程建设的源头定下了绿色化的基调，能够指导后续的建设工作一步一步按绿色化的要求推进。但事实上，目前的城市规划很少考虑“绿色化”的内容，或者说，城市规划中的绿色建设规划还未得到足够的重视。

而对于项目的运营阶段，在时间上比设计施工阶段要长得多，所以项目对环境的影响实际上主要体现在运营阶段，在这个阶段是否采取了绿色化措施直接决定了项目的绿色建设效果。随着经济的发展进入新常态，新建项目逐渐趋于稳定，既有的存量却是巨大的，这些项目的运营好坏将直接决定了绿色建设的成效，既有项目需要在运营中加强运营管理，不断进行适宜的改进、改造。因此，在运营阶段开展绿色建设工作能够取得更加显著的成效，理应成为绿色建设的发展重点。

此外，建筑领域的绿色建设已取得了一定的基础，但基础设施的绿色建设则尚在起步阶段，事实上，基础设施涵盖了市政、交通等多个方面，其绿色建设工作在很大程度上影响着绿色建设的效果，今后应加强基础设施的绿色建设要求。

5. 发展绿色建设的对策建议

（1）构建完整的绿色建设指标体系

为了明确绿色建设包含的具体内容，向参与城乡建设和工程建设的各方主体说明绿色建设的理念，需要构建绿色建设的指标体系，以具体回答“什么是绿色建设”。对于城市的规划者、建设者、管理者，以及工程建设的从业主体，绿色建设指标体系能够明确城市建设和工程建设过程的具体“绿色化”工作内容，指导完成工程项目的绿色建设。对于政府不监管的主体，绿色建设指标体系能够给定对工程项目的绿色监管指标以及绿色建设行政工作的考核指标。对于科研从业主体，绿色建设指标体系能够指明绿色建设有关技术的研究方向，使产研融合更为高效。对于城市管理和工程项目运营的管理主体，绿色建设指标体系能够给定绿色运营的具体控制指标，监督、指导绿色运营的具体工作。由此可见，要发展绿色建设，构建绿色建设指标体系必不可少。

（2）完善广东绿色建设技术支撑体系

在具体绿色建设技术方面，应加强关键技术研究以及人才培养工作，例如绿色规划技术、绿色施工技术、绿色运营管理技术、绿色改造技术、绿色市政技术体系等都存在大量技术空白有待填补。

在技术标准体系方面，首先应该完善目标标准体系，目前国家已发布《绿色生态城区评价标准》GB/T 51255—2017，广东省也应该结合实际编制《广东省绿色生态城区评价标准》，同时应尽快筹划编制绿色基础设施及绿色乡村的评价标准，下一步再根据这些目标标准的要求，梳理现有技术标准体系，没有的要建立，已有的要查漏补缺，从而完善整个绿色建设的标准体系。

（3）“广泛浅绿”与“局部深绿”相结合的绿色建设发展战略

绿色建设能否顺利推行关系着经济发展模式的转型成败。为了使绿色建设事业取得更大的发展，必须尽快在建设领域普及“绿色建设”的理念。但绿色建设涵盖的内容很丰富，由此引起的建设成本增加以及技术要求的严格制约了绿色建设理念的普及。因此，要切实推进绿色建设发展，必须在适度范围内采用强制性的行政管理手段，使建设领域快速进入绿色发展的轨道，但强制性的行政措施也必须考虑可执行性的问题，否则政策措施将无法落地。

在绿色建设发展的初级阶段，可以考虑采用“广泛浅绿”与“局部深绿”相结合的发展战略。在“浅绿”层面，可以制定一些工程建设“绿色化”的最基本要求，并且在整个建设领域全面强制性执行，实现工程建设的全面“浅绿化”。这十分有利于绿色建设的理念在全社会的工程建设中普及。在“深绿”层面，则制定一些工程建设“绿色化”的高层次要求，适用于部分建设工程实现高度绿色化。这里的“深绿”指标也可以分为两个层次，一个层次是绿色建设的提高指标，即“中绿”指标，它比“浅绿”更深一个层次，主要面向先行区、高新区等特殊区域，或者一些在绿色建设工作中已有一定基础的行业，如建筑业等，进行强制性执行。另一个层次，是绿色建设激励层面的指标，即真正意义的“深绿”指标，主要针对绿色建设的示范区域或示范工程执行。通过实施分层次的强制性管理和激励制度，能够形成“广泛浅绿”+“局部深绿”的复合发展模式，在绿色建设发展的初级阶段，可以实现绿色建设工作的快速推进。

这个分层次的强制性绿色建设发展管理制度对推进全社会绿色建设的发展具有十分重要的现实意义。其一，它是一个“强制性”制度，这是在绿色建设发展的初级阶段，绿色建设概念能迅速铺开和实施的保证，确保绿色建设工作扎实向前推进，同时也能够表现出政府支持绿色建设发展的决心。其二，正是由于制度本身的“强制”性质，在实施中必须考虑“可执行性”的问题，因此，分三个层次建立“浅绿”“中绿”“深绿”的控制指标，分别面向不同的执行对象，可避免绿色建设要求对建设领域全行业的一刀切，增加制度本身的灵活性和层次感，不同的主体有不同的绿色建设要求，是符合实事求是原则和事物发展规律的理想模式。其三，第一层次是对整个建设领域强制执行“浅绿”要求，是推进绿色建设发展最坚实最强有力的措施，因为其执行面广，基数庞大，哪怕基本要求中只有少数绿色化指标，对绿色建设工作的推进也是巨大的。其四，“中绿”“深绿”的控制指标面向先行区域和示范性项目、区域，能够体现绿色建设发展的深度要求，既可以积累经验，获得教训，也可以在社会上充分宣传展示未来的绿色方向，形成绿色建设发展的良好社会氛围。

（4）填补广东绿色建设的空白——“绿色规划”“绿色运营”“绿色改造”

如前述，广东绿色建设工作在项目的规划阶段和运营管理阶段存在巨大的空白，目前的绿色建设工作更重视项目的设计、施工阶段，而忽视了处在“一头一尾”的规划和运营管理阶段。实际上，建设项目能否实现完整的绿色化与这两个阶段的关系更大。

“工程建设，规划先行”，规划阶段是整个工程建设的蓝图设计，而且规划有一个从宏观到微观的过程，首先需要进行城市定位，根据城市定位确定城市总体规划、城市中的各区规划等，一层一层向下延伸，最后到具体项目的建设规划。因此，只要在各层次的规划中考虑绿色建设的内容，就能够从项目建设的源头定下绿色建设的基调，保证项目建设向绿色建设的方向发展。其中尤其重要的是城市总体规划的绿色化，因为它是所有各层次规划的总纲，需要从交通运输、城市安全（如防洪排涝）、防治环境污染等方面充分考虑工程建设的“绿色化”问题。

“绿色运营”也是绿色建设中非常重要的环节。一方面，由于既有项目的存量巨大，这些项目的运营好坏将直接决定了绿色建设的成效，因为当项目正式投入运营后，才真正作为一个独立主体融入自然环境中，其在运营过程中所消耗的能源，产生的物质排放（如有害气体、固体垃圾等）以及噪声等，都会对自然环境产生明显的影响，而且一般项目的运营时间长达数十年，其对环境的影响是十分深远的。另一方面，大量的既有建设项目不“绿色”，而由这些项目造成的效应会更大，必须在运营中进行改进和改造。因此，填补绿色建设在项目运营阶段的空白已刻不容缓，应在绿色建设指标体系、技术体系、政策措施等多个层面加强“绿色运营”的工作力度，大力发展建设项目的“绿色运营”和既有建设项目的评估、改进和改造——即“绿色改造”。

2.4.2 深圳市

1. 绿色建筑基本情况

深圳市从“十一五”开始贯彻实践可持续发展战略，经过十余年的发展，目前已成为我国绿色建筑建设规模和密度最大的城市之一，截至 2018 年 9 月，深圳市绿色建筑评价标识项目累计数量达 982 个，建筑面积达 8972 万 m^2。

深圳市先后推出了一系列绿色建筑发展的法规和政策措施。主要包括：《深圳经济特区建筑节能条例》《深圳市实施生态文明建设行动纲领》《关于打造绿色建筑之都的行动方案》《深圳市建筑废弃物减排与利用条例》《深圳市预拌混凝土和预拌砂浆管理规定》《深圳市开展可再生能源建筑应用城市示范实施太阳能屋顶计划工作方案》《深圳经济特区绿色建筑条例》《深圳市绿色建筑促进办法》等。

根据上述法规、政策等规范性文件，深圳市实施了以下一系列法规政策措施，归纳为：“建立四项机制，实施七大政策”。

（1）建立四项机制

1）决策机制。深圳市政府设立推行建筑节能发展绿色建筑联席会议制度。该联席会议是市政府发展绿色建筑的决策机构。由市政府主管城市规划、建设的副市长任会议第一召集人，市住房和建设局局长为第二召集人。会议成员包括发展改革、财政、规划土地、人居环境、水务、城管等部门及各区政府负责人。

2）实施机制。在市住房和建设局设立建筑节能与建设科技处，负责研究制订和组织实施有关建筑节能、绿色建筑、建筑废弃物减排与利用、建筑工业化以及建设科技方面的政策。另外，成立深圳市建设科技促进中心，具体负责建筑节能项目审查验收、绿色建筑认证、能耗监测平台建设、示范项目管理、科技推广等工作。

3）约束机制。从 2010 年起，深圳市政府要求所有新建保障性住房一律按照绿色建筑标准建设，并安装太阳能热水系统和使用绿色再生建材产品。通过外遮阳、自然通风、自然采光、太阳能光热等技术手段，让保障性住房成为绿色建筑的典范。

4）监管机制。对在建项目实行施工图设计文件节能抽查和建筑节能专项检查；对投入使用的建筑进行在线监测，对国家机关办公建筑和大型公共建筑室内温度执行 26℃的情况进行抽查，抽查结果通过媒体向社会公布。

（2）实施七大政策

1）市场准入政策。发布《关于新开工房屋建筑项目全面推行绿色建筑标准的通知》，对新建民用建筑实行建筑节能专项验收制度，实行建筑节能“一票否决”制，确保所有新建民用建筑都符合节能标准。

2）技术强制政策。强制要求十二层及以下居住建筑必须安装太阳能热水系统，推出太阳能屋顶计划，将强制安装太阳能热水系统的范围，扩大到了有热水需求的所有新建建筑。

3）土地优惠政策。对建筑废弃物综合利用项目建设，实行“零地价”的优惠政策，象征性地收取每年 1 元钱的土地租用费，促进全市的建筑废弃物综合利用。深圳还利用地铁建设积极创新保障性住房开发模式，通过在地铁车辆段“上盖物业”开发，落实保障性住房建设，实现集约用地。

4）资金扶持政策。市政府安排财政性资金用于建设大型公共建筑能耗监测平台、资助建筑节能、绿色建筑、可再生能源建筑应用、建筑工业化示范项目以及相关技术标准的研究制定。深圳市政府又专门设立建筑节能发展资金，进一步加大对建筑节能、绿色建筑的扶持力度。

5）招标投标政策。为了鼓励推广绿色建筑及相关节能减排技术，市政府在保障性住房、公共建筑的设计、施工、建筑材料采购等环节中，对于擅长绿色建筑设计、施工、咨询的设计咨询单位、承包商、地产商，以及太阳能设备、绿色再生建材供应商予以招标投标、货物采购的优先权。

6）激励引导政策。确定绿色建筑示范项目，深圳市发布《绿色建筑评价规范》SZJG 30—2009，开展绿色建筑认证，并实行免费认证。每年安排 3000 万元专项资金扶持绿色建筑发展。

7）技术减负政策。通过颁布《深圳市绿色建筑设计组合建议方案》，使得开发商能够以较低的绿色建筑咨询投入和较成熟的绿色建筑技术快速的融入绿色建筑建设队列中。

2. 保障房绿色建筑发展经验

（1）坚持低成本的技术路线

深圳的建筑科研机构对发展绿色建筑的本土技术路线进行了研究，认为在深圳的气候条件下，采用外遮阳、自然通风、自然采光、可再生能源技术以及采用再生建材产品等技术，通过优化设计等被动式手段，就可以达到较好的节能减排效果，而不需要借助于建筑设备等高成本投入的主动式节能技术。以光明新区4个保障性住房项目为例，平均绿色建筑增量成本仅34.3元/m^2，在不到两年的时间内就可以收回成本。

（2）采用节能省地的开发模式

深圳是一个土地资源极其短缺的城市，在地铁车辆段的上盖物业开发保障房，一方面是实现了土地资源的集约利用，较好地解决了保障房建设用地问题，另一方面将绿色交通与绿色建筑有机结合在一起，既方便群众出行，又提升了建筑的品质。

（3）推行工业化的建设方式

保障房项目具有结构相对单一、个性化不明显、标准化程度较高等特点，比较适合推行建筑工业化。在龙华龙悦居保障性住房项目中，采用内浇外挂的结构体系，建筑外墙、楼梯、室外走廊等广泛采用预制构配件。通过采用工业化生产方式，该项目工期比使用常规技术缩短了6个月，建筑垃圾减少了80%，材料损耗减少60%，建筑节能超过了50%，外墙、门窗漏水等质量通病得到根本解决。

（4）实现绿色建筑技术的集成应用

保障房项目在建设管理上也是由政府进行主导推进，适合各种绿色建筑的集成应用。比如占地10.1万m^2、总建筑面积41.3万m^2的龙岗体育新城安置小区，由21栋十七至三十四层高层住宅组成。高层住宅借助自然通风、日照、自然采光等数字模拟技术，实现住宅性能精细化设计，并综合运用了太阳能光热、中水回用、人工湿地以及沼气利用等多项节能、节水、节材技术，降低小区的资源消耗，被住房和城乡建设部评为第一批可再生能源建筑应用示范项目。该项目建成后，每一个住户都用上了太阳能热水。用地面积为31.96万m^2的岭南科技大学和深圳大学新校区拆迁安置区——桃源绿色生态新城，综合采用新能源、绿色再生材料等多项绿色建筑技术，建成后，将成为深圳最大的绿色住区。

2.4.3 广州市

1. 绿色建筑实施状况

“十一五”开始，广州市大力开展绿色建筑试点示范工作，“十二五”以来，进入规模化发展绿色建筑阶段。一是出台了《广州市人民政府关于加快发展绿色建筑的通告》，编制《广州市绿色建筑和建筑节能管理规定》。二是建设主管部门建立了绿色建筑技术支撑政策体系，2012年发布了《广州市绿色建筑设计指南》，实施绿色建筑设计备案制度，并对备案项目进行了公示。三是加大绿色建筑实施能力建设，组织设计人员参加的绿色建筑技术系列培训。四是继续做好绿色节能建筑示范工作，促进绿色建筑向绿色城区发展。以广州市建筑节能和绿色建筑示范工程推广制度为依据，实施“低能耗建筑”“绿色建筑”“可再生能源建筑应用”和“既有建筑节能改造”等示范项目。并扩展示范项目到“绿色施工和建筑工业化及新型墙体材料推广应用示范项目”。五是建立了绿色施工专家库。

（1）总量特征：总量逐年增长

1）绿色建筑总建设量逐年增长，2018—2020 年新开工建筑总建设量 11326.06 万 m^2，绿色建筑总建设量 10355.45 万 m^2，占比达 91.43%。

2）2016—2020 年获绿色建筑标识的绿建项目数逐渐攀升。

3）绿色建筑国际标识申报增多，其中天河区认证项目数量最多。

（2）分布特征：区域发展不均

1）各区对绿色建筑的推动力度存在差异，海珠、天河、南沙等区绿色建筑发展较好，从化等区较差。

2）绿色建筑空间分布缺乏引导，发展重点不突出。

（3）结构特征：质量有待提升

1）绿色建筑占比高达 91.43%，但高星级绿色建筑占比仅为 43.88%。

2）绿色建筑重设计轻运营，运行标识仅占所有标识的 1%。

3）高质量绿色建筑缺乏，三星级绿色建筑、超低能耗和近零能耗建筑、绿色生态城区较少。

2.《广州市绿色建筑与建筑节能管理规定》

（1）为应对当前问题出台的地方法规

国家于 2007 年修订了《中华人民共和国节约能源法》，国务院于 2008 年颁布了《民用建筑节能条例》，广东省于 2011 年实施《广东省民用建筑节能条例》，2021 年实施《广东省绿色建筑条例》。上述法规缺乏结合地方实际的因地制宜措施，在某些领域也存在立法空白。具体表现在：一是建筑节能全过程监管仍未形成真正的闭合管理链条，存在因项目立项、土地出让和用地规划环节的监管缺位，而造成后期建筑节能标准实施难度大、建筑节能技术措施不合理等问题；同时建筑运营实际用能运行情况监管的缺位造成“节能建筑”不节能之现象。因此，有必要通过地方立法将管理环节向两端延伸，即向立项、规划、土地出让阶段延伸和向建筑投入运行延伸；二是推广可再生能源在建筑中应用的相关规定过于空泛，缺乏具体措施；三是随着产业经济转型升级，高新技术产业、轻工业产业的建筑使用能耗越来越大，而对此类工业建筑的节能监管仍然空白；四是公共建筑节能监管体系建设（包括能耗统计、能源审计、能耗监测、能效测评等）和既有建筑节能改造工作缺乏法规支撑，推进难度大；五是建筑节能和绿色建筑的激励政策有待完善。

《广州市绿色建筑和建筑节能管理规定》（后文简称《规定》）是针对绿色建筑及建筑节能管理工作中逐步显现的新矛盾和带有普遍性的问题，以立法的形式提出具体、可操作的解决方案，结合未来的发展趋势，大胆尝试有前瞻性的制度设计。

（2）主要内容和亮点

1）率先将绿色建筑建设管理要求纳入立法。《规定》首先明确四大类建筑（国投项目、旧城改造、重点新区和大型公建）必须强制执行绿色建筑标准，其次将绿色建筑相关指标和要求融入建设项目全过程，建立了绿色建筑建设管理制度。此外，还结合未来发展趋势，在促进规模化发展绿色建筑方面提出了一系列创新举措，如：要求城市新区编制区域能源利用及水资源利用专项规划，并在控规中予以实施；为引导绿色建筑的有效实施，设立绿色建筑竣工标识制度；引入国际先进理念，倡导绿色数据中心建设；对于达到二星及以上（含二星）等级的绿色建筑，按照新的办法核定计算容积率，以激励建设单位开发建设绿色建筑等。

2）创新和完善建筑节能全过程管理制度。《规定》将建筑节能管理工作贯穿到工程建设的全过程，分别在项目立项、用地规划许可、用地批准、节能设计、施工管理、过程监督、竣工验收、运行管理等八大环节强化管理，将建筑节能管理向立项、规划等前期阶段延伸，建立发改、规划等多部门共同参与的联动管理机制。

3）率先将建筑节能工作向工业建筑拓展。随着产业转型升级，高新技术产业、轻工业产业的比重不断增大，而这类工业企业的建筑使用能耗随之增加，将建筑节能工作拓展到工业建筑势在必行。

4）率先将公共建筑能耗控制指标全过程管理纳入立法。《规定》明确了高能耗的公共建筑除必须执行建筑节能强制性标准之外，同时通过能耗限额指标来控制工程的设计、验收和运行，以量化节能实际效果。

5）《规定》在绿色建筑和建筑节能方面的激励政策有：对于达到二星及以上（含二星）等级的绿色建筑，将按照新的办法核定计算容积率；对获得国家和省财政资金补贴的建筑节能项目，由建设行政主管部门会同财政部门按照节能专项资金或者其他专项资金的有关规定给予奖励。

2.4.4 佛山市

1. 绿色建筑发展情况

2022年3月4日，佛山市住房和城乡建设局等十三部门联合发布《佛山市绿色建筑创建行动实施方案（2022—2025）》（本小节内简称《方案》）。《方案》提出了“十四五”期间佛山市绿色建筑发展的目标以及重点任务，强调要全面落实城镇新建民用建筑按照绿色建筑标准进行建设的要求，2022—2025年佛山市城镇新建民用建筑中绿色建筑占比分别达到80%、90%、95%、100%；星级绿色建筑面积持续增加，到2023年，全市按一星级及以上标准建设的绿色建筑占新建民用建筑比例达到35%；到2025年，该比例达到45%。

《方案》把提高绿色建筑质量品质作为“十四五”期间的重点任务，要求市行政区域内新建民用建筑（含工业用地性质上的配套宿舍、配套办公楼以及无生产工艺的研发用房等）全面按照绿色建筑标准要求进行建设，其中保障性住房项目、总建筑面积 10 万 m^2（含）及以上的新建住宅小区建设项目按照不低于一星级绿色建筑标准进行建设；建筑面积大于 2 万 m^2 的大型公共建筑、国家机关办公建筑、国有资金参与投资建设的其他公共建筑按照不低于二星级标准进行建设；超高层建筑按不低于三星级标准进行建设。支持三龙湾科技城、佛山国家高新技术产业开发区、顺德粤港澳协同发展合作区和顺深产业城等重点区域内新建建筑按照不低于二星级标准进行建设。

2021 年佛山市发展和改革局关于印发《佛山市 2021 年能耗双控工作方案》的通知，提出新建民用建筑全面执行绿色建筑标准，推进我市率先实施高于全省现行标准要求的建筑节能标准，因地制宜发展超低能耗建筑、近零能耗建筑。加快推进既有建筑节能改造，推进太阳能等可再生能源在建筑领域的规模化应用。到 2021 年底，全市新增绿色建筑面积 1000 万 m^2，城镇新建民用建筑中绿色建筑占比达到 70%。

在节能改造方面，佛山市积极推进既有建筑节能改造，“十三五”期间累计完成 78.26 万 m^2 的公共建筑节能改造、63.74 万 m^2 的居住建筑节能改造。政府建筑受限于财政，改造项目相对较少。

已发布《佛山市绿色社区创建行动实施方案》，2021 年年底前，要创建 56 个以上绿色社区；2022 年年底前，绿色社区达 133 个以上；2025 年年底前，190 个城市社区达到创建要求。

2. 装配式建筑发展情况

2019 年，佛山获评“广东省第二批装配式建筑示范城市”，成为继深圳之后的第二个省级装配式建筑示范城市。2020 年 9 月，佛山又获认定为全国第二批装配式建筑范例城市。

已出台《佛山市装配式建筑专项规划（2018—2025 年）》，确定了三龙湾、佛山西站、金融高新区等 8 个重点推进片区。以商品住宅建设为重点、保障性住房为先导、政府投资项目和绿色建筑为切入点，积极推进装配式建筑的发展，将佛山市建设成为省级装配式建筑示范城市和珠三角地区装配式建筑产业中心，已经在国土出让条件里提出了要求。

“十三五”期间已建设的装配式建筑，大部分为工厂厂房的钢结构建筑，地产项目方面，除了大型开发商会使用部分装配式技术，如预制板、铝膜等，其他大部分开发商忧虑工程项目的成本、进度、质量等因素，应用动力不足。

目前，佛山市有 7 家装配式混凝土预制构配件生产企业，生产线共 19 条，设计产能为 53 万 m^3，实际产能为 30 万 m^3；在装配式钢结构构件生产企业方面，共有 7 家企业，14 条生产线，设计产能 15 万 t，实际产能 25 万 t，木结构构件生产企业有 1 家，1 条生产线，设计产能 1600m^2，实际产能也为 1600m^2。

根据统计数据，2021 年，新开工装配式建筑面积 960.072 万 m^2，新开工装配式面积占新开工工程总面积的占比为 24.26%，在新开工装配式建筑中，商品住房 51.59 万 m^2，保障性住房 6.73 万 m^2，其他类别 442.752 万 m^2；2021 年，装配式项目竣工面积 120 万 m^2，竣工装配式建筑占竣工建筑面积比例为 5.44%，大量装配式项目在施工中，装配式建筑发展态势总体良好。

3. 绿色建材发展情况

2020 年 10 月，财政部、住房和城乡建设部确定广东省佛山市为全国政府采购支持绿色建材促进建筑品质提升 6 个试点城市之一，佛山市高度重视，成立试点工作专班，印发《佛山市推广绿色建材促进建筑品质提升试点工作实施方案》(佛府办函〔2021〕30 号)、制定《佛山市绿色建材产品进入目录工作指引》，经评审认定，对符合《佛山市绿色建材基本要求》的建材产品可纳入《佛山市绿色建材目录》，截至 2021 年，已有 11 批 38 个品类、76 家企业的 699 项产品纳入该目录。

《佛山市推广绿色建材促进建筑品质提升试点工作实施方案》中明确要求，在国有资金参与投资建设的项目中推广应用绿色建材，提升建设工程建筑品质，促进绿色消费和绿色发展理论完善增强，在落实政策资金支持方面，对新获得绿色（产品）认证的企业，给予一次性扶持资金 5 万元。2021 年度，全市共有 34 家企业获该项扶持资金的专项扶持，扶持资金总额达 170 万元。

2.4.5 深圳前海合作区

为落实前海合作区“产城融合、特色都市、绿色低碳”的发展策略，相关部门开展了《前海深港现代服务业合作区绿色建筑专项规划研究》(后文简称《规划》)，通过规划协调促进绿色建筑集中、大规模发展，探索高强度开发下的可持续城市发展模式。主要内容包括绿色建筑发展背景、现状分析、发展目标、绿色建筑星级布局、绿色建筑控制图则、实施计划和保障措施，以及绿色建筑设计指引和绿色施工技术指引两个技术标准。

《规划》明确了前海合作区绿色建筑集中、大规模发展方向，确立了将前海合作区建设为高星级绿色建筑规模化示范区的总体目标，以及“创造绿色建筑的世界焦点、生态文明的中国窗口”的绿色建筑发展愿景，前海合作区新建建筑 100% 达到国家绿色建筑星级评价标准，力争二星级绿色建筑占新建建筑比例达到 50%、三星级达到 30%。绿色建筑设计技术指引为建设方及其设计单位提供实现绿色设计目标的技术参考，确保规划实施；建筑工程绿色施工技术指引明确各责任主体权利和义务，并提供涵盖全程的绿色施工技术指引和监管流程节点，确保建造过程的绿色化。

2.4.6 珠海横琴新区

建立绿色建筑政策、规划、标准和技术体系，形成较完善的绿色建筑建设体系框架，大力推进新建绿色建筑建设、既有建筑节能改造和可再生能源在建筑中规模化应用等工作，以发展绿色建筑为突破口，强化宣传，加强管理，全面促进绿色建筑的规模化发展。

到 2015 年，政府投资项目以及社会投资 2 万 m^2 以上的新建公共建筑、20 万 m^2 以上的新建居住建筑以及重点工业建筑全部按绿色建筑标准建设与施工，至少达到评价标准一星级要求，其中二星级及以上绿色建筑比例不小于 20%。到 2020 年，全区所有新建建筑全部满足绿色建筑标准要求。

到 2015 年，绿色社区占全部社区的比例达到 50%；到 2020 年，绿色社区占全部社区的比例达到 80%。社区总绿地面积应大于等于 25%，社区内公共空间建筑物三层以下立体绿化率 50% ~ 90%，对三层以上窗台、走廊进行绿化，平屋顶裸露部分 100% 绿化。社区内乔木大于等于 3 株 /100m^2 绿地，立体或复层混种比例大于等于 35%，以大小乔木、灌木、花草密植混种。节水器具使用率应达到 100%，景观用水应采用中水或雨水；社区照明设备全部采用 LED 节能灯。建设与建筑物一体化的屋顶太阳能并网光伏发电设施，风电使用率约 10%。社区住宅大于等于 80% 房间能良好通风，地面或建筑物外墙采用高反射材料或进行立体绿化。成立由街道、居委会、驻社区单位、物业公司、居民代表等组成的绿色社区创建和管理机构（联席会）。

2.4.7　萝岗区中新知识城起步区

中新广州知识城是广东与新加坡战略合作的标志性项目，规划总面积达 123km^2，建设用地面积约 60km^2，规划总人口约 50 万人。知识城分近期、中期、远期三期开发建设。近期重点完成约 32km^2“知识城主城区”的规划，重点开发建设其中约 16km^2 的“主城区核心区”，包括九龙新城、九龙湖环湖区、创新集聚区和南起步区。

紧密围绕中新广州知识城“世界一流水平的生态宜居新城”的建设目标，以发展绿色建筑为突破口，将中新广州知识城建设成为广州市乃至全国绿色建筑示范区，为绿色建筑区域建设起到先行先试的示范引领作用。

通过知识城绿色建筑建设，建立新区绿色建筑政策、规划、标准和技术体系，形成较完善的绿色建筑建设体系框架，大力推进新建绿色建筑建设、既有建筑节能改造和可再生能源在建筑中规模化应用等工作，以发展绿色建筑为突破口，强化宣传，加强管理，全面促进绿色建筑的规模化发展。

按照绿色生态城区申报中关于全面执行新建建筑达到一星级以上，二星级以上绿色建筑建设规模应至少占总建设量的 30% 的要求，根据中新广州知识城“世界一流水平”的发展定位，适当提高高星级建筑的占有比例，达到 50%。

第3章

绿色建设技术体系

3.1 绿色建设的指标体系

3.1.1 构建绿色建设指标体系的目的

绿色建设体系是从生态文明和可持续发展视角出发，基于城市建设全领域和全寿命期，提出的绿色建设体系的顶层设计。一个好的顶层设计需要一套行之有效的指标进行总体评价、行动指导、过程控制和实效衡量。因此需要建立和在推进过程中持续完善绿色建设的指标体系，作为“绿色建设”的理论和技术总纲，贯穿“绿色建设”的全过程，覆盖“绿色建设”的全领域，通过指标约束形成合力，推动“绿色建设”实施和不断向前发展。

从工程建设规划、国土、设计、施工、验收、运营管理、改造、报废拆除的全寿命期，以及城市、城区、基础设施、建筑工程等工程建设全领域调研城市建设的现状，总结分析国家和地区的节能减排、绿色低碳、环境保护、宜居环境和可持续发展的相关要求，紧密结合当前建设领域深化改革和新型城镇化建设的形势和方向，分析和提出城市建设的绿色、生态、低碳、节能、环保、宜居、智能、可持续方面的绿色发展需求。通过绿色建设，转变建设领域的生产方式，打造涵盖市政、轨道交通、建筑产业的城市建设产业现代化产业集群。

同时，基于城市建设体系的绿色化需求，针对城乡建设全寿命期的各个环节和各个领域，将绿色化的要求形成具体技术指标，内化到岭南城市现有城乡建设体系之中，分领域、分模块地构建系统、完整、可实施的绿色建设指标体系。

3.1.2 绿色建设指标体系的三维结构

绿色建设指标体系按照不同的划分方法可以构建出不同的框架结构。例如可以按绿色建设的全过程（规划、国土、设计、施工、验收、运营维护、监督管理等）进行划分，可以按绿色建设的各领域（城市、乡村、建筑、基础设施等）进行划分，也可以从绿色建设的“绿色化”本质出发，按绿色化目标指标（节约资源、保护自然生态环境、改善人居环境、经济社会文化等）进行划分。然而事实上，不同的划分准则并不是相互独立的，对指标体系进行深层次的细分就会发现不同的体系框架之间存在很多相互交叉，相互作用的部分。因此，若要更清晰地反映绿色建设指标相互之间的关系，可以考虑将绿色建设指标体系建立在三维立体坐标上。将绿色建设的全过程归纳为建设时序维度，将绿色建设的各领域归纳为城乡空间维度，将绿色建设的目标归纳为绿色指标维度，从而形成一个三维立体的绿色建设体系，如图 3.1-1 所示。

建设时序维度，是从工程建设的全过程进行划分，因为建设过程本身就存在时间的先后次序，即规划、国土、设计、施工、运营、改造、拆除的全寿命期过程。建设时序维度的实质是制定绿色建设调控措施的控制节点。

城乡空间维度，是从绿色建设的全领域进行划分，从城市、乡村、建筑、基础设施等几个不同的空间概念考虑绿色建设指标体系的构建。城乡空间维度上的各节点实质就是指标体系指向的对象，因此，城乡空间维度非常适用于建立绿色建设调控对象的评价指标体系，各空间节点即为评价对象或考核对象。

绿色指标维度即绿色建设的目标维度，是从绿色建设的本质出发，考虑绿色建设指标体系的构建。绿色建设有三个重要的目标，一是节约资源，二是保护自然生态环境，三是改善人居环境。另外，绿色建设对城乡的社会经济文化有重要影响，因此在绿色指标维度上也包括了第四——“经济社会文化”这个指标元素。绿色指标维度的实质是控制指标的具体内容，指标体系的所有调控项都将反映在绿色指标维度上。也可以说，只要考虑到哪些方面哪些因素是绿色建设需要调控的，都可以放在绿色指标维度上。因此，绿色指标维度是指标体系能否落地的关键点。此外，绿色指标维度可以从政府管理部门的职能角度考虑，并进行划分，便可使指标体系成为政府部门的管理目标和考核指标。目前绿色指标维度上的内容都比较概念化，仍需通过研究进行增减，使其不断完善。

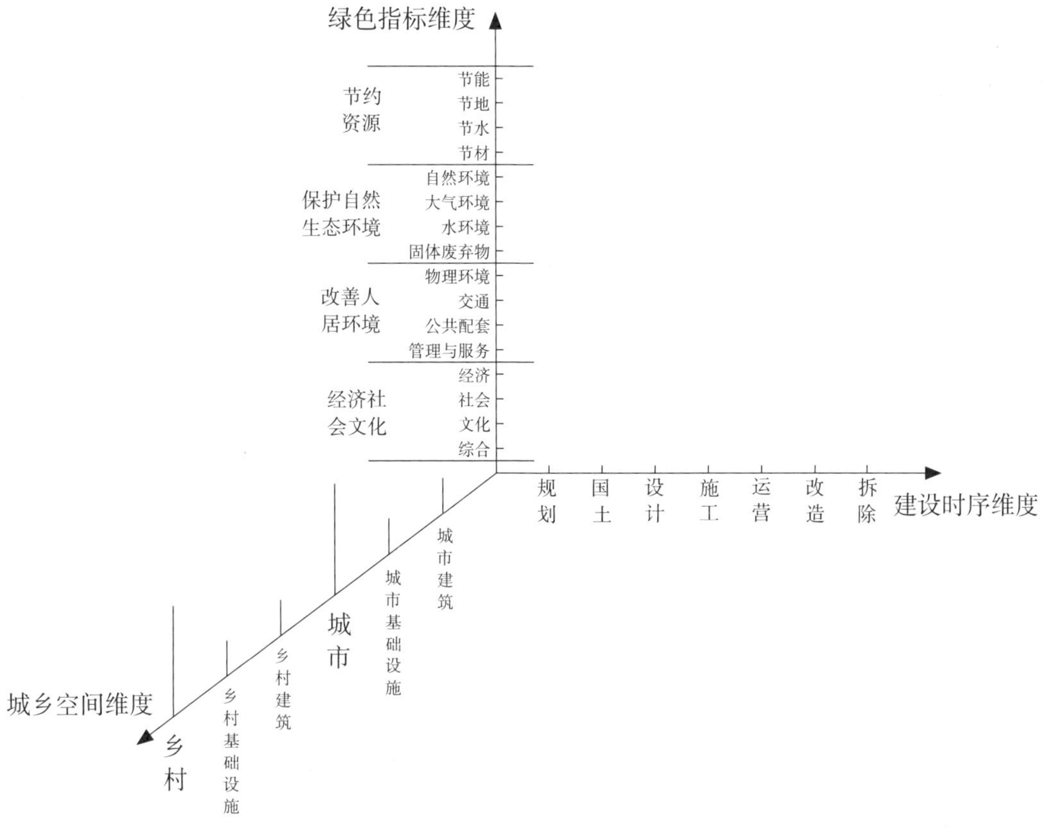

图 3.1-1　绿色建设指标体系三维结构

3.1.3 各层面的绿色建设指标体系

1. 城市层面

城市层面绿色建设指标的确定是在结合国家相关绿色环保城市评比申报指标要求和地方相关绿色低碳城市规划指标要求的基础上，筛选符合岭南城市实际的绿色建设相关的指标，从绿色建设的内涵出发，按照节约资源、保护自然生态环境、改善人居环境和经济社会文化四个方面进行分类，得到城市层面的绿色建设指标体系，如表 3.1-1 所示。

"城市"层面的绿色建设指标体系　　表 3.1-1

目标要素		指标
节约资源	节能	1. 碳生产力（单位碳排放 GDP 贡献率）； 2. 单位 GDP 能耗； 3. 人均生活消费碳排放； 4. 节能建筑比例； 5. 可再生能源使用比例； 6. 可再生能源占一次性能源消费比重
	节水	1. 城市再生水利用率； 2. 年径流总量控制率； 3. 城市非常规水资源利用率； 4. 城市非常规水资源年增长率； 5. 非常规水资源替代率； 6. 城市供水管网漏损率； 7. 城市居民生活用水量； 8. 人均日生活用水； 9. 建成区雨污分流排水体制管道覆盖率； 10. 节水器具普及率； 11. 对公共供水的非居民用水单位实行计划用水与定额管理比例； 12. 水资源费征收率； 13. 污水处理费（含自备水）收缴率； 14. 特种行业（洗浴、洗车等）用水计量收费率； 15. 万元工业增加值用水量； 16. 工业用水重复利用率； 17. 工业取水定额达标率； 18. 单位 GDP 水耗
	节地	1. 新建项目混合用地比例； 2. 节约型绿地建设率； 3. 棚户区、城中村改造； 4. 地下管线与空间综合管理； 5. 万元 GDP 建设用地
	节材	1. 生活垃圾资源化利用率； 2. 工业固体废弃物综合利用率

续表

目标要素		指标
保护自然生态环境	自然环境	1. 建成区绿化覆盖率； 2. 绿化覆盖率（森林覆盖率）； 3. 绿化覆盖率（城市绿化率）； 4. 自然保护区覆盖率； 5. 建成区绿化覆盖面积中乔、灌木所占比率； 6. 城市道路绿化普及率； 7. 绿地景观多样性与异质性； 8. 立体绿化推广； 9. 受损弃置地生态与景观恢复率； 10. 生物防治推广率； 11. 建成区透水性地面面积比例
	大气环境	1. 城区大气可吸入颗粒年日均值； 2. 城区 SO_2 年日均值； 3. 城区 NO_2 年日均值； 4. 清洁能源使用率
	水环境	1. 城市污水处理率； 2. 城市工业废水排放达标率； 3. 生活污水集中处理率； 4. 集中式饮用水水源地一级保护区水质达标率； 5. 城市管网水检验项目合格率； 6. 河道绿化普及率； 7. 水体岸线自然化率
	固体废弃物	1. 城市生活垃圾无害化处理率； 2. 生活垃圾无害化处理率； 3. 医疗废弃物处置； 4. 主要街道保洁时间； 5. 一般街道保洁时间； 6. 单位 GDP 工业固体废物排放量； 7. 建筑工地管理达标率； 8. 市容环境卫生达标率； 9. 生活垃圾转运站、公共厕所等环卫设施达标率
改善人居环境	物理环境	1. 城市热岛效应强度； 2. 区域环境噪声平均值； 3. 年空气污染指数小于或等于 100 的天数； 4. PM 2.5 日均浓度达标天数； 5. 林荫路推广率； 6. 林荫停车场推广率； 7. 绿色廊道密度及连通性
	交通	1. 绿色交通出行分担率； 2. 公共交通占机动化出行分担率； 3. 万人拥有公交车辆； 4. 城市主干道平峰期平均车速； 5. 平均通勤时间； 6. 城市道路完好率； 7. 人均道路面积；

续表

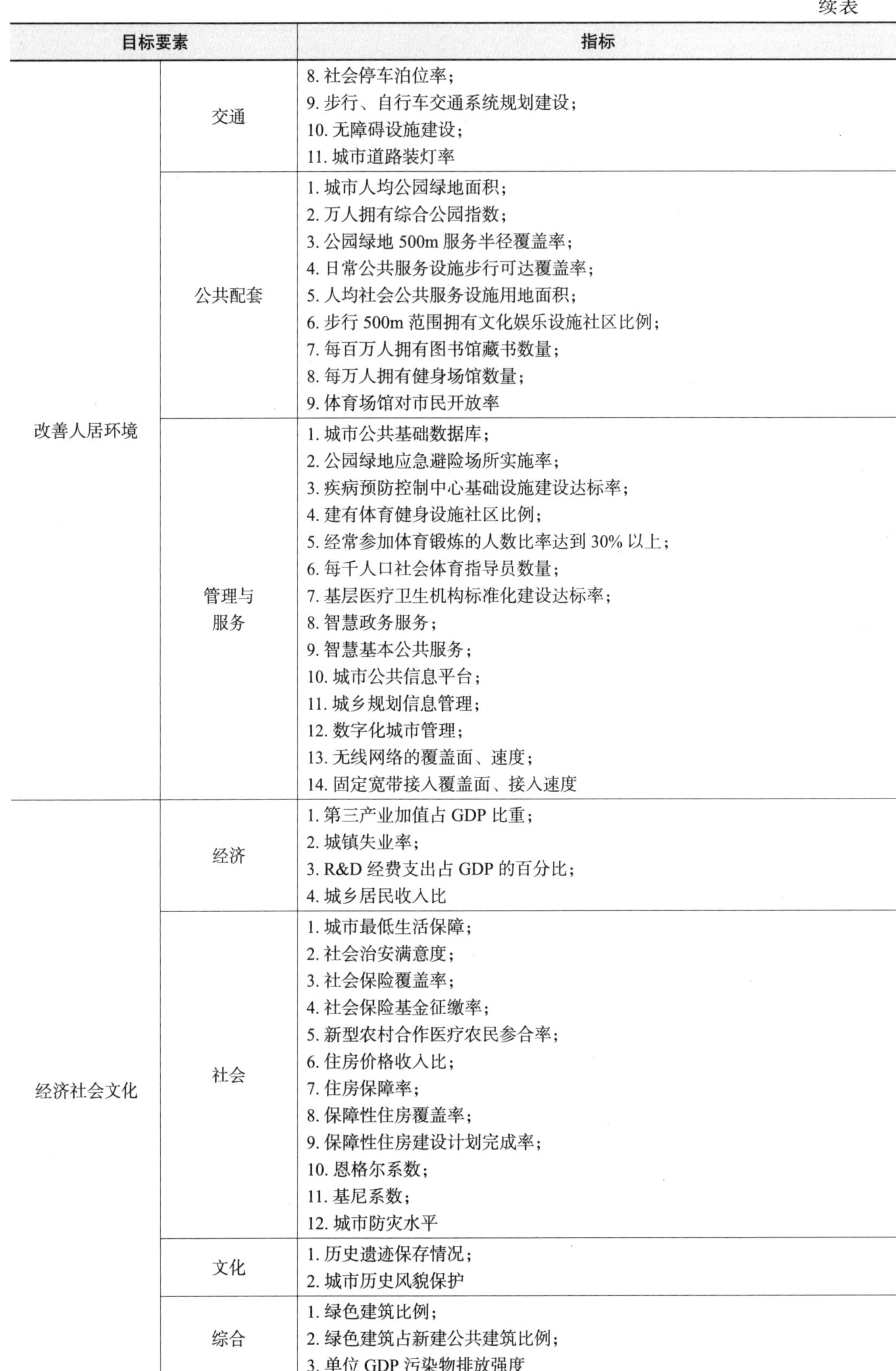

目标要素		指标
改善人居环境	交通	8. 社会停车泊位率； 9. 步行、自行车交通系统规划建设； 10. 无障碍设施建设； 11. 城市道路装灯率
	公共配套	1. 城市人均公园绿地面积； 2. 万人拥有综合公园指数； 3. 公园绿地 500m 服务半径覆盖率； 4. 日常公共服务设施步行可达覆盖率； 5. 人均社会公共服务设施用地面积； 6. 步行 500m 范围拥有文化娱乐设施社区比例； 7. 每百万人拥有图书馆藏书数量； 8. 每万人拥有健身场馆数量； 9. 体育场馆对市民开放率
	管理与服务	1. 城市公共基础数据库； 2. 公园绿地应急避险场所实施率； 3. 疾病预防控制中心基础设施建设达标率； 4. 建有体育健身设施社区比例； 5. 经常参加体育锻炼的人数比率达到 30% 以上； 6. 每千人口社会体育指导员数量； 7. 基层医疗卫生机构标准化建设达标率； 8. 智慧政务服务； 9. 智慧基本公共服务； 10. 城市公共信息平台； 11. 城乡规划信息管理； 12. 数字化城市管理； 13. 无线网络的覆盖面、速度； 14. 固定宽带接入覆盖面、接入速度
经济社会文化	经济	1. 第三产业加值占 GDP 比重； 2. 城镇失业率； 3. R&D 经费支出占 GDP 的百分比； 4. 城乡居民收入比
	社会	1. 城市最低生活保障； 2. 社会治安满意度； 3. 社会保险覆盖率； 4. 社会保险基金征缴率； 5. 新型农村合作医疗农民参合率； 6. 住房价格收入比； 7. 住房保障率； 8. 保障性住房覆盖率； 9. 保障性住房建设计划完成率； 10. 恩格尔系数； 11. 基尼系数； 12. 城市防灾水平
	文化	1. 历史遗迹保存情况； 2. 城市历史风貌保护
	综合	1. 绿色建筑比例； 2. 绿色建筑占新建公共建筑比例； 3. 单位 GDP 污染物排放强度

2. 城市建筑层面

城市建筑层面绿色建设指标的确定是在国家和地方绿色建筑评价标准相关指标要求的基础上，筛选符合岭南城市实际的绿色建设相关的指标，从绿色建设的内涵出发，按照节约资源、保护自然生态环境、改善人居环境和其他四个方面进行分类，得到城市建筑层面的绿色建设指标体系，如表 3.1-2 所示。

“城市建筑”层面的绿色建设指标体系 表 3.1-2

目标要素		指标
节约资源	节能	1. 围护结构节能设计规定性指标； 2. 照明功率密度； 3. 照明系统节能控制措施； 4. 外窗幕墙可开启面积比例； 5. 供暖空调全年计算负荷； 6. 冷、热源机组能效控制指标； 7. 风机单位风量耗功率； 8. 耗电输冷热比； 9. 风系统、水系统变频； 10. 蓄冷蓄热系统； 11. 余热废热利用； 12. 电梯和自动扶梯节能控制措施； 13. 三相配电变压器节能评价值； 14. 太阳能利用； 15. 风能利用； 16. 单位面积能耗； 17. 单位面积碳排放； 18. 用能电气化率
	节水	1. 节水器具用水效率等级； 2. 节水用水定额； 3. 分级水表计量； 4. 用水点供水压力； 5. 公用浴室节水措施； 6. 节水灌溉系统； 7. 空调设备或系统节水冷却技术； 8. 非传统水源利用率； 9. 冷却水使用非传统水源； 10. 结合雨水利用设施的景观水体设计
	节地	1. 人均居住用地指标； 2. 容积率； 3. 地下空间开发利用指标
	节材	1. 建筑形体规则性； 2. 土建工程与装修工程一体化设计； 3. 公共建筑可重复使用隔断墙比例； 4. 预制构件用量比例； 5. 整体化定型厨房和卫生间； 6. 本地生产建筑材料总重量比例；

续表

目标要素		指标
节约资源	节材	7. 预拌砂浆比例； 8. 高强度钢筋用量比例； 9. 高强度混凝土用量比例； 10. 高耐久性混凝土用量比例； 11. 可再利用材料和可再循环材料用量比例； 12. 以废弃物为原料生产的建筑材料比例； 13. 清水混凝土和耐久性好易维护装饰材料
保护自然生态环境	自然环境	1. 乡土植物； 2. 复层绿化生物多样性； 3. 屋顶绿化面积比例； 4. 垂直绿化面积； 5. 生态保护； 6. 场地生态补偿措施
	水环境	1. 下凹式绿地、雨水花园面积比例； 2. 透水地面铺装比例； 3. 雨水收集调蓄； 4. 场地年径流总量控制率
	固体废弃物	1. 建筑垃圾回收率； 2. 生活垃圾回收率
改善人居环境	物理环境	1. 自然灾害及其他危险源规避； 2. 绿地率； 3. 住区人均公共绿地面积； 4. 绿地公众开放程度； 5. 光污染控制指标； 6. 场地环境噪声； 7. 人行区风速； 8. 室外风速放大系数； 9. 建筑表面风压差； 10. 户外活动场地遮阴面积比例； 11. 道路路面太阳辐射反射系数； 12. 建筑物面积太阳辐射反射系数； 13. 日照时数； 14. 室内采光系数； 15. 室内眩光控制； 16. 内区采光系数满足面积比例； 17. 地下空间平均采光系数不小于 0.5% 的面积比例； 18. 室内噪声级； 19. 外窗、隔墙、楼板和门窗隔声性能； 20. 同层排水； 21. 多功能厅、接待大厅、大型会议室专项声学设计； 22. 温度、湿度、新风量设计参数； 23. 氨、甲醛、苯、总挥发性有机物、氡等污染物浓度； 24. 室内二氧化碳监控与调节； 25. 地下车库一氧化碳监控与调节； 26. 居住建筑通风开口面积与房间地板面积比例； 27. 公共建筑主要房间平均自然通风换气次数；

续表

目标要素		指标
改善人居环境	物理环境	28. 屋顶和东西外墙隔热性能； 29. 可调节遮阳措施面积比例； 30. 供暖空调系统末端现场可独立调节比例
其他	公共服务配套	1. 公共交通站点步行距离； 2. 无障碍设施； 3. 自行车停车设施； 4. 机动车停车设施； 5. 幼儿园步行距离； 6. 小学步行距离； 7. 商业服务设施步行距离

3. 城市基础设施层面

城市基础设施是城市生存和发展所必须具备的工程性基础设施和社会性基础设施的总称，是城市中为顺利进行各种经济活动和其他社会活动而建设的各类设备的总称，狭义的城市基础设施专指城市工程性基础设施。城市工程性基础设施一般指能源系统、给水排水系统、交通系统、通信系统、环境系统、防灾系统等工程设施，以下以垃圾处理和污水处理两类基础设施为例，给出城市基础设施绿色建设的指标要求，如表 3.1-3 所示。

"城市基础设施"层面的绿色建设指标体系（垃圾与污水）　　表 3.1-3

目标要素		指标
节约资源	垃圾处理	1. 建筑垃圾回收利用率； 2. 城市生活垃圾分类及减量化、资源化； 3. 知晓率； 4. 参与率； 5. 容器配置率； 6. 容器完好率； 7. 车辆配置率； 8. 分类收集率； 9. 资源回收率； 10. 末端处理率； 11. 生活垃圾资源化利用率； 12. 生活垃圾分类减量化率
	污水处理	1. 节约用水量； 2. 城市再生水利用率； 3. 重点工业企业用水重复利用率； 4. 非常规水资源利用率； 5. 城市污水处理厂污泥资源化利用

续表

目标要素		指标
保护自然生态环境	垃圾处理	1. 减量化、资源化、无害化； 2. 生活垃圾无害化处理率； 3. 生活垃圾焚烧处理技术； 4. 生活垃圾卫生填埋处理技术； 5. 生活垃圾收运密闭化率； 6. 生活垃圾收集率； 7. 一县一场、一镇一站； 8. 生活垃圾收运率； 9. 粪便无害化处理率； 10. 餐厨垃圾无害化处理率
	污水处理	1. 城镇生活污水处理率； 2. 城镇生活污水集中处理率； 3. 污泥无害化处理率； 4. 工业废水排放达标率； 5. 主要污染物总量减排任务； 6. 城市排水排污权交易制度； 7. 水权交易制度
改善人居环境	垃圾处理	1. 分类减量比例； 2. 生活垃圾处理费收缴率； 3. 主、次干道机械化清扫率
	污水处理	1. 集中式引用水源地水质达标率； 2. 国控、省控断面水质、跨市断面水质达标率； 3. 近岸海域环境功能区水质达标率； 4. 水环境质量达标率； 5. 地表水Ⅳ类及以上水体比率； 6. 城市地表水环境功能区水质达标率

4. 乡村层面

乡村层面绿色建设指标的确定是在国家相关绿色环保美丽乡村评比申报指标要求的基础上，筛选符合岭南城市实际的绿色建设相关的指标，从绿色建设的内涵出发，按照节约资源、保护自然生态环境、改善人居环境和经济社会文化四个方面进行分类，得到乡村层面的绿色建设指标体系，如表 3.1-4 所示。

"乡村"层面的绿色建设指标体系　　表 3.1-4

目标要素		指标
节约资源	节能	1. 推广使用可再生能源； 2. 执行建筑节能标准； 3. 宜因地制宜建造太阳能热水系统； 4. 在具备生物质转化技术条件的地区，应将生物质能源转换为清洁燃料加以利用，优先选择生物质沼气技术和高效生物质燃料炉； 5. 被动技术改善建筑隔热通风性能

续表

目标要素		指标
节约资源	节水	1. 水资源短缺地区宜结合当地条件推广新型卫生旱厕及粪便尿液分离的生态厕所； 2. 生活用水水质达标； 3. 水资源匮乏的地区，应发展雨水收集和净化系统
	节地	1. 充分整治利用村域内的农田、牧场、林场、鱼塘、沟渠等田园景观； 2. 村庄整体形态与周边环境相得益彰，村景交融； 3. 空间布局要尊重山形水势，契合地貌； 4. 防止村庄建设破坏山形地貌，尺度过大，路网形式简单方正、不依山就势
	节材	1. 多使用本地材料和建造技艺，使用节能经济的新材料新技术； 2. 旧建筑利用； 3. 旧材料、旧构件的循环利用
保护自然生态环境	自然环境	1. 要保护好村域内地形地貌、河湖水系、森林植被、动物栖息地等自然景观； 2. 慎砍树、禁挖山、不填湖； 3. 整体风貌和谐统一，体现地域特色； 4. 防止环境污染，避免对田园景观破坏性开发； 5. 要保护好村庄的井泉沟渠，壕沟寨墙，堤坝桥涵，石阶铺地等乡村景观； 6. 保护古树名木，体现村庄地域文化特点； 7. 防止大规模人工化、硬质化景观，破坏乡村风貌
	水环境	1. 生活污水不得直接排入庭院、农田或水体，应利用三格式化粪池等现有卫生设施进行简易处理； 2. 有条件的地区，可采取户用生活污水处理装置或集中式污水处理装置对生活污水进行处理； 3. 厨卫上下水应齐全，上水卫生、压力符合相关规定，下水通畅且无渗漏，洗漱用水与粪便独立排放
	固体废弃物	1. 生活垃圾应进行简易分类，做到干湿分离； 2. 农户卫生厕所覆盖率达 90% 以上，人畜粪便得到有效处理与利用
改善人居环境	物理环境	1. 农房建筑风格、规模、尺度体现乡村特色，功能齐全； 2. 注重庭院的景观与经济价值；建筑层数不宜超过两层； 3. 绿色农房应通过良好的设计，合理组织室内气流，防止炊事油烟排放造成的室内空气污染和中毒。保持室内适宜的温湿度，防治潮湿和有害生物滋生； 4. 在夏季炎热地区，针对部分传统农房室内存在的湿热问题，优先通过屋面加入隔热材料、利用阁楼及其孔洞形成对流式绝热间层、根据夏季主导风向开设高窗或孔洞等被动式节能措施，来提升围护结构绝热性能，增强室内通风效果； 5. 室内采光环境的改造，应优先选用本地适宜的传统采光解决方案，如采光井、老虎窗等采光方式
	交通	1. 基础设施齐全，管理维护良好； 2. 村庄道路基本硬化、通达性好、宽度适宜、有公共照明； 3. 公交通达，村民出行及购物方便
	公共配套	1. 饮用水水质 100% 达标； 2. 污水处理、垃圾治理设施完善； 3. 电讯电力设施有保障； 4. 根据当地实际和农民需求，配套设置电气、电视接收、电话、宽带等现代化设施

续表

目标要素		指标
改善人居环境	管理与服务	1. 村容整洁，有村庄环境维护机制； 2. 避免乱丢垃圾、乱泼脏水、恶臭等现象； 3. 防火、防汛、防涝、防震、抗旱等相关设施齐全
经济社会文化	经济	村民人均纯收入
	社会	1. 入托上学方便，入学率与巩固率； 2. 医疗卫生设施能基本满足需求； 3. 医疗养老保险覆盖率 95% 以上； 4. 文体场所设施完善，有经常性文体活动
	文化	1. 挖掘和保护历史遗存，保护和传承当地民俗及传统文化； 2. 防止建设性破坏和保护性破坏； 3. 防止盲目采用外来建筑风格，防止简单套用城市住宅形式

5. 乡村建筑层面

乡村建筑层面绿色建设指标的确定是在结合国家相关绿色环保美丽乡村评比申报指标要求和国家和地方绿色建筑评价标准相关指标要求的基础上，筛选符合岭南城市实际的绿色建设相关的指标，从绿色建设的内涵出发，按照节约资源、保护自然生态环境、改善人居环境和其他四个方面进行分类，得到乡村建筑层面的绿色建设指标体系，如表 3.1-5 所示。

"乡村建筑"层面的绿色建设指标体系　　表 3.1-5

目标要素		指标
节约资源	节能	1. 被动技术改善隔热通风性能； 2. 推广使用可再生能源； 3. 根据所在地区气候条件执行国家、行业或地方相关建筑节能标准； 4. 有利于自然通风和夏季遮阳； 5. 外窗可开启面积； 6. 坡屋顶、大进深； 7. 浅色饰面； 8. 东西向外墙可种植爬藤或乔木遮阳； 9. 采用隔热通风屋面或被动蒸发屋面； 10. 外窗宜设置遮阳措施； 11. 炊事器具能效； 12. 炉灶的燃烧室、烟囱等应改造设计成节能灶，推广使用清洁的户用生物质炉具、燃气灶具、沼气灶等，鼓励逐步使用液化石油气、天然气等能源； 13. 宜因地制宜建造太阳能热水系统； 14. 在具备生物质转化技术条件的地区，应将生物质能源转换为清洁燃料加以利用，优先选择生物质沼气技术和高效生物质燃料炉； 15. 有条件的地区应用地源热泵技术； 16. 按照国家现行标准建设农村户用卫生厕所，推广使用"三格式"化粪池，并可与沼气发酵池结合建造； 17. 单位面积能耗； 18. 单位面积碳排放； 19. 用能电气化率

续表

目标要素		指标
节约资源	节水	1. 水资源短缺地区宜结合当地条件推广新型卫生旱厕及粪便尿液分离的生态厕所； 2. 生活用水水质； 3. 水资源匮乏的地区，应发展雨水收集和净化系统
	节材	1. 乡土的建材产品鼓励使用当地的石材、生土、竹木等乡土材料； 2. 旧建筑利用； 3. 旧材料、旧构件的循环利用； 4. 主要围护结构材料和梁柱等承重构件应实现循环再利用； 5. 尽量回收使用旧建筑的门窗等构件及设备； 6. 如需改造原有门窗，应充分利用传统建筑材料和工艺，尽量避免直接采用铝合金窗、钢窗、彩色玻璃等节能效果差且与传统农房不相协调的构件
保护自然生态环境	自然环境	1. 山地村庄景观； 2. 滨水村庄景观； 3. 庭院绿化美化绿化以栽种树木为主、种草种花为辅
	水环境	1. 生活污水不得直接排入庭院、农田或水体，应利用三格式化粪池等现有卫生设施进行简易处理； 2. 有条件的地区，可采取户用生活污水处理装置或集中式污水处理装置对生活污水进行处理
	固体废弃物	生活垃圾应进行简易分类，做到干湿分离
改善人居环境	物理环境	1. 寝居分离、食寝分离、净污分离； 2. 设置农机具房、农作物储藏间等辅助用房，并与主房适当分离； 3. 厨卫上下水应齐全，上水卫生、压力符合相关规定，下水通畅且无渗漏，洗漱用水与粪便独立排放； 4. 根据当地实际和农民需求，配套设置电气、电视接收、电话、宽带等现代化设施； 5. 绿色农房应通过良好的设计，合理组织室内气流，防止炊事油烟排放造成的室内空气污染和中毒。保持室内适宜的温湿度，防治潮湿和有害生物滋生； 6. 在夏季炎热地区，针对部分传统农房室内存在的湿热问题，优先通过屋面加入隔热材料、利用阁楼及其孔洞形成对流式绝热间层、根据夏季主导风向开设高窗或孔洞等被动式节能措施，来提升围护结构绝热性能，增强室内通风效果； 7. 室内采光环境的改造，应优先选用本地适宜的传统采光解决方案，如采光井、老虎窗等采光方式
其他		1. 尊重当地民族特色及地方风俗； 2. 落实各项防灾减灾措施； 3. 选址应处于安全地带； 4. 符合各类保护区、文物古迹的保护控制要求； 5. 应在建筑形式、细部设计和装饰方面充分吸取地方、民族的建筑风格，采用传统构件和装饰

6. 乡村基础设施层面

乡村基础设施是为发展农村生产和保证农民生活而提供的公共服务设施的总称，包括交通、邮电、信息、农田水利、供水供电、商业服务、园林绿化、教育、文化、卫生事业等生产和生活服务设施，狭义的乡村基础设施专指乡村工程性基础设施。以下以垃圾处理和污水处理两类基础设施为例，给出乡村基础设施绿色建设的指标要求，如表 3.1-6 所示。

"乡村基础设施"层面的绿色建设指标体系（垃圾与污水）　　表 3.1-6

目标要素		指标
节约资源	垃圾处理	1. 建筑垃圾回收利用率； 2. 生活垃圾资源化利用率； 3. 生活垃圾分类减量化率
	污水处理	节约用水量
保护自然生态环境	垃圾处理	1. 生活垃圾无害化处理率； 2. 一镇一站、一村一点； 3. 生活垃圾收运率； 4. 粪便无害化处理率； 5. 餐厨垃圾无害化处理率
	污水处理	生活污水不得直接排入庭院、农田或水体，利用三格式化粪池等现有卫生设施进行简易处理
改善人居环境	垃圾处理	1. 农村垃圾处理及环境改善； 2. 村庄保洁覆盖面； 3. 农村生活垃圾分类减量比例； 4. 农村生活垃圾有效处理比例
	污水处理	水质达标率

3.2 绿色建设标准体系

3.2.1 标准体系现状

1. 绿色建筑标准体系

我国绿色建筑的研究起步较晚，与国际相比仍处于初级阶段。自 1992 年的巴西里约热内卢联合国环境与发展大会开始，我国才开始颁布一系列相关的纲要、导则和法规，推动绿色建筑的发展。我国绿色建筑的发展历程与其他发达国家也有着较为明显的不同。欧美发达国家是在工业化、城镇化高速发展期之后的后工业化时期才开始绿色建筑进程的，而中国却是在城镇化高速发展的起步阶段同步推进绿色建筑的。1986 年颁布的《民用建筑节能设计标准》，标志着我国进入了绿色建筑的探索阶段。1999 年 6 月 23 日，国际建协第 20 届世界建筑师大会在北京召开，会议通过了《北京宪章》，该宪章明确要求将"可持续发展"作为建筑师和工程师在 21 世纪中的工作准则。它标志着我国绿色建筑的兴起。2001 年，我国首个绿色建筑评价体系——《中国生态住宅技术评估手册》出版。2004 年 9 月，"全国绿色建筑创新奖"的启动标志着我国绿色建筑进入全面发展的阶段。

2006 年 3 月，科技部和住房和城乡建设部签署了“绿色建筑科技行动”合作协议，为绿色建筑技术和科技成果的产业化奠定了基础。2006 年 6 月，住房和城乡建设部颁布《绿色建筑评价标准》GB/T 50378—2006。这是我国第一部专业化评估绿色建筑的标准。该标准借鉴美国 LEED 评价体系，采用措施得分法，易于操作。在《绿色建筑评价标准》GB/T 50378—2006 中将绿色建筑标准分为两大体系为居住绿色建筑评价标准和公共绿色建筑评价标准。在各系统中分为六类一级指标，包括节水与水资源利用、节能与能源利用、节地与室外环境、节材与材料资源利用、室内环境质量和运营管理。每一级指标中具体指标又细化为三类：控制项、一般项和优选项。其中，控制项指标是评价必须具有的条件，为必备项；优选项指标一般为要求较高、实现较困难的指标，为加分项。对于同一评价对象，根据实际情况控制项、一般项和优选项又有所不同。评价的得分是根据满足一般项和优选项的程度不同，划分为一星级、二星级和三星级绿色建筑。并强调建筑的全生命周期，在建筑的最初设计规划阶段就要充分考虑和运用环境因素，并在建筑施工过程中把对环境的影响最小化，在建筑后期运营过程中给人们提供一个健康、舒适、无害、低耗的活动空间。

2008 年北京奥运会编制了《绿色奥运建筑评估体系》，该体系是以公共建筑为评价对象，从规划、设计、施工、验收与运行管理四阶段进行评估，还参照 13 本 CASBEE 将指标分为 Q 和 L 两类：Q（Quality）指建筑环境质量和为使用者提供服务的水平，L（Load）指能源、资源和环境负荷的付出。2011 年 11 月，《绿色工业建筑评价标准》GB/T 50878—2013 通过审核。这两项法规的出台填补了我国绿色工业建筑评价的空白。2012 年 3 月，《绿色办公建筑评价标准》GB/ T 50908—2013 在京送审。2012 年 6 月，《绿色医院建筑评价标准》GB/T 51153 编制工作启动，2015 年 4 月，《绿色商店建筑评价标准》GB/T 51100—2015 发布。这些标准的颁布和编制，表明我国绿色建筑的发展正蒸蒸日上，并日趋完善。对于我国绿色建筑未来十年的发展方向，国家相关部门也制订了计划。2012 年 4 月 17 日，国家财政部与住房和城乡建设部以财建〔2012〕167 号文件印发《关于加快推动我国绿色建筑发展的实施意见》（以下简称《意见》）。《意见》指出，“十二五”期间，将加强相关政策激励、标准规范、技术进步、产业支撑、认证评估等方面能力建设，建立有利于绿色建筑发展的体制机制，以新建单体建筑认证推广、城市新区集中推广为手段，实现绿色建筑的快速发展。

2013 年，国务院办公厅印发了国家发展改革委、住房和城乡建设部的《绿色建筑行动方案》，国家层面的绿色建筑行动拉开大幕。目前，《绿色建筑行动方案》（国办发〔2013〕1 号）中“完善标准体系”部分的具体措施，即健全绿色建筑评价标准体系；加快制（修）订适合不同气候区、不同类型建筑的节能建筑和绿色建筑评价标准；2013 年完成《绿色建筑评价标准》GB/T 50378 的修订工作；完善住宅、办公楼、商场、宾馆的评价标准；出台学校、医院、机场、车站等公共建筑的评价标准；尽快制（修）订绿色建筑相关工程建设、运营管理、能源管理体系等标准；编制绿色建筑区域规划技术导则和标准体系等方面的具体要求均已基本完成。

我国绿色建筑相关标准体系基本框架由不同层级的标准构成，包含绿色建筑工程全生命周期的各个阶段的工程阶段标准，以及为达到绿色建筑工程各阶段的目标要求所涉及的技术产品标准。绿色建筑工程阶段标准体系框架包括绿色建筑评价、设计、施工、检测、验收、运行管理标准体系等。

2014 年住房和城乡建设部发布《绿色建筑评价标准》GB/T 50378—2014，并于 2015 年 1 月 1 日起实施。根据各建筑项目的评价需求，可适用于设计评价与运行评价，其评价指标体系由两级指标（一级指标有 7 项，二级指标有 24 项）和 129 项具体评分项组成。为方便评判，标准中清晰列出包含在各一级指标下的控制项和评分项，另外新添可选的评价加分选项。适用建筑项目类型为各类民用建筑，又可细分为居住建筑与公共建筑；评价等级结果划分为从低到高三个等级，即一星级至三星级。新标准将绿色建筑的评价分为设计评价和运行评价，且均分为三个等级，并从八个方面进行控制项和评分项的评价。

2018 年住房和城乡建设部组织有关单位对 2014 年版的国家《绿色建筑评价标准》GB/T 50378—2014（以下简称“2014 年版国家标准”）进行再次修编。现行《绿色建筑评价标准》GB/T 50378—2019（以下简称“2019 年版国家标准”)，该标准于 2019 年 8 月 1 日起实施。综合比较，2019 年版国家标准从绿色建筑的基本要素出发，重新构建了绿色建筑评价技术指标体系，对建筑的安全耐久、健康舒适、生活便利、资源节约、环境宜居等方面的性能进行综合评价，拓展了绿色建筑内涵，提高了绿色建筑性能要求。

2019 年版国家标准对 2014 年版国家标准进行了大部分的修改，与 2014 年版国家标准相比，现行绿色建筑评价标准主要修改的内容有：重新构建了绿色建筑评价技术指标体系，以“四节一环保”为基本约束，以“以人为本”为核心要求，对建筑的安全耐久、健康舒适、生活便利、资源节约和环境宜居等方面的性能进行综合评价；将设计评价改为设计阶段预评价，主要出于两个方面考虑：一方面，预评价能够更早掌握建筑工程可能实现的绿色性能，可以及时优化或调整建筑方案或技术措施，为建成后的运行管理做准备；另一方面是作为设计评价的过渡，与各地现行的设计标识评价制度相衔接，而将绿色建筑评价的节点重新设定在工程项目竣工验收后；绿色建筑等级，由 2014 年版国家标准的“一星级”“二星级”“三星级”调整为“基本级”“一星级”“二星级”“三星级”。分值、比例发生变化，通过新增绿色建筑等级、优化计分评价方式，增强评价方法的可操作性；取消不参评的得分项，各条文分为得分和不得分两项；不采用得分率的计分方式，直接累计计分。以上内容的修改，对绿色建筑的评价标识影响较大。

对比我国绿色建筑评价标准三次重大修订（表 3.2-1），可以看到我国绿色建筑评价标准基于我国国情以及绿色建筑发展进程，积极汲取建筑科技新技术、新理念，逐步拓展

绿色建筑内涵，最新修订设计了新的评价指标体系，合理设置评分项条文，提高了评价标准的易用性，全面促进绿色建筑朝着高质量方向发展。

我国《绿色建筑评价标准》GB/T 50378 修订对比　　表 3.2-1

	2006 年版	2014 年版	2019 年版
评价对象	住宅建筑、公共建筑中的办公建筑、商场建筑和旅馆建筑	全部民用建筑	全部民用建筑
评价阶段	2008 年后修订版区分“设计评价”和“运行评价”两阶段	设计阶段与运行阶段	绿色建筑评价在建设工程竣工验收后进行，设计评价改为设计阶段的预评价
指标体系	节地与室外环境利用、节能与能源利用、节材与材料资源、节水与水资源利用、室内环境质量、运营管理	节地与室外环境利用、节能与能源利用、节材与材料资源、节水与水资源利用、室内环境质量、运营管理、施工管理、提高与创新	安全耐久性、服务便捷性、使用经济性、舒适健康性、环境宜居性、施工与验收交付、管理与创新
评价机制	条文分为控制项、一般项和优选项，各指标无权重，采用项数计数法满足一定项目数即达到某项等级	引入量化打分制，各大项设权重，条文指标分为控制项与评分项两大类，控制项评定结果为满足或不满足，评分项中各条文设分值，通过分值与权重设置类对各部分重要性进行区分	延续打分制，取消权重，条文得分直接相加，总得分分别达到 600 分、700 分、850 分时，绿色建筑等级分别为一星级、二星级、三星级，并增设基本级
评价等级	一星级、二星级、三星级	一星级、二星级、三星级	基本级、一星级、二星级、三星级

在推进绿色建筑进程的 30 年中，我国经历了绿色建筑的探索、发展与成熟。住房和城乡建设部发布《绿色建筑创建行动方案》，明确到 2022 年城镇新建建筑中绿色建筑面积占比达到 70% 的目标，同时要求既有建筑能效水平不断提高。公开数据显示，2020 年我国建筑总面积已超过 700 亿 m^2。近年来，越来越多的绿色建筑项目已经投入运营，绿色建筑项目经济性与技术成熟型都已经得到验证。国家政策的支持加之绿色建筑良性的市场化运作，预示着未来我国的绿色建筑的发展将更加迅速。

绿色住区作为绿色建筑体系的重要组成部分，是以生态系统的良性循环为基本原则，以可持续发展为目标而建构的生活环境。绿色住区涵盖了生态环境和可持续发展的概念，强调人与自然环境的和谐共生。党的十八大“美丽中国”的理念标志着中国绿色建筑步入新的发展时期，研究绿色建筑节能生态住区的建设与管理，探索推行模式具有现实价值与深远的战略意义。党的十九大提出现代化建设要提供更多更优质的生态产品以满足人民对美好生活的需要，新时代主要矛盾发生变化，国家绿色发展及乡村振兴战略的实施将重构城市格局，人居环境成为城市核心竞争力。2019 年 2 月 1 日起，由中国房地产业协会人居环境委员会主持编制的《绿色住区标准》T/CECS 377—2018 正式实施。

《绿色住区标准》T/CECS 377—2018 中对绿色住区进行了定义：绿色住区是以居住为主要功能、以可持续发展为主要目标的居住区，是用绿色人居理念推进城市建设发展目标的体现，具有城市功能住区范畴的内容。相对于《绿色建筑评价标准》单以建筑为对象，较少涉及周边环境、资源和交通的相互协调状况，《绿色住区标准》则将理论和研究延伸到城镇住区，将更加有效地组织资源、能源、环境空间，更加容易实现节能减排、环境保护、土地利用的绿色目标，也能更有效地组织市民生活、享受城市文明、创新生态宜居城市舒适环境。

绿色建筑评价国家标准体系中新建单体建筑的评价标准共 6 本:《绿色建筑评价标准》GB/T 50378—2019、《绿色办公建筑评价标准》GB/T 50908—2013、《绿色商店建筑评价标准》GB/T 51100—2015、《绿色医院建筑评价标准》GB/T 51153—2015、《绿色饭店建筑评价标准》GB/T 51165—2016 和《绿色博览建筑评价标准》GB/T 51148—2016。既有建筑绿色改造 1 本:《既有建筑绿色改造评价标准》GB/T 51141—2015。绿色工业建筑 1 本:《绿色工业建筑评价标准》GB/T 50878—2013。区域建筑 3 本:《绿色生态城区评价标准》GB/T 51255—2017、《绿色校园评价标准》GB/T 51356—2019 和《健康建筑评价标准》T/ASC 02—2021。此外，还有行业标准《绿色铁路客站评价标准》TB/T 10429—2014（图 3.2-1）。

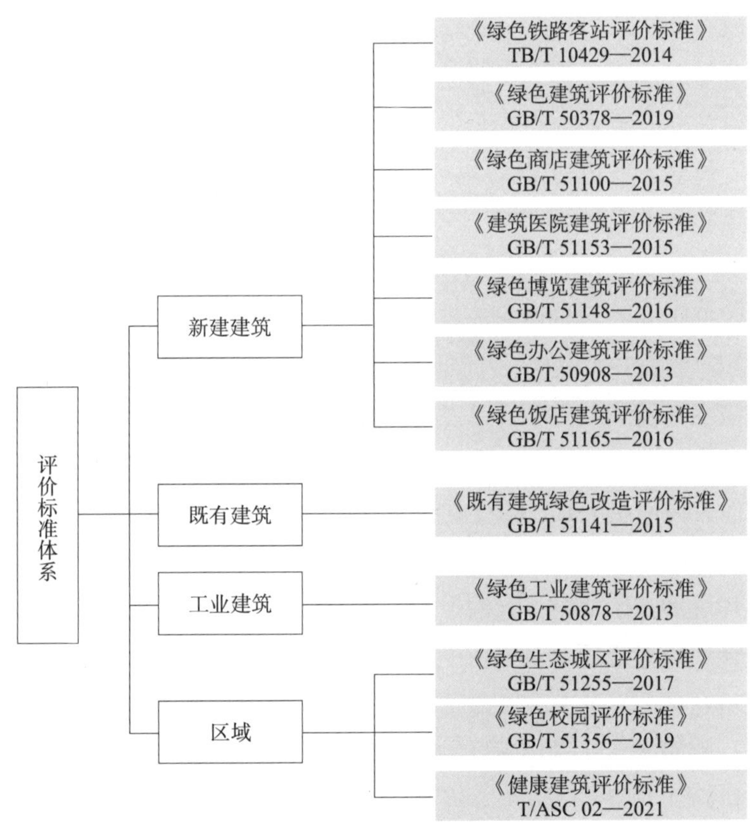

图 3.2-1　绿色建筑评价标准体系

2. 海绵城市建设标准体系

当前，我国大多数城市正在面临着严峻的水资源短缺以及其他相关水问题，如果放任不管，将来我国会面临更为严峻的水资源供应问题。我国气候变化的不确定性决定了我国在未来将会面临暴雨洪水灾害多发、洪峰洪量出现加大趋势、热岛效应加重等问题，导致每年6～8月成为城市内涝多发时期。城市遭受不同程度的水资源短缺、城市内涝、面源污染严重和水环境生态恶化等诸多涉水问题的困扰。

面对诸多问题，这一新兴的雨洪管理理念在我国应运而生，通过综合采取"渗、滞、蓄、净、用、排"等措施，加强城市规划和管理，可以最大限度地缓解气候变化引发的城市生态环境问题，挖掘现有城市基础设施（如建筑、道路、绿地、水系等）的雨水调控潜能，为严峻的水资源供应问题找到了一些出路。

为贯彻落实习近平总书记系列讲话及中央城镇化工作会议精神，在2014年住房和城乡建设部明确提出："雨污分流改造任务应在各地加快展开，有效使城市排水防涝水平得到提高，大力推行并鼓励采取低影响开发建设模式，加快海绵型城市建设研究的政策措施"。海绵城市能够调节城市小气候，增强城市防洪排涝能力，是城市发展的新理念和新模式，是推动绿色建筑建设，低碳城市发展，智慧城市形成的创新表现，是新时代特色背景下现代绿色新技术与社会、环境、人文等多种因素下的有机结合。将雨洪管理通过指标要求融入绿色建筑中，优化绿色建筑评价标准的水评价标准，不仅可以推动海绵城市的实现，而且可最终为实现"绿色中国"助力。没有城市雨洪管理领域的科技发展和技术支撑，很难真正实现绿色建筑对城市绿色化的推进。

海绵城市建设要以城市建筑、小区、道路、绿地与广场等建设为载体，因此，海绵城市涉及市政、道桥、园林、环保等多个政府管理部门，以及给水排水、环境、城规、风景园林等多个专业及各个专业的相关标准。

我国现行《绿色建筑评价标准》GB/T 50378—2019虽然在节能、节材、节地及室内环境舒适度等方面相对完善，指标相对全面，但在节水评价方面尚缺乏深入研究。目前《绿色建筑评价标准》中关于节水的评价主要基于单体建筑，评价指标强调了单体建筑的节水和水资源利用，而忽略了单体建筑节水与区域水环境治理的关联。海绵城市是指城市能够像海绵一样，在适应环境变化和应对自然灾害等方面具有良好的"弹性"，下雨时吸水、蓄水、渗水、净水，需要时将蓄存的水释放并加以利用。因此海绵城市理论的核心是城市区域水环境的综合治理。由于建筑是城市建设的主题和核心，诸多海绵试点城市也包含了大量成功的绿色建筑小区及绿色公共建筑群的案例，这些案例都十分强调区域水环境治理的概念，这和强调单体建筑节水的现行绿色建筑评价体系缺乏关联。因此，修订和完善现有绿色建筑评价体系中关于水环境体系的评价，使之能与基于区域水环境管理的海绵城市评价体系很好的衔接是目前绿色建筑评价领域急需解决的问题。现在很多绿色建筑在雨洪管理方面开展了许多工作，但是由于现行的《绿色建筑评价标准》GB/T 50378—2019在水评价标准方面的不完善，导致许多绿色建筑缺乏系统性的雨洪控制利用设施建设，使得绿色建筑未能与海绵城市建设有机结合。

在我国海绵城市面对诸多城市水问题的境遇下，《室外排水设计规范》GB 50014—2006（2011年版）中首次提出城市内涝的定义及低影响开发理念。2013年中央城镇化工作会议正式提出了“建设海绵城市”，住房和城乡建设部还发布了《海绵城市建设技术指南——低影响开发雨水系统构建（试行）》（建城函〔2014〕275号），是我国首部真正意义上的雨水管理规范。《关于推进海绵城市建设的指导意见》（国办发〔2015〕75号）的印发，对海绵城市建设的近、远期工作目标做出了明确要求，并强调修订完善海绵城市建设技术标准的重要性。随着海绵城市在中国多地发展建设进程加快，2015年住房和城乡建设部印发《海绵城市建设绩效评价与考核办法（试行）》可分为六大类，其中涉及水生态、水环境、水资源和水安全的评价指标是具体的措施项指标要求（图3.2-2），制度建设及执行情况和显示度则是政策项指标要求。经统计分析，考核办法中指标共分为五大类指标及18项细化指标，其中约束性定量指标8项、鼓励性定量指标4项、约束性定性指标5项及鼓励性定性指标1项。

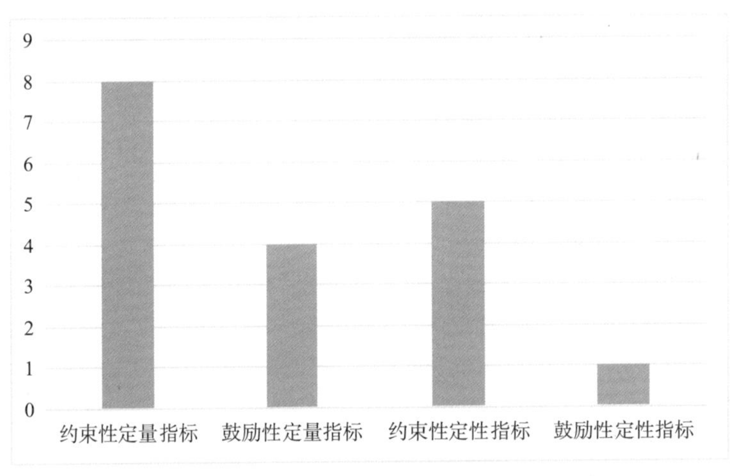

图3.2-2　海绵城市考核指标

《城镇雨水调蓄工程技术规范》GB 51174—2017则是我国首部融入了绿色基础设施理念、通过低影响开发源头径流控制系统、排水管渠系统和超标雨水控制系统解决城市内涝的国家标准。

2015年10月，住房和城乡建设部城市建设司、标准定额司和规划司从相关专业标准与海绵城市建设衔接的要求出发，同时启动10部海绵城市建设相关标准的修编（表3.2-2）。

2016年1月，住房和城乡建设部依据我国现有的标准，通过大量调研，收集资料、

广泛征求意见，出台了《海绵城市建设国家建筑标准设计体系》（建质函〔2016〕18 号），针对与海绵城市建设有关的建筑、道路、公园绿地和城市水系保护技术，相关基础设施的建设、施工及运维，明确海绵城市建设内容，并依据建设目标及需求，开展海绵城市建设国家建筑标准设计图集的研制工作。深圳市作为最早引入海绵城市建设理念的城市之一，制定了一批海绵城市建设地方标准，海绵城市建设绩效评估工作中最终成绩排名全国第一。

海绵城市建设相关标准修编　表 3.2-2

标准规范名称	标准编号	归口管理
《城乡建设用地竖向规划规范》	CJJ 83—2016	规划标准化技术委员会
《城市排水工程规划规范》	GB 50318—2017	
《城市水系规划规范》	GB 50513—2009	
《城市居住区规划设计规范》	GB 50180—93	
《室外排水设计规范》	GB 50014—2006	市政给水排水标准化技术委员会
《建筑与小区雨水控制及利用工程技术规范》	GB 50400—2016	建筑给水排水标准化技术委员会
《城市绿地设计规范》	GB 50420—2007	风景园林标准化技术委员会
《绿化种植土壤》	CJ/T 340—2016	
《公园设计规范》	GB 51192—2016	
《城市道路工程设计规范》	CJJ 37—2012	道路标准化技术委员会

据不完全统计，2013—2020 年期间，我国共颁布海绵城市建设技术标准 92 本，2013 年 12 月“海绵城市”概念正式提出之前，国家层面已经出台 31 本与海绵城市建设相关的标准规范，其主旨内容：雨水利用、径流污染控制、绿色基础设施等与海绵城市建设理念基本一致，并进行了相关方法体系研究和标准规范的制定，如防洪与大排水系统、绿色基础设施、管道沉积物研究等。

2014 年，我国颁布相关标准 9 本，其中国家标准 5 本、行业标准 4 本，2015 年出台海绵城市建设相关标准 11 本，国家标准 1 本、行业标准 10 本，2016 年颁布标准 16 本，国家标准 9 本、行业标准 7 本，2017 年颁布标准 9 本，国家标准 6 本、行业标准 3 本，2018—2020 年分别颁布标准 5、6、3 本。综合来看，标准数量总体呈现上升趋势，59 本海绵城市建设相关的技术标准中，海绵城市建设专项标准 5 本，国家标准 4 本、行业标准 1 本，其余为海绵城市建设相关领域的技术标准。

3. 城市市容环境卫生标准体系

从城市生活垃圾产生量上来看，我国生态环境部发布的《2020 年全国大、中城市固体废物污染环境防治年报》中的数据显示，2019 年，196 个大、中城市生活垃圾产生量 23560.2 万 t，处理量 23487.2 万 t，处理率达 99.7%。各省（区、市）大、中城市发布的生活垃圾产生情况见图 3.2-3。

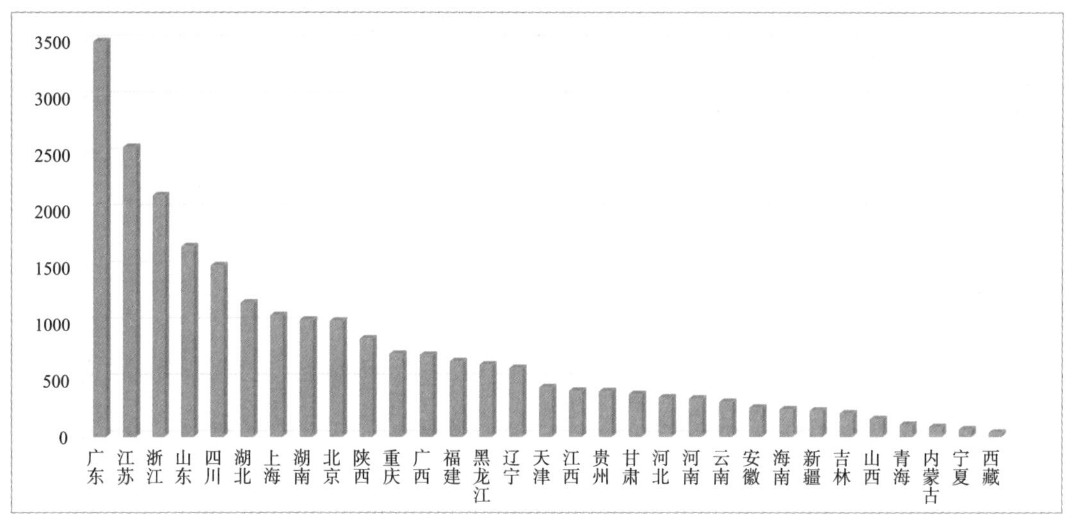

图 3.2-3　2019 年各省（区、市）城市生活垃圾产生情况（单位：万 t）

根据《2020 年全国大、中城市固体废物污染环境防治年报》数据显示：在 196 个大、中城市中（城市生活垃圾产生量居前 10 位的城市见表 3.2-3），城市生活垃圾产生量最大的是上海市，产生量为 1076.8 万 t，其次是北京、广州、重庆和深圳，产生量分别为 1011.2 万 t、808.8 万 t、738.1 万 t 和 712.4 万 t。前 10 位城市产生的城市生活垃圾总量为 6987.1 万 t，占全部信息发布城市产生总量的 29.7%。

2019 年城市生活垃圾产生量排名前十的城市　　表 3.2-3

序号	城市名称	城市生活垃圾产生量（万 t）
1	上海市	1076.8
2	北京市	1011.2
3	广东省广州市	808.8
4	重庆市	738.1

续表

序号	城市名称	城市生活垃圾产生量（万 t）
5	广东省深圳市	712.4
6	四川省成都市	685.9
7	江苏省苏州市	595.0
8	浙江省杭州市	473.7
9	广东省东莞市	449.0
10	广东省佛山市	436.2
合计		6987.1

从无害化处理能力、处理量及处置方式上来看，住房和城乡建设部发布的《2020 年城乡建设统计年鉴》中的数据则显示，我国无害化处理场（厂）共有 1183 座，其中卫生填埋场 652 座，焚烧厂 390 座，其他无害化处理场 141 座。生活垃圾无害化处理能力达到 869875 万 t/d，无害化处理量为 24012.82 万 t，其中卫生填埋量为 10948.03 万 t，焚烧量为 12174.17 万 t，其他无害化处理量 890.62 万 t。

我国生活垃圾卫生填埋技术标准工作始于 20 世纪 80 年代中期，90 年代有了较快的发展，并构成了初步系列，如《生活垃圾卫生填埋技术规范》CJJ 17—2004 以及配套的专业标准如《生活垃圾填埋场无害化评价标准》CJJ/T 107—2019、《生活垃圾填埋场防渗土工膜渗漏破损探测技术规程》CJJ/T 214—2016、《生活垃圾卫生填埋场运行监管标准》CJJ/T 213—2016 等。

1997 年颁布了《生活垃圾填埋污染控制标准》GB 16889—1997，该标准的实施对我国生活垃圾填埋场的建设运行和污染防治发挥了积极的指导作用。但由于在编制该标准时，我国生活垃圾填埋场建设数量很少，没有可资借鉴的经验和实践，使得该标准不可避免地存在一些缺陷，如对于可以进入生活垃圾填埋场处置的废物类型的规定过于粗泛；填埋场的污染物排放浓度限值没有与国际接轨等。近年来各地都在大力兴建生活垃圾填埋场，如果不对该标准进行必要的修订，将会影响这些工程的建设，无法适应国内日益增加的对生活垃圾填埋处置的需求和人们强烈的环保意识。

2008 年 7 月 1 日由环境保护部发布《生活垃圾填埋污染控制标准》GB 16889—2008，现行生活垃圾卫生填埋的技术标准体系是较为完善的标准体系，同时这个体系是一个开放的状态，一直在发展和完善中，为我国垃圾填埋处理工程技术的发展和进步提供了有力的支撑。

自 2002 年 1 月 1 日起，我国对生活垃圾焚烧烟气执行《生活垃圾焚烧污染控制标准》

GB 18485—2001，并经过6年的修订工作，2014年5月颁布实施《生活垃圾焚烧污染控制标准》GB 18485—2014，与2001年版标准相比，“14年版标准”最大的变化是更加适应生活垃圾焚烧污染控制的实际特性和规律。

4. 交通建设标准体系

我国对绿色交通评价研究起步相对较晚，但也取得了一定的研究成果。政策方面，交通运输部一直在积极推进，出台相关政策、指导文件等将生态文明建设落到实处。2013年，交通运输部针对绿色循环低碳公路主题性示范项目验收制定了《绿色循环低碳公路考核评价指标体系（试行）》，该考核体系能够对绿色公路建设项目的验收进行评价，我国的绿色公路示范项目就是在该体系的评价基础上确定的，且大多为绿色高速公路项目。2014年，交通运输部提出要加快推进绿色交通发展的战略决策，经过两年的探索，交通运输部发布了《关于实施绿色公路建设的指导意见》，该指导意见确定了关于如何发展绿色公路的思路以及建设绿色公路的目标，实施指导意见发布的次年，交通运输部又发布了《关于全面深入推进绿色交通发展的指导意见》，该指导意见中明确说明要注重发展关于绿色发展的制度标准、科技创新、监督管理三大方面，可以先推动试点工程，再推进全面建设，提出公路建设中要加强绿色环保，并且要真切的将理念贯彻、落实到实际建设的过程中。2018年，交通运输部发布了《绿色交通设施评估技术要求第1部分：绿色公路》JT/T 1199.1—2018规定了绿色公路评估的适用范围、基本要求、评估指标和计分方法，其中评估指标从绿色理念、生态环保、资源节约、节能低碳和品质建设五个方面对绿色公路进行了综合评价。并指定了《绿色交通设施评估技术要求第2部分：绿色服务区》JT/T 1199.2—2018、《绿色交通设施评估技术要求第3部分：绿色航道》JT/T 1199.3—2018等多项标准。

5. 乡村建设标准体系

国际上乡村建设发展较早，高度重视建设标准的研究，形成了相对较完善的乡村建设标准体系。许多欧美发达国家在乡村建设标准体系的领域已经取得较多的研究成果，尤其是在欧洲、北美洲及部分亚洲国家取得成果较为显著。例如：英国的城镇化是与工业化进程同步发展的。18世纪初到19世纪初，英国的城市人口由约占总人口的20% ~ 25%增加到33%，实现将近10%的大幅度增长。19世纪初世界上人口最多的城市伦敦人口高达100万人。19世纪中叶，英国城镇人口达到总人口的54%，形成了580个新型城镇。19世纪晚期，英国成为世界上第一个实现城镇化的国家，70%的人口都已经居住在城市中；法国的中央集权体制对城镇化产生了很大的影响，它通过城市扩张实现城镇化，地势偏远的其他中小城镇在第二次世界大战以后才得到发展；1924年，美国利用卫星建设专业卫星城镇从而实现大都市改造计划，将村镇发展为专业城镇。

然而，大部分城镇化速度较快的国家村镇建设的主要焦点都集中在村镇规划上，而缺少村镇建设相关标准实施结果评价机制的研究，由此引发了诸多社会问题。例如，20

世纪 50—70 年代，英国政府实施的中心村建设计划。借鉴国外的村镇发展经验，解决问题的关键在于重视村镇建设的经济、社会、环境效益，强调政府职能，加强对标准体系实施绩效评价的研究，建立完善的评价体系，制定合理的评价标准，形成反馈、优化的良性循环。大部分城镇化速度较快的国家，村镇建设的主要焦点都集中在标准、规范上，而在村镇建设标准实施结果的评价机制研究上较为缺位，而已有的部分实施绩效评价则存在一定的弊端，评价指标建立不够全面，方法单一，具有一定局限性。

虽然我国已经建立了一些工程建设标准实施评价体系，已经形成了相关评价规范或导则，但对于遍布极广、极具特色的村镇来说并不具有良好的适用性，只有针对各地村镇建设的现实情况，科学选取具有操作性和实用性的评价指标和评价模型，形成规范统一的评价体系和实施手册才能指导标准体系的良好实施和应用，基本都制订了针对农村及小城镇建设的研究发展计划，用以引导乡村健康有序的发展。当然美国是城镇化水平最高的国家之一。20 世纪 70 年代，韩国农村问题突出，为了扭转城乡二元经济结构，韩国通过新村运动实现了城市化，使韩国经济步入良性循环的发展轨道。

由于我国经济社会发展呈现地域的严重不均衡特征，各地区乡村建设的步伐也出现很大的差异，加之针对乡村建设开展的相关研究较少，对我国乡村建设的发展和需求情况不能进行全面把握，从而导致乡村建设的标准化研究进展缓慢，缺乏行之有效的关键技术和标准，乡村建设对相关建设标准的需求不能得到及时满足。

根据乡村建设的基本特点和乡村建设的需求，我国政府正积极采取措施，组织相关单位编制乡村建设相关标准，完善标准体系，加快乡村建设的进程。城镇化进程的有效进行，必须做好乡村建设工作。

我国乡村建设的发展与大部分发展中国家相同，发展规划常常对环境考虑不足，由于实行片区的工业化战略，将大量资金投放于城市地区，忽视了乡村发展，针对乡村发展的政策出台较晚。有了科学乡村建设标准体系才能合理的规划指导乡村建设，而构建合理的评价导则能引导乡村建设全面的考虑经济、社会、环境多方面的影响，通过实施综合措施才能提升乡村建设水平，转变乡村建设的局面，乡村建设的标准构建是否合理，以及标准是否得到良好的应用，就需要乡村建设标准体系实施绩效评价导则来鉴别和修正，而科学的导则又是保证和提高这种鉴别和修正能力的必要条件。

根据国内外相关研究经验，完善的导则是使标准体系得以良好运用的根本保证。当前村镇建设标准体系评价处于起步阶段，标准尚未形成完整的体系。体系中标准的分类和数量较多，要充分发挥各项标准的实际效用，就必须对其编制、实施等各项环节进行监控，并且考核各项环节的实施情况。根据评价结果，判断影响标准体系实施绩效的关键因素和重要环节，进而进行主要监督和改善，提高标准体系的实施水平。乡村建设标准体系实施水平的提高，有利于促进和带动乡村建设发展，提高村镇建设质量。加强标准规范，建立合理有效的绩效评价制度，构建合理评价导则，对乡村建设涵盖的基础设施工程、道路、公用设施、住宅建筑等工程建设的成本、进度、质量以及所带来的社会、经济、环境效益影响，进行统一规范的评价，能够反映村镇建设现状，在有中国特色的市场经济体制下，乡村建设标准体系实施绩效评价导则是政府乡村建设结果评价的最直接、最重要的途径。乡村建设标准体系是乡村建设良好发展的载体，有科学的标准体系实施绩效评价导则，就能引导乡村建设较好地考虑社会、经济、环境因素，通过综合发展的措施提高乡村建设水平，改变以往只重视城市发展的格局。

我国乡村建设标准体系正处于研究和编制阶段，其中已有部分乡村建设标准发布使用，而大部分乡村建设标准还处于在编或待编状态，尚需一定时间才能形成标准体系。依据我国现行的工程建设标准体系，参考借鉴国外乡村建设相关标准体系，形成我国具有特色的乡村建设标准。乡村建设相关标准、规范的实施有利于提高乡村建设的工作效率，确保乡村建设过程中的工程质量和安全；强化村镇的绿色集约化发展以及促进村镇建设发挥出其经济社会效益等具有重要作用。

3.2.2 绿色建设标准体系构想

建立绿色建设标准体系的目的是要规范和指导工程实际中绿色建设的相关具体工作，因此可以以绿色建设的目标为导向，构建技术标准体系，即首先确立绿色建设的目标标准，并以此作为标准体系的最顶层，根据目标标准的要求一层一层向下建立相应的技术标准，在目标标准中都需要增加强制性标准，用以实现“广泛的浅绿”。浅绿的强制性标准应该以现有强制性标准为基础，加入以问题为导向的规定，综合制定。

对于工程层次和产品层次中所含各环节 / 门类的标准分体系，在体系框图中竖向分为基础标准、通用标准和专用标准，其中：

基础标准是指在某一环节 / 门类范围内作为其他标准的基础并普遍使用，具有广泛指导意义的标准。

通用标准是指针对某一环节 / 门类标准化对象，制订的覆盖面较大的共性标准。它可作为制订专用标准的依据。

专用标准是指针对某一具体标准化对象或作为通用标准的补充、延伸制订的专项标准，其覆盖面一般不大。

根据国内绿色建设标准体系现状，本书梳理了标准体系框架，针对标准体系现存的问题，提出了关于绿色建设标准体系完整框架的构想，如图 3.2-4、图 3.2-5 所示。同时，提出了不同层次的标准对应的具体内容要求，形成了较为完善的岭南城市绿色建设标准体系，见表 3.2-4 ~ 表 3.2-9。

城乡建设领域绿色建设标准体系

绿色城区评价标准

绿色乡村评价标准

基础标准

绿色建筑评价标准 GB/T 50378—2019	绿色交通评价标准	绿色市政给水排水评价标准	绿色燃气工程评价标准	绿色环卫与风景园林评价标准	其他领域评价标准

通用标准

城市居住区规划设计标准 GB/T 50180—2018	绿色交通勘察与规划规范	绿色市政给水排水勘察与规划规范	绿色燃气工程勘察与规划规范	绿色环卫与风景园林勘察与规划规范	其他领域勘察与规划规范	绿色乡村勘察与规划规范
民用建筑绿色设计规范 JGJ/T 229—2010	绿色交通设计规范	绿色市政给水排水设计规范	绿色燃气工程设计规范	绿色环卫与风景园林设计规范	其他领域设计规范	绿色乡村设计规范
建筑工程绿色施工评价标准 GB/T 50640—2010	绿色交通施工评价标准	绿色市政给水排水施工评价标准	绿色燃气工程施工评价标准	绿色环卫与风景园林施工评价标准	其他领域施工评价标准	绿色乡村施工评价标准
绿色建筑工程竣工验收标准 T/CECS 494—2017	绿色交通验收规范	绿色市政给水排水验收规范	绿色燃气工程验收规范	绿色环卫与风景园林验收规范	其他领域验收规范	绿色乡村验收规范
绿色建筑运行维护技术规范 JGJ/T 391—2016	绿色交通运营和维护规范	绿色市政给水排水运营和维护规范	绿色燃气工程运营和维护规范	绿色环卫与风景园林运营和维护规范	其他领域运营和维护规范	绿色乡村运营和维护规范
既有建筑绿色改造评价标准 GB/T 51141—2015	绿色交通改造与拆除规范	绿色市政给水排水改造与拆除规范	绿色燃气工程改造与拆除规范	绿色环卫与风景园林改造与拆除规范	其他领域改造与拆除规范	绿色乡村改造与拆除规范

专用标准

广东省建筑节能与绿色建筑工程施工质量验收规范 DBJ 15-65—2021	城市道路照明施工及验收规程 CJJ 89—2012	城镇供水管网漏水探测技术规程 CJJ 159—2011	城镇燃气管网泄漏检测技术规程 CJJ/T 215—2014	生活垃圾收集运输技术规程 CJJ 205—2013	洪泛区和蓄滞洪区建筑工程技术标准 GB 50181—2018	乡村建筑外墙无机保温砂浆应用技术规程 CECS 297—2011
预拌混凝土用机制砂应用技术规程 DBJ/T 15-119—2016	抗车辙沥青混合料应用技术规程	城镇排水系统电气与自动化工程技术标准 CJJ 120—2018	燃气热泵空调系统工程技术规程 CJJ/T 216—2014	生活垃圾卫生填埋场防渗系统工程技术规范 CJJ 113—2007	预应力混凝土结构抗震设计标准 JGJ 140—2019	乡村建筑屋面泡沫混凝土应用技术规程 CECS 299—2011
绿色宿舍建筑设计规范	城市快速路绿色设计规程	给水排水涂覆钢管评价技术规范	生物质燃气工程绿色施工规范	城镇污水处理厂污泥处理产物园林利用规程	供热计量系统运行技术规程	乡村太阳能路灯技术规范
其他	其他	其他	其他	其他	其他	其他

图 3.2-4 城乡建设领域目标标准体系 1

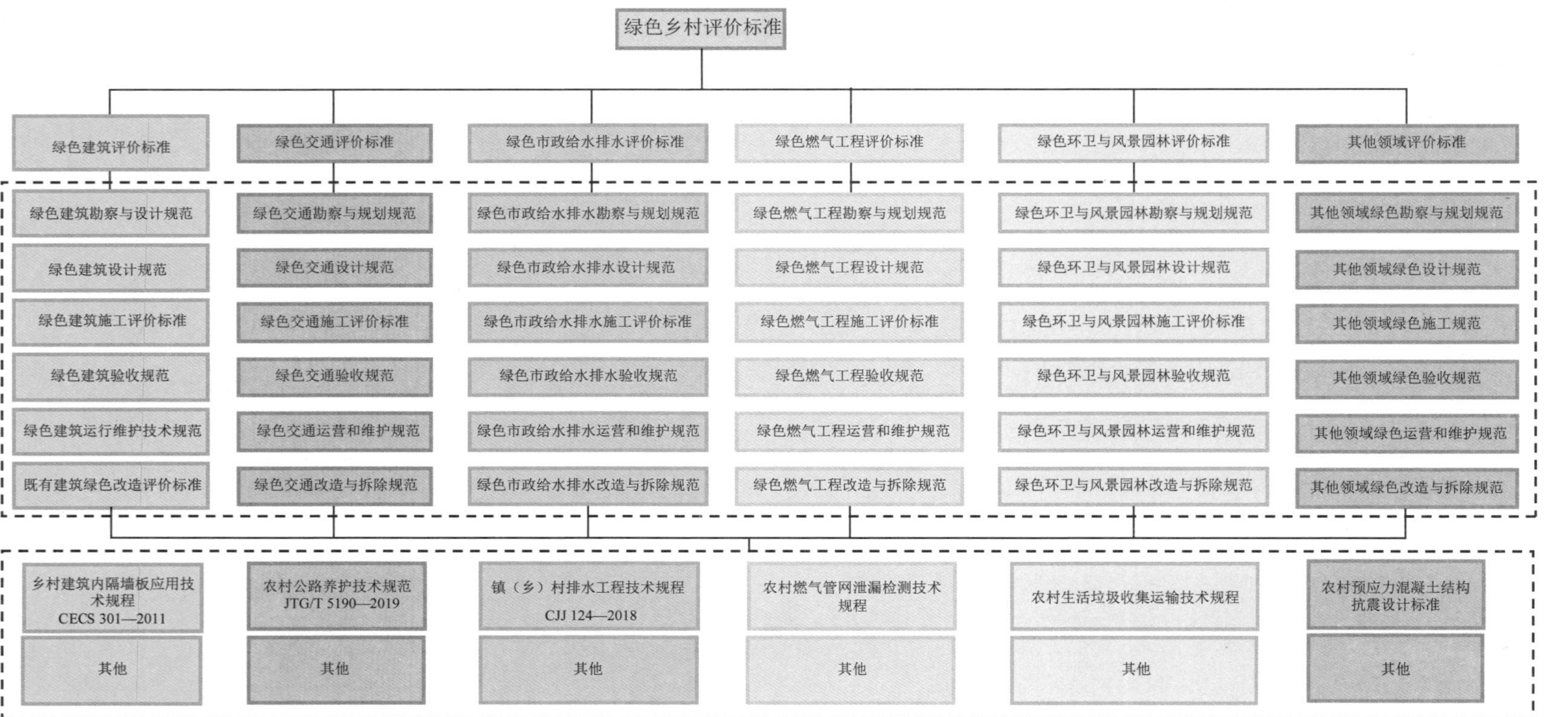

图 3.2-5　城乡建设领域目标标准体系 2

绿色建筑领域目标标准体系主要内容　　表 3.2-4

标准层次	工程全过程阶段	标准名称（国标行标）	主要内容	标准名称（广东省地标）	主要内容
综合标准	—	绿色生态城区评价标准 GB/T 51255—2017	总则、术语、基本规定、土地利用、生态环境、绿色建筑、资源与碳排放、绿色交通、信息化管理、产业与经济、人文、技术创新		
		绿色住区标准 T/CECS 377—2018	总则、术语、基本规定、场地与生态质量、能源与资源质量、城市区域质量、绿色出行质量、宜居规划质量、建筑可持续质量、管理与生活质量和绿色住区评价	广东省绿色住区评价标准 DBJ/T 15—105—2015	总则、术语、基本规定、规划设计、建筑工程、住宅功能、环境建设、生活能源、物资消耗、住宅产业化、物业管理、文化艺术
基础标准	—	绿色建筑评价标准 GB/T 50378—2019	总则、术语、基本规定、安全耐久、健康舒适、生活便利、资源节约、环境宜居、提高与创新	广东省绿色建筑评价标准 DBJ/T 15—83—2017	总则、术语、基本规定、节地与室外环境、节能与能源利用、节水与水资源利用、节材与材料资源利用、室内环境质量、施工管理、运营管理、提高与创新
通用标准	规划勘察	城市居住区规划设计标准 GB 50180—2018	总则、术语、基本规定、用地与建筑、配套设施、道路、居住环境		
	设计	民用建筑绿色设计规范 JGJ/T 229—2010	总则、术语、基本规定、绿色设计策划、场地与室外环境、建筑设计与室内环境、建筑材料、给水排水、暖通空调、建筑电气	广东省绿色建筑设计规范 DBJ/T 15—201—2020	总则、术语、基本规定、规划设计、建筑设计、结构设计、暖通空调设计、给水排水设计、建筑电气设计、景观设计、装修设计、绿色建筑设计评估与审查
	施工	建筑工程绿色施工规范 GB/T 50905—2014	总则、术语、基本规定、施工准备、施工场地、地基与基础工程、主体结构工程、装饰装修工程、保温和防水工程、机电安装工程、拆除工程	建筑工程绿色施工评价标准 DBJ/T 15—97—2013	总则、术语、基本规定、绿色施工管理评价指标、环境保护评价指标、节材与材料资源利用评价指标、节水与水资源利用评价指标、节能与能源资源利用评价指标、节地与土地资源保护评价指标、评价方法、评价组织和程序
		建筑工程绿色施工评价标准 GB/T 50640—2010	总则、术语、基本规定、评价框架体系、环境保护评价指标、节材与材料资源利用评价指标、节水与水资源利用评价指标、节能与能源资源利用评价指标、节地与土地资源利用评价指标、评价方法、评价程序和组织、第三方评价		

续表

标准层次	工程全过程阶段	标准名称（国标行标）	主要内容	标准名称（广东省地标）	主要内容
通用标准	竣工验收	绿色建筑工程竣工验收标准 T/CECS 494—2017	总则、术语、基本规定、节地与室外环境、节能与能源利用、节水与水资源利用、节材材料资源利用、室内环境质量等	广东省建筑节能与绿色建筑工程施工验收规范 DBJ 15—65—2021	总则、术语、基本规定、地基处理与基础工程、主体结构工程、墙面构造工程、幕墙工程、门窗工程、楼地面工程、室内环境工程、细部工程、屋面工程、给水排水系统工程、通风与空调系统工程、空调系统冷热源及管网工程、配电与照明工程、监测与控制工程、地源热泵换热系统工程、太阳能光热系统工程、太阳能光伏系统工程、无障碍设施工程、室外工程、现场检验、建筑节能与绿色建筑工程验收
	运行维护	绿色建筑运行维护技术规范 JGJ/T 391—2016	总则、术语、基本规定、综合效能调适和交付、系统运行、设备设施维护、运行维护管理		
		绿色建筑运营后评估标准 T/CECS 608—2019	总则、基本规定、评价指标（污染物控制、碳排放控制、能耗、水耗、空气质量、用水质量、室内舒适度、建设运营成本、用户满意度）		
	拆除改造	既有建筑绿色改造评价标准 GB/T 51141—2015	总则、术语、基本规定、安全耐久、健康舒适、生活便利、资源节约、环境宜居、提高与创新		
专用标准	—	绿色建筑检测技术标准 T/CECS 725—2020	总则、术语和符号、基本规定、室外环境检测、室内环境检测、围护结构热工性能检测、暖通空调系统检测、给水排水系统检测、照明系统与供配电检测、可再生能源系统性能检测、监测与控制系统性能检测、建筑年采暖空调能耗和总能耗检测	广东省绿色校园评价标准 DBJ/T 15—166—2019	总则、术语、基本规定、中小学校、中等职业学校及高等学校、特色与创新
		预拌混凝土绿色生产及管理技术规程 JGJ/T 328—2014	总则、术语、厂址选择和厂区要求、设备设施、控制要求、监测控制、绿色生产评价	《预拌混凝土绿色生产及管理技术规程》广东省实施细则 DBJ/T 15—117—2016	总则、术语、基本规定、厂址选择和厂区要求、设施设备及控制要求、生产管理及控制要求、检测控制、绿色生产评价

续表

标准层次	工程全过程阶段	标准名称（国标行标）	主要内容	标准名称（广东省地标）	主要内容
专用标准	—	绿色工业建筑评价标准 GB/T 50878—2013	总则、术语、基本规定、节地与可持续发展场地、节能与能源利用、节水与水资源利用、节材与材料资源利用、室外环境与污染物控制、室内环境与职业健康、运行管理、技术进步与创新	装配式混凝土建筑深化设计技术规程 DB/T 15—155—2019	总则、术语、基本规定、预制构件加工图、装配图和安装图、生产、运输和安装方案、BIM
		绿色办公建筑评价标准 GB/T 50908—2013	总则、术语、基本规定、节地与室外环境、节能与能源利用、节水与水资源利用、节材与材料资源利用、室内环境质量、运营管理	预拌混凝土用机制砂应用技术规程 DBJ/T 15—119—2016	总则、术语和符号、基本规定、机制砂、机制砂混凝土、机制砂混凝土检验
		绿色饭店建筑评价标准 GB/T 51165—2016	总则、术语、基本规定、节地与室外环境、节能与能源利用、节水与水资源利用、节材与材料资源利用、室内环境质量、施工管理、运营管理、提高与创新		
		绿色博览建筑评价标准 GB/T 51148—2016	总则、术语、基本规定、节地与室外环境、节能与能源利用、节水与水资源利用、节材与材料资源利用、室内环境质量、施工管理、运营管理、提高与创新		
		绿色医院建筑评价标准 GB/T 51153—2015	总则、术语、基本规定、场地优化与土地合理利用、节能与能源利用、节水与水资源利用、节材与材料资源利用、室内环境质量、运行管理和创断		
		绿色照明检测及评价标准 GB/T 51268—2017	总则、术语、基本规定、照明检测、照明评价、居住建筑、公共建筑、工业建筑、室外作业场地、城市道路、城市夜景		
		绿色商店建筑评价标准 GB/T 51100—2015	总则、术语、基本规定、节地与室外环境、节能与能源利用、节水与水资源利用、节材与材料资源利用、室内环境质量、施工管理、运营管理、提高与创新		

续表

标准层次	工程全过程阶段	标准名称（国标行标）	主要内容	标准名称（广东省地标）	主要内容
专用标准	—	绿色校园评价标准 GB/T 51356—2019	总则、术语、基本规定、中小学校、职业学校及高等院校、特色与创新		
		既有工业建筑绿色改造评价标准（待编）	总则、术语、基本规定、安全耐久、健康舒适、生活便利、资源节约、人文与环境、提高与创新		
		绿色展览建筑设计规范（待编）	总则、术语、基本规定、绿色设计策划、场地与室外环境、建筑设计与室内环境、防火设计、建筑材料、给水排水、暖通空调、建筑电气		
		绿色宿舍建筑设计规范（待编）	总则、术语、基本规定、绿色设计策划、场地与室外环境、建筑设计与室内环境、防火设计、建筑材料、给水排水、暖通空调、建筑电气		
		建筑隔声材料标准（待编）	范围、规范性引用文件、术语和定义、标记、要求、试验方法、检验规则、产品标志及随行文件、包装、运输和贮存		
		其他（待编）			

表 3.2-5

绿色交通领域目标标准体系主要内容

标准层次	工程全过程阶段	标准名称（国标行标）	主要内容
综合标准	—	绿色生态城区评价标准 GB/T 51255—2017	总则、术语、基本规定、土地利用、生态环境、绿色建筑、资源与碳排放、绿色交通、信息化管理、产业与经济、人文、技术创新
		绿色住区标准 T/CECS 377—2018	总则、术语、基本规定、场地与生态质量、能源与资源质量、城市区域质量、绿色出行质量、宜居规划质量、建筑可持续质量、管理与生活质量和绿色住区评价
基础标准	—	绿色交通评价标准（待编）	总则、术语、基本规定、安全耐久、资源节约、提高与创新
通用标准	规划勘察	城市绿色交通规划标准（待编）	总则、术语、基本规定、用地布局、配套设施、道路、桥梁、轨道交通、生态环境
	设计	城市道路绿色工程设计规范（待编）	总则、术语和符号、基本规定、绿色设计策划、场地与室外环境、通行能力和服务水平、横断面、平面和纵断面、道路与道路交叉、道路与轨道交通线路交叉、行人和非机动车交通、公共交通设施、公共停车场和城市广场、路基和路面、桥梁和隧道、交通安全和管理设施、管线、排水和照明、绿化和景观、绿色道路设计评估与审查
		城市桥梁绿色设计规范（待编）	总则、术语和符号、基本规定、规划设计、结构设计、桥梁设计、桥梁引道、引桥设计、立交、高架道路桥梁和地下通道设计、桥梁细部构造及附属设施设计、绿色桥梁设计评估与审查
		城市轨通交通绿色设计规范（待编）	总则、术语、基本规定、限界、线路、轨道、路基、行车组织与运营管理、结构设计、车站建筑设计、防水设计、供电、通信、信号、空调通风、给水排水、防灾、环境保护、绿色城市轨道交通设计评估与审查
	施工	道路与桥梁工程绿色施工规范（待编）	总则、术语、基本规定、施工准备、施工场地、路基工程、路面工程、桥梁工程、隧道工程、交通安全与机电工程、拆除工程、冬期施工与防护
		城市轨通交通绿色施工规范（待编）	总则、术语、基本规定、施工准备、施工场地、基坑支护及地基处理、主体结构工程、装饰装修工程、防水工程、机电安装工程、弱电安装工程、轨道工程、供电工程、车辆基地工程
		绿色交通施工评价标准（待编）	总则、术语、基本规定、绿色施工管理评价指标、环境保护评价指标、节材与材料资源利用评价指标、节水与水资源利用评价指标、节能与能源资源利用评价指标、节地与土地资源保护评价指标、评价方法、评价组织和程序

续表

标准层次	工程全过程阶段	标准名称（国标行标）	主要内容
通用标准	竣工验收	绿色交通工程竣工验收标准 （待编）	总则、术语、基本规定、节地、节能与能源利用、节水与水资源利用、节材与材料资源利用
	运行维护	绿色交通运行维护技术规范 （待编）	总则、术语、基本规定、系统运行、设备设施维护、运行维护管理
	拆除改造	既有交通工程绿色改透价标准 （待编）	总则、术语、基本规定、安全耐久、资源节约、提高与创新
专用标准	—	绿色交通设施评估技术要求第 1 部分： 绿色公路 JT/T 1199.1—2018	总则、范围、规范性引用文件、术语和定义、基本要求、评估指标体系、评估方法
		绿色交通设施评估技术要求第 2 部分： 绿色服务区 JT/T 1199.2—2018	总则、范围、规范性引用文件、术语和定义、基本要求、评估指标体系、评估方法
		城市快速路绿色设计规程 （待编）	总则、术语、基本规定、通行能力及服务水平、横断面设计、线性设计、出入口设计、高架快速路、交通安全与管理设施、景观与环境、城市快速路绿色设计评估与审查
		城市道路升级路面绿色技术施工规程 （待编）	总则、术语、基本规定、水泥混凝土路面绿色处治施工技术、橡胶沥青混合料面层绿色施工技术、沥青路面再生施工技术、绿色技术评价
		桥梁用结构钢绿色设计评价技术规范 （待编）	总则、术语、基本规定、评价导则和方法、评价要求、生命周期评价报告编制要求
		其他 （待编）	

绿色市政给水排水目标标准体系主要内容　表 3.2-6

标准层次	工程全过程阶段	标准名称（国标行标）	主要内容
综合标准	—	绿色生态城区评价标准 GB/T 51255—2017	总则、术语、基本规定、土地利用、生态环境、绿色建筑、资源与碳排放、绿色交通、信息化管理、产业与经济、人文、技术创新等
		绿色住区标准 T/CECS 377—2018	总则、术语、基本规定、场地与生态质量、能源与资源质量、城市区域质量、绿色出行质量、宜居规划质量、建筑可持续质量、管理与生活质量和绿色住区评价等
基础标准	—	绿色市政给水排水评价标准（待编）	总则、术语、基本规定、安全耐久、资源节约、提高与创新等
通用标准	规划勘察	绿色市政给水排水规划规范（待编）	总则、术语、基本规定、用地布局、配套设施、管道、构筑物、生态环境等
	设计	绿色市政给水排水设计规范（待编）	总则、术语和符号、基本规定、绿色设计策划、场地与室外环境、给水排水管道工程设计、给水排水构筑物工程设计、绿色市政给水排水设计评价与审查等
	施工	市政给水排水绿色施工评价标准（待编）	总则、术语、基本规定、评价框架体系、环境保护评价指标，节材与材料资源利用评价指标、节水与水资源利用评价指标、节能与能源资源利用评价指标、节地与土地资源利用评价指标、评价方法，评价程序和组织、第三方评价等
		市政给水排水绿色施工规范（待编）	总则、术语、基本规定、施工准备、施工场地、给水排水管道工程、给水排水构筑物工程及分项施工技术、施工安全等
	竣工验收	绿色市政给水排水竣工验收标准（待编）	总则、术语、基本规定、节地、节能与能源利用、节水与水资源利用、节材与材料资源利用等
	运行维护	绿色市政给水排水运行维护技术规范（待编）	总则、术语、基本规定、系统运行、设备设施维护、运行维护管理等
	拆除改造	既有市政给水排水绿色改造评价标准（待编）	总则、术语、基本规定、安全耐久、资源节约、提高与创新等
专用标准	—	给水排水涂覆钢管评价技术规范（待编）	总则、术语、基本规定、评价原则和方法、评价要求、生命周期评价报告编制要求等
		硬聚氯乙烯（PVC-U）给水排水管道用胶粘剂（待编）	材料和生产、要求、试验方法、检验规则、标志、包装、运输、贮存
		给水用高密度聚乙烯（HDPE）钢丝网骨架双色复合稳态管（待编）	总则、术语和定义、材料、标记、产品结构、一般规定、技术要求、试验方法、检验规则和标志、包装、运输与贮存等
		其他（待编）	

绿色燃气工程目标标准体系主要内容

表 3.2-7

标准层次	工程全过程阶段	标准名称（国标行标）	主要内容
综合标准	—	绿色生态城区评价标准 GB/T 51255—2017	总则、术语、基本规定、土地利用、生态环境、绿色建筑、资源与碳排放、绿色交通、信息化管理、产业与经济、人文、技术创新等
		绿色住区标准 T/CECS 377—2018	总则、术语、基本规定、场地与生态质量、能源与资源质量、城市区域质量、绿色出行质量、宜居规划质量、建筑可持续质量、管理与生活质量和绿色住区评价等
基础标准	—	绿色燃气工程评价标准（待编）	总则、术语、基本规定、安全耐久、资源节约、提高与创新
通用标准	规划	绿色燃气工程规划规范（待编）	总则、术语、基本规定、用地布局、配套设施、燃气输配系统、燃气场站、生态环境
	设计	绿色燃气工程设计规范（待编）	总则、术语、绿色设计策划、场地与室外环境、用气量和燃气质量、制气、净化、燃气输配系统、压缩天然气供应、液化石油气供应、液化天然气供应和燃气的应用等
	施工	城镇燃气输配工程绿色施工及检验规范（待编）	总则、术语、施工准备、施工场地、土方工程、管道、设备的装卸、运输和存放、钢质管道及管件的防腐、埋地钢管敷设、球墨铸铁管敷设、聚乙烯和钢骨架聚乙烯管敷设、管道附件与设备安装、管道穿（跨）越、室外架空燃气管道的施工、燃气场站、试验
		室内燃气工程绿色施工及检验规范（待编）	总则、术语、基本规定、室内燃气管道安装及检验、燃气计量表安装及检验、家用、商业用及工业企业用燃具和用气设备的安装及检验、商业用燃气锅炉和冷热水机组燃气系统安装及检验、试验等
		燃气工程绿色施工评价标准（待编）	总则、术语、基本规定、评价框架体系、环境保护评价指标、节材与材料资源利用评价指标、节水与水资源利用评价指标、节能与能源资源利用评价指标、节地与土地资源利用评价指标、评价方法、评价程序和组织、第三方评价
	竣工验收	绿色燃气工程竣工验收规范（待编）	总则、术语、基本规定、节地、节能与能源利用、节水与水资源利用、节材与材料资源利用

续表

标准层次	工程全过程阶段	标准名称（国标行标）	主要内容
通用标准	运行维护	燃气工程运行维护技术规范（待编）	总则、术语、基本规定、系统运行、设备设施维护、运行维护管理
	拆除改造	燃气工程绿色改造评价规范（待编）	总则、术语、基本规定、安全耐久、资源节约、提高与创新
专用标准	—	城镇燃气管道水平定向钻进工程绿色施工技术规程（待编）	总则、术语、基本规定、技术要求、计算、绿色施工工艺路线、测绘、竣工验收
		城镇燃气管道非开挖修复更新绿色施工技术规程（待编）	总则、术语和符号、基本规定、绿色材料、绿色检测与评估、绿色设计、绿色施工、绿色工程检验与验收
		生物质燃气工程绿色施工规范（待编）	总则、术语、基本规定、土建工程、材料设备管理要求、钢质燃气管通绿色施工、聚乙烯燃气管道绿色施工、燃气管道附件绿色施工、燃气管道工程绿色检验、新建燃气管网与原有燃气管网连接绿色工艺、燃气管网工程验收
		其他（待编）	

绿色环卫与风景园林评价目标标准体系主要内容

表 3.2-8

标准层次	工程全过程阶段	标准名称（国标行标）	主要内容
综合标准	—	绿色生态城区评价标准 GB/T 51255—2017	总则、术语、基本规定、土地利用、生态环境、绿色建筑、资源与碳排放、绿色交通、信息化管理、产业与经济、人文、技术创新等
		绿色住区标准 T/CECS 377—2018	总则、术语、基本规定、场地与生态质量、能源与资源质量、城市区域质量、绿色出行质量、宜居规划质量、建筑可持续质量、管理与生活质量和绿色住区评价等
基础标准	—	绿色环卫与风景园林评价标准（待编）	总则、术语、基本规定、安全耐久、资源节约、提高与创新等
通用标准	规划	绿色环卫与风景园林规划规范（待编）	总则、术语、基本规定、用地布局、配套设施、生态环境等
	设计	绿色环卫与风景园林设计规范（待编）	总则、术语、绿色设计策划、场地与室外环境、绿色环卫与风景园林设计评估与审查等
	施工	绿色环卫与风景园林施工评价标准（待编）	总则、术语、基本规定、评价框架体系、环境保护评价指标、节材与材料资源利用评价指标、节水与水资源利用评价指标、节能与能源资源利用评价指标、节地与土地资源利用评价指标、评价方法、评价程序和组织、第三方评价等
	竣工验收	绿色环卫与风景园林竣工验收规范（待编）	总则、术语、基本规定、节地、节能与能源利用、节水与水资源利用、节材与材料资源利用等
	运行维护	绿色环卫与风景园林运行维护技术规范（待编）	总则、术语、基本规定、系统运行、设备设施维护、运行维护管理等
	拆除改造	环卫与风景园林绿色改造评价规范（待编）	总则、术语、基本规定、安全耐久、资源节约、提高与创新等
专用标准	—	城镇污水处理厂污泥处置 园林绿化用泥质 GB/T 23486—2009	总则、术语、园林绿化用泥质、其他规定、取样和检测等
		城镇污水处理厂污泥 压滤机深度脱水技术规程（待编）	总则、术语、设计、施工与验收、运行与管理等
		建筑垃圾资源化处理厂运行规范	建筑垃圾资源化处理厂的基本要求、处理流程、运行要求和安全应急要求等
		城镇污水处理厂污泥处理产物园林利用（待编）	总则、术语、污泥处理产物园林利用的推荐方案、污泥和污泥处理产物的基本要求、污泥园林用产品的质量、污泥园林用产品的使用方法、污泥园林用产品的质量与利用管理等
		其他（待编）	

绿色乡村评价目标标准体系主要内容 表 3.2-9

标准层次	工程全过程阶段	标准名称（国标行标）	主要内容
综合标准	—	绿色生态城区评价标准 GB/T 51255—2017	总则、术语、基本规定、土地利用、生态环境、绿色建筑、资源与碳排放、绿色交通、信息化管理、产业与经济、人文、技术创新等
		绿色住区标准 T/CECS 377—2018	总则、术语、基本规定、场地与生态质量、能源与资源质量、城市区域质量、绿色出行质量、宜居规划质量、建筑可持续质量、管理与生活质量和绿色住区评价等
基础标准	—	美丽乡村建设评价 GB/T 37072—2018	范围、规范性引用文件、术语和定义、评价原则、评价内容、评价程序、计算方法
		绿色乡村评价标准 （待编）	总则、术语、基本规定、组织与制度、村容村貌与基础设施、环境保护、资源节约、生产要求、评定
通用标准	规划	绿色乡村规划标准 （待编）	总则、术语、基本规定、产业规划、土地使用与空间布局、道路交通、生态环境、能源综合利用、水资源利用、材料和固废资源利用、智慧系统等
		乡村绿色交通规划标准 （待编）	总则、术语、基本规定、用地布局、配套设施、道路、桥梁、轨道交通、生态环境
		乡村绿色市政给水排水规划规范 （待编）	总则、术语、基本规定、用地布局、配套设施、管道、构筑物、生态环境等
		乡村绿色燃气工程规划规范 （待编）	总则、术语、基本规定、用地布局、配套设施、燃气输配系统、燃气场站、生态环境
		乡村绿色环卫与风景园林规划规范 （待编）	总则、术语、基本规定、用地布局、配套设施、生态环境等
	设计	绿色乡村设计规范 （待编）	总则、术语、绿色乡村设计策划、土地使用与空间布局、道路交通设计、生态环境、能源综合利用、水资源利用、材料和固废资源利用、绿色乡村设计评估与审查等

续表

标准层次	工程全过程阶段	标准名称（国标行标）	主要内容
通用标准	设计	乡村绿色建筑设计规范（待编）	总则、术语、基本规定、规划设计、建筑设计、结构设计、暖通空调设计、给水排水设计、建筑电气设计、景观设计、装修设计、绿色建筑设计评估与审查
		乡村绿色交通设计规范（待编）	总则、术语和符号、基本规定、绿色设计策划、场地与室外环境、通行能力和服务水平、横断面、平面和纵断面、道路与道路交叉、道路与轨道交通线路交叉、行人和非机动车交通、公共交通设施、公共停车场和城市广场、路基和路面、桥梁和隧道、交通安全和管理设施、管线、排水和照明、绿化和景观、绿色道路设计评估与审查
		乡村绿色市政给水排水设计规范（待编）	总则，术语和符号、基本规定、绿色设计策划、场地与室外环境、给水排水管道工程设计、给水排水构筑物工程设计、绿色市政给水排水设计评估与审查等
		乡村绿色燃气工程设计规范（待编）	总则、术语、绿色设计策划、场地与室外环境、用气量和燃气质量、制气、净化、燃气输配系统、压缩天然气供应、液化石油气供应、液化天然气供应和燃气的应用等、绿色市政给水排水设计评估与审查
		乡村绿色环卫与风景园林设计规范（待编）	总则、术语、绿色设计策划、场地与室外环境、绿色环卫与风景园林设计评估与审查等
	施工	绿色乡村施工评价标准（待编）	总则、术语、基本规定、评价框架体系、环境保护评价指标、节材与材料资源利用评价指标、节水与水资源利用评价指标、节能与能源资源利用评价指标、节地与土地资源利用评价指标、评价方法、评价程序和组织、第三方评价等
		乡村建筑工程绿色施工评价标准（待编）	总则、术语、基本规定、绿色施工管理评价指标、环境保护评价指标、节材与材料资源利用评价指标、节水与水资源利用评价指标，节能与能源资源利用评价指标、节地与土地资源保护评价指标、评价方法、评价组织和程序
		乡村道路与桥梁工程绿色施工规范（待编）	总则、术语、基本规定、施工准备、施工场地、路基工程、路面工程、桥梁工程、隧道工程、交通安全与机电工程、拆除工程、冬期施工与防护
		乡村市政给水排水绿色施工评价标准（待编）	总则、术语、基本规定、评价框架体系、环境保护评价指标、节材与材料资源利用评价指标、节水与水资源利用评价指标、节能与能源资源利用评价指标、节地与土地资源利用评价指标、评价方法、评价程序和组织、第三方评价等
		乡村燃气输配工程绿色施工及检验规范（待编）	总则、术语、施工准备、施工场地、土方工程、管道、设备的装卸、运输和存放、钢质管道及管件的防腐、埋地钢管敷设、球墨铸铁管敷设、聚乙烯和钢骨架聚乙烯管敷设、管道附件与设备安装、管道穿（跨）越、室外架空燃气管道的施工、燃气场站、试验

续表

标准层次	工程全过程阶段	标准名称（国标行标）	主要内容
通用标准	施工	乡村绿色环卫与风景园林施工评价标准（待编）	总则、术语、基本规定、评价框架体系、环境保护评价指标、节材与材料资源利用评价指标、节水与水资源利用评价指标、节能与能源资源利用评价指标、节地与土地资源利用评价指标、评价方法、评价程序和组织、第三方评价等
	竣工验收	绿色乡村验收规范（待编）	总则、术语、基本规定、节地、节能与能源利用、节水与水资源利用、节材与材料资源利用等
		乡村绿色建筑工程竣工验收标准（待编）	总则、术语、基本规定、节地与室外环境、节能与能源利用、节水与水资源利用、节材与材料资源利用、室内环境质量等
		乡村绿色交通工程竣工验收标准（待编）	总则、术语、基本规定、节地、节能与能源利用、节水与水资源利用、节材与材料资源利用
		乡村绿色市政给水排水竣工验收标准（待编）	总则、术语、基本规定、节地、节能与能源利用、节水与水资源利用、节材与材料资源利用
		乡村绿色燃气工程竣工验收规范（待编）	总则、术语、基本规定、节地、节能与能源利用、节水与水资源利用、节材与材料资源利用
		乡村绿色环卫与风景园林竣工验收规范（待编）	总则、术语、基本规定、节地、节能与能源利用、节水与水资源利用、节材与材料资源利用
	运行维护	乡村绿色乡村运行维护技术规范（待编）	总则、术语、基本规定、乡村运行、设施维护、运行维护管理
		乡村绿色建筑运行维护技术规范（待编）	总则、术语、基本规定、综合效能调适和交付、系统运行、设备设施维护、运行维护管理
		乡村绿色交通运行维护技术规范（待编）	总则、术语、基本规定、系统运行、设备设施维护、运行维护管理

续表

标准层次	工程全过程阶段	标准名称（国标行标）	主要内容
通用标准	运行维护	乡村绿色市政给水排水运行维护技术规范（待编）	总则、术语、基本规定、系统运行、设备设施维护、运行维护管理
		乡村燃气工程运行维护技术规范（待编）	总则、术语、基本规定、系统运行、设备设施维护、运行维护管理
		乡村绿色环卫与风景园林运行维护技术规范（待编）	总则、术语、基本规定、系统运行、设备设施维护、运行维护管理
	拆除改造	乡村绿色改造评价规范（待编）	总则、术语、基本规定、安全耐久、资源节约、提高与创新
		乡村既有建筑绿色改造评价标准（待编）	总则、术语、基本规定、安全耐久、健康舒适、生活便利、资源节约、环境宜居、提高与创新
		乡村既有交通工程绿色改造评价标准（待编）	总则、术语、基本规定、安全耐久、资源节约、提高与创新
		乡村既有市政给水排水绿色改造评价标准（待编）	总则、术语、基本规定、安全耐久、资源节约、提高与创新
		乡村燃气工程绿色改造评价规范（待编）	总则、术语、基本规定、安全耐久、资源节约、提高与创新
		乡村环卫与风景园林绿色改造评价规范（待编）	总则、术语、基本规定、安全耐久、资源节约、提高与创新

续表

标准层次	工程全过程阶段	标准名称（国标行标）	主要内容
专用标准	—	乡村建筑外墙无机保温砂浆应用技术规程（附条文说明）CECS 297—2011	总则、术语、材料、设计、施工和验收
		美丽乡村涝池建设规范（待编）	范围、术语和定义、规范性引用文件、基本要求、涝池类型与要求、建设原则、建设技术要求
		乡村太阳能路灯 工程施工质量验收规范（待编）	乡村道路太阳能光伏照明设施技术、施工安装要求的术语和定义、分类、要求、检验规则、现场检测的方法等
		乡村太阳能路灯技术规范（待编）	乡村户外太阳能光伏照明设施技术要求的术语和定义、分类、要求、试验方法、检验规则、标志、标签、使用说明、包装、运输、贮存
		村镇绿色建筑评价标准（待编）	总则、术语、基本规定、节地与室外环境、节能与能源利用、节水与水资源利用、节材与材料资源利用、室内环境质量、施工管理、运行管理、提高与创新
		其他（待编）	

3.3 绿色建设的关键技术

3.3.1 绿色城市基础设施

1. 绿色市政技术体系

绿色市政是指通过采用市政新技术，合理利用各种资源，构建创新型、环保型、知识型的现代化绿色市政设施体系，实现市政设施低碳化布局，同步实现市政设施的数字化管理，保障城市安全。

目前该技术体系主要包括：GIS 技术、可再生能源技术（太阳能、风能、地热能、潮汐能、生物能等）、分布式能源（热电冷联供）、市政综合管沟、市政中雨 / 水回用系统、污水处理（生活、工业）、公共交通系统（燃气公交、电动公交、轨道交通、BRT）、自行车绿道系统、立体停车库系统、垃圾分类收集与处理系统（填埋、焚烧、生物降解等）、道路隔声屏障技术、市政无障碍系统（道路、天桥、垂直电梯、建筑入口、卫生间等）、现代网络通信系统等。

绿色市政技术在我国起步比较晚，近几年才开始逐步进入发展期，因而也呈现出动力不足等问题。

（1）缺少完善的标准体系，目前对于绿色市政的理解，各不相同，缺乏一个权威的定义及内容界定，从而导致各地研究方向有较大出入，也存在定性多、定量少的指标体系困境。

（2）缺少政策的扶持与落实，各地相继提出建设绿色市政的举措，但大多停留在口号阶段，没有制定相关的管理办法和规章制度来督促落实。

（3）示范工程较少，宣传展示的机会不多，很多地方想建却不知道从哪里入手，缺少交流、学习、沟通的平台，对于促进绿色市政发展产生消极不利影响。

为了促进绿色市政技术的全面发展，应重点从以下几方面入手：

（1）完善标准化建设，对绿色市政的定义、内涵、指标体系及评估体系出台相关的指导性规范，同时加强管理制度的制定，促进技术的有效落实。

（2）加强关键技术和综合集成技术系统的研究，绿色市政包含有多个技术集成系统，各子系统间是否会产生不利影响，需要有综合评估体系来衡量，并逐步优化完善建设体系。

（3）制定相关财政优惠或补贴政策，以引导和激励参与单位的积极性。

（4）建设一批优秀的示范项目，加强绿色市政技术的宣传、展示、教育活动，提高技术人员和管理人员的专业水平。

2. 垃圾分类、利用、处理技术体系

垃圾分类、利用、处理技术是指日常生活或生产活动所产生的固体废弃物以及法律法规所规定的视为垃圾的固体废物的综合处理体系，包括垃圾的源头量、清扫、分类收集、储存、运输、处理、处置及相关管理。

目前该体系主要包括以下技术：教育宣传、分类设施、收集管理、运输设施、有机垃圾生物降解设施、垃圾填埋技术、垃圾焚烧发电技术、垃圾渗滤液处理技术、可再利用垃圾回用技术（如橡胶、纸、玻璃、金属等）、垃圾除臭技术等。

受教育、环保意识、管理制度等因素影响，垃圾分类、利用、处理技术体系发展一直比较缓慢，主要有以下几方面问题：

（1）重视度不够，我国的建设体制依然是一个重建设轻运营的思想，对于垃圾处理及利用依然停留在比较落后的水平，虽然近年来不少地方政府也都实施了一些垃圾处理及利用工程，但总体效果很有限。

（2）标准、制度的不健全，应制定相关的法规，将各个环境的责任定位，并出台相关财政政策，对处理量、利用量、垃圾生产量分别给予相应的赏罚，实现从源头到终端的管理机制。

（3）缺少相关的技术和人员储备，目前大多数垃圾利用设备还是从国外发达国家进口，也少有人愿意从事垃圾产业相关的工作，这些都成为制约垃圾处理与利用技术发展的因素。

为了响应国家建设资源节约型和环境友好型社会，提高人居环境质量和生态文明水平的要求，建议从以下几方面来加强垃圾分类与处理利用技术体系工作：

（1）加强标准与机制的建设，出台具有指导落实意义的实施标准，以及从源头到终端的管理办法，权责分明，同时逐步考虑规范垃圾的定额配置，征收垃圾税费，从源头限制垃圾产生量。

（2）产品材料构成的垃圾减量化，产品的自我回收处理机制研究。

（3）自然生长物回归自然的垃圾减量机制研究。

（4）垃圾产生者责任与管理费用挂钩的机制研究。

（5）建设工程垃圾减量及循环再利用体系建设。

（6）加强关键技术研究，加快技术创新和人才培养，通过搭建平台与国内外优秀机构开展交流、合作与借鉴，开展技术创新和管理创新。

（7）广泛开展垃圾分类与资源化宣传教育，引导和鼓励垃圾产生者实施垃圾减量化与分类收集，提高广大人民群众的垃圾环保意识。

3. 绿色交通技术体系

绿色交通是指通过建立维持城市可持续发展的交通体系，以满足人们的交通需求，以最少的社会成本满足不断增长的交通需求，实现最大的城乡交通效率。它强调的是城市交通的“绿色性”，即减轻交通拥挤，减少环境污染，促进社会公平，合理利用资源。

绿色交通技术体系主要包括：立体交通系统（城市高架桥、跨河 / 河大桥、地下 / 海底隧道、天桥等）、城市慢行系统（绿道等）、立体停车库、公共交通系统（燃气公交、电动公交、轨道交通、BRT）、交通安全设施（红绿灯、安全岛、交通标识等）、机动车限量与限行、智能综合调度系统等。

目前发展中存在的主要问题：

（1）交通规划指导思想陈旧，依然采用路多、路宽、桥高的策略，没有把公共交通和慢行交通系统放在重要地位。

（2）缺少专业技术人才和管理人才，绿色交通技术是近些年发展起来的新兴科学体系，对规划设计、施工及运营管理要求比较高，现阶段我国的技术和人才储备都较为薄弱。

（3）民众意识需要转变，特别是短距离出行，应由小车出行转变为公共交通出行，政府应加强宣传教育，努力提高民众对绿色交通的认知水平。

做好绿色交通技术体系应重点研究解决的方向：

（1）高度重视交通与土地利用的整合规划，做好综合交通枢纽规划设计。交通枢纽规划设计的好坏是影响交通运输系统效率的第一因素，各种交通方式应通过交通枢纽实现物理空间一体化、运营管理一体化、信息服务一体化、票价票制一体化，从而最大程度地方便乘客，提高公共交通的分担率和服务水平。

（2）扎扎实实落实公交优先战略，推进城市公交、自行车加步行的城市交通模式。无论是可持续交通，还是绿色交通、低碳交通，其核心本质都将是建设以公交为主导的城市综合交通系统。因此，全面规划、精细设计公交系统，是城市交通发展战略的核心环节。

（3）完善道路安全设施，强化精细的交通工程设计，避免交通安全岛、隔离护栏、标志标线等交通安全设施缺失或设置不合理的现象。

（4）强化停车设施的规划建设。根据规范要求和城市交通发展战略，建设必要的社会停车场，通过分析设置适量的路边停车泊位。

（5）全面开展道路交通安全评估，发现城市道路系统中的安全隐患，排查交通事故多发点段，分析交通事故成因，有针对性地提出交通安全对策，消除交通事故隐患，以减少事故发生的可能性，提高道路交通的安全性。

4. 绿色园林景观技术体系

绿色园林景观技术是指任何与生态过程相协调，尽量使其对环境的破坏达到最小的景观设计、施工及运营维护技术，它在理论和实践上包括：地方性、保护与节约自然资源、显露自然、让自然发挥作用等基本原理。

目前该技术体系主要含有：城市生态区保护、城市绿地系统、乡土植物、复层绿化、立体绿化（屋顶绿化、垂直绿化）、透水铺装、园林低影响开发系统、湿地系统、景观水循环回用系统、节水灌溉技术、雨水收集利用技术、生态修复技术等。

最近几年依托绿色建筑市场的平台，绿色园林景观技术也有了很大的发展，但也并存了几大主要问题：

（1）重视度不够，对于绿色园林景观，仅片面地理解为多种树多种草，没有深刻领会绿色园林景观技术的内涵，从而在政策层面缺乏相关制度，来引导绿色园林景观技术的落实。

（2）缺少完善的设计、施工及运维标准，以及系统的评价体系，目前对于绿色园林景观技术体系，尚无统一技术组成，指标上也存在着定性多、定量少的问题，导致在实际工程项目中难以落实。

（3）缺少相关技术和人才的储备，很多项目希望打造高水准的绿色景观，但最后大多都委托给国外相关单位进行设计和施工，这反映出我国在这方面技术储备还比较薄弱。

作为支撑绿色建筑发展的主要技术体系之一，绿色园林景观技术应借着绿色建设大势发展的好时机，进一步壮大和成熟起来，因而在这样一个环境下需重视发展以下几方面的工作：

（1）制定合理的政策和机制，从上层管理机构出发，合理地引导和激励绿色园林景观技术发展，园林主管单位可联合规划主管单位，在规划阶段即对园林规划设计提出控制性技术要求，并持续在设计、施工、验收工作上予以监督，保障技术有效落实。

（2）加快相关规范标准的制定和完善，以及鼓励科研机构、技术企业等单位进行技术创新和管理创新。

（3）出台利好政策，对主动落实绿色园林景观技术的企业给予财政或税收优惠，以促进建设单位的积极性。

（4）建设一批优秀的示范项目，政府领头行动，在保障性住房中率先开展示范项目建设，加强绿色园林景观技术的宣传、展示、教育活动，促进技术人员和管理人员的专业水平。

5. 智慧城市技术

智慧城市，主要指运用信息和通信技术手段感测、分析、整合城市运行核心系统的各项关键信息，从而对包括民生、环保、公共安全、城市服务、城市建设工程基本信息、工商业活动在内的各种需求做出智能响应。

智慧城市是一个要素复杂、应用多样、相互作用、不断演化的综合性复杂系统，因此在建设上需要统筹兼顾，坚持以人为本原则，以创造宜居城乡为目标，强化智慧城市顶层设计。

一方面，智慧城市建设要从惠及民生出发点和落脚点来选题和定题，居民欢迎的事要积极去做，居民感觉不方便的事要去认真改善，如为出行难、看病难、污染多、安全保障难这方面保障提供服务。

另一方面，以为居民解决多少问题，来建立评价和激励机制。居民对服务的质量效果是否满意，如果好的话应继续坚持，如果不好的话就要及时调整。可以说，智慧城市建设只有坚持以人为本、服务民生的理念，方能让智慧城市名副其实、实至名归。

3.3.2 绿色建筑

1. 绿色规划、设计技术

绿色规划、设计技术是指在城乡建设的各个领域（城市、乡村、城区、街区、基础设施、建筑）的规划和设计中注入绿色建设理念的具体技术，目前主要有以下几类：

（1）城市、乡村：绿色低碳城区规划、结合场地地形规划布局、旧建筑保留和改造、古树 / 文物 / 水系 / 湿地 / 森林的保护与利用、土地节约利用、废弃场地利用、可再生能源规划（如太阳能、水能、沼气能等）、再生水利用规划、污染源防治规划、海绵城市规划设计、防洪排涝系统、交通系统规划、水环境规划等。

（2）城区、街区：公共交通系统、无障碍系统、公共服务配套规划、地下空间开发利用、表层土综合利用、蓄冷蓄热系统、分布式热电冷联供技术、模拟优化设计（日照、光反射、室外风、室外声、室外热）、再生水系统等。

（3）基础设施：市政综合管廊技术、绿色雨水设施设计、海绵城市等低冲击开发技术、无障碍系统、透水路面、交通系统优化、停车系统优化、智能交通管理系统、城市节能照明系统、绿化遮阳设计等。

（4）建筑：主要指发扬岭南建筑文化的绿色建筑设计技术，包括建筑形体设计优化、造型简约设计、结构系统优化设计、建筑节能优化设计、室内模拟优化设计（自然采光、自然通风）、通风中庭设计、采光井设计、外窗可开启面积比、通风开口面积与房间地板面积比、建筑外遮阳系统、围护结构防结露设计、屋顶和东西外墙隔热设计、室内隔声系统设计、专项声学设计、电梯群控、扶梯自动启停、立体绿化设计、建筑余热再利用、可再生能源设计、用能独立分项计量、节能照明系统设计、水系统规划设计、给水水压控制、用水分项计量、同层排水系统、雨水收集利用系统、中水回用、节水灌溉系统、土建与装修一体化设计、灵活隔断设计、厨卫整体定型设计、供暖空调末端控制、室内空气质量监控系统、室内空气净化系统、室内空气污染物浓度控制技术、地下车库 CO 监测与排风联动系统等。

绿色规划设计技术是实现绿色建设的首要保障，通过合理的规划和设计，才能在源头有效保障绿色理念的融入和指导后续施工。经过这几年绿色建筑产业的快速发展，绿色规划设计技术已有了显著的提高与进步。

在实际工程应用中，绿色规划设计技术的推进也遇到了一些问题：

（1）规划设计未充分考虑因地制宜，而采用定式思维与方法，导致一些项目不能突显当地特色和优势。

（2）过分依赖于辅助软件，缺少细微观察与独立思考，有些项目在未做充实地调研情况下就盲目开展设计和分析，使项目在很多细节设置上有诸多不完善。

（3）部分技术缺少技术性指导规范及评价标准，从而同样的技术呈现出各种层次及水平的成果。

因此在接下来的工作中，应重点研究和发展以下内容：

（1）加强因地制宜理念的贯入，体现出城市定位、经济形势和产业发展，体现当地的人文特色和生态、气候特征。

（2）完善规划设计相关技术的标准及规范，使之成为具有可落实的指导意义。

（3）对一些新型规划设计技术，应制定相关的政策和制度去引导和推动。

2. 绿色施工技术

主要指能够解决工程建设施工过程中的“绿色化”难题的具体措施，是更贴近工程实际层面的过程类应用技术：

（1）绿色施工管理制度：绿色施工专项小组责任制、绿色施工组织计划、绿色建筑专项会审、设计变更控制、施工人员健康安全管理计划等。

（2）绿色施工实施技术：施工降尘控制、施工环境噪声监测、废弃物减量化和资源化、施工节能及能耗监测、施工节水及水耗监测、污水减排与达标排放、预拌混凝土损耗率控制、钢筋损耗率控制、工具式定型模板技术、施工技术土建与装修一体化施工技术、机电系统综合调试技术等。

绿色施工是可持续发展思想在工程施工中的应用体现，是绿色施工技术的综合应用。它并不是独立于传统施工技术的全新技术，而是用“可持续”的眼光对传统施工技术的重新审视，是符合可持续发展战略的施工技术。目前随着绿色建筑评价标准和绿色建筑施工导则的实施，施工单位已经开始有所行动，对传统施工技术方案进行改造和深化，但多流于表面，实施力度还较弱。

绿色施工技术目前还存在的不足之处：

（1）各参建方认识不足，不够重视。目前国内很多企业还是粗放型运作，对绿色施工仅仅理解为简单的防尘防渣措施，甚至有些施工单位仅仅做些文字方案应付检查，根本不将其实施，这些都导致了绿色施工难以发展和实践。

（2）缺少对施工方整改及合理补偿机制的研究。绿色施工的主要责任主体是施工方（或总包方），相比于传统施工方案，绿色施工的确要做一些深入的调整与改变，也会相应增加施工方的工作量，而目前绿色施工几乎属于建设单位强加给施工单位的任务，没有额外的经济补偿，施工单位自然缺少主动性，效果不理想。

（3）现行标准不健全、针对性不强。尽管目前已出台多部与绿色施工相关的规范、标准，但相关法规还较为欠缺，总体存在系统性不强、定性指标多、定量指标少的特点，导致在实际执行过程中操作性较差。

为了更广泛推广和树立绿色施工理念、保障绿色施工的实施效果，需要在以下几方面重点发展：

（1）完善绿色施工的法规和制度，以便在实际施工中真正做到指导有效、措施明确。

（2）加强对施工方的投入研究，并制定相关补偿机制，以利于调动施工单位的积极性，同时制定相关管理办法，确保绿色施工费用的及时到位、有效使用，不得被非法挪用。

（3）强化绿色施工技术的普及与推广，从政策上逐步淘汰落后技术，推动绿色施工技术的广泛实施，从而推动其普及。

（4）加强绿色施工宣传与培训，绿色施工与每一个建设参与人都密切相关，绿色施工正因每个人的意识及行动而得到落实，建议加强组织开展绿色施工的宣传活动，走进建设单位、施工单位、设计单位和管理单位，并对相关技术人员和管理人员分类培训，促进绿色施工的实施效果。

3. 绿色运营管理技术

绿色运营管理是在传统项目或物业管理的基础上进行提升，在工程结构及构件、电力、供排水、燃气、电讯、安保、绿化、保洁、消防、电梯及垃圾分类处理等的管理及日常维护工作中，坚持“以人为本”和可持续发展的理念，从基础设施和建筑全寿命期出发，通过有效应用适宜的技术，实现节地、节能、节水、节材和保护环境。

绿色运营管理技术就是指建设项目在运营管理阶段的“绿色化”应用技术，既包括如绿色运营管理制度等的“软技术”，又包括如节能控制措施等的“硬技术”：

（1）绿色运营管理制度：节能 / 节水 / 节材 / 绿化专项管理制度、物业管理体系认证、资源管理考核激励机制、绿色教育宣传机制、机电设备定期维护保养制度、化学药品规范使用制度、绿化种植养护管理制度等。

（2）绿色运营实施技术：公共安全保障技术、污染物达标排放控制技术、机电设备自动监控系统、机电设备应急预案、机电设备系统优化运行、照明节能控制技术、智能化系统调试优化、用能用水分类分项计量、水质定期检测记录、物业管理信息化系统、垃圾分类收集、垃圾站维护与清洗管理、水生态修复技术等。

绿色运营管理在国内起步得晚，发展也很缓慢，主要受以下几方面影响：

（1）重建设轻运营，国内建设项目一直都以重建设轻运营为显著特点，即对建成后建筑的维护管理不重视，导致由物业管理部门被动地去执行，效果有限。

（2）缺少全面、系统、有针对的规范制度，同绿色施工一样，现行的与绿色运营管理相关的规范标准，大多存在系统性不强、定性指标多、定量指标少的特点，导致在实际执行过程中操作性较差。

（3）经济性较差，绿色建筑的运行成本一般要略高于普通建筑，在低物业收益的状态下，物业管理机构容易把绿色建筑视为一种负担，从而造成不认真执行、停用绿色设施的现象。

（4）宣传教育不够，物业技术和管理人员对绿色运营理解较为片面，不能从全局和自身利益的角度来理解，从而难以认真落实。

为了提高岭南城市的绿色运营管理水平，需重点关注和发展如下工作：

（1）完善运营管理制度，明确绿色运营管理者的责任与地位，从而限定和规范参与者的工作职责与内容。

（2）认定绿色运营管理的增量成本，对于高绿色要求的建筑物，应适当增加物业管理费，以弥补运营管理的增量成本，调动参与者的积极性。

（3）建全智能控制和信息管理系统，以提高绿色运营管理的效率，同时可建立真实的建筑运行数据库，方便后续发现问题和整改。

（4）加强宣传教育，促进运营技术人员和管理人员对绿色运营的理解，从而以身作则，认真执行，保障绿色运营管理的有效、持续发展。

4. 既有建设工程绿色改造技术

既有建设工程绿色改造技术是对既有建设工程在节能、节地、节水、节材、室内外环境及运营管理等方面进行的一系列综合改造技术，涉及规划、建筑、结构、空调、电气、给水排水、建材以及信息化等专业改造内容，专业多、内容广、技术复杂、施工难度大。

另一方面，城市的演化导致建设工程功能的重新定位，功能的改变需要建设工程重新改造，而且城乡的很多既有建设工程还存在安全、卫生、生态、承载能力等隐患而急需改造。因此，需要绿色改造的建设工程量巨大。

既有建设工程绿色改造技术的主要内容包括以下几个方面：

（1）节能改造：

1）建筑围护结构改造：墙体保温隔热、门窗遮阳及更换节能门窗、幕墙遮阳隔热及更换节能幕墙、屋面保温隔热。

2）供暖通风及空调系统改造：机组冷凝热回收、排风热回收、在线自动清理、冷却塔直接供冷、水（冰）蓄冷装置、冷水机组增设变频装置、水泵和风机变频、系统管路增设平衡装置、温湿度独立控制、采用节能设备。

3）配电及照明系统改造：改善供电电能质量、分区分组照明控制、设置声控或延时感应功能、照明系统与遮阳系统联动控制、采用节能灯具。

4）可再生能源利用及其他：太阳能热水系统、太阳能光伏发电系统、地表水源热泵系统。

（2）节地及室外环境改造：1）屋顶绿化；2）垂直绿化；3）园林绿化改造。

（3）节水改造：1）雨水收集回用系统（景观、绿化）；2）绿化自动喷灌系统；3）采用节水产品和设备。

（4）节材改造：1）办公区采用灵活隔断，减少材料浪费和垃圾产生；2）尽可能利用以废弃物为原料的建筑材料。

（5）室内环境及运营管理：

1）设置室内空气质量监控系统（CO_2、CO 等监控系统）以及改善自然通风。

2）声环境优化改造：隔噪、降噪处理。

3）光环境优化改造：改善自然采光、设置光导照明系统。

4）建筑能耗（水耗）分项计量系统。

5）增加 EBI 集成管理系统。

6）设备或系统优化控制系统。

7）严明的运营管理奖惩措施。

在实际工程应用中，既有建设工程绿色改造技术的推进也遇到了一些问题：

（1）既有建设工程绿色改造技术内容广、专业多、技术要求高，大多施工单位在技术、人员和设备配置方面不齐全，因此，对于一项多专业的绿色改造工程，一家施工单位很难承担，需要多家单位联合完成，这就在投标方面具有较大的局限性。

（2）一般的施工单位只是完成施工改造内容，而无法提供项目前期和后期的技术咨询服务，在服务程度上具有一定的局限性，特别是涉及参评绿色建筑的项目（目前实施绿色改造的单位多为参评绿色建筑）。

（3）既有建设工程绿色改造缺乏宣传力度和示范项目，很多单位对绿色改造没有深入的理解和直观的印象，对绿色改造的效果更是知之甚少，这些单位在没有看到示范项目之前，对绿色改造的成效很难认同。

（4）既有建设工程改造势必在一定程度上影响项目的正常使用和外观形象，从而限制了业主推动既有建设工程绿色改造的积极性。

在今后既有建设工程绿色改造技术推广应用中，应重点推进和开展以下工作内容：

（1）推进专业的既有建设工程绿色改造单位的成长和发展，完善其在技术、人员和设备方面的配置，提高其技术咨询服务的能力，加强绿色改造技术的推广应用。

（2）以具有代表性的政府投资工程项目和典型的有改造潜力的大型建设工程项目为对象，辅助政府的政策支持，开展多项绿色改造的示范工程，大力宣传绿色改造效果，使更多的单位和个人更加深入和直观地认识绿色改造。

（3）寻求更加科学、合理的改造程序和方法，使改造过程对建设工程使用的影响降至最低。

（4）编制既有建设工程维护改造和绿色改造的系列标准。

5. 绿色材料与设备产品

绿色材料与设备产品就指通过绿色基础技术孵化出的可应用于实际建设工程的实物产品，包含以下几类：

（1）绿色建材：以废弃物为原料的建材（粉煤灰砖、再生骨料混凝土、石膏、矿渣棉制品等）、高强度钢筋（400MPa 级及以上）、C50 级（及以上）混凝土、高耐久性混凝土、耐候钢、耐候型防腐涂料、自保温墙体、保温材料、预拌混凝土、预拌砂浆、隔音垫（橡胶颗粒、发泡 PVC）、隔音砂浆、降噪排水管、隔热反射涂料、室内功能性涂料、透水砖、透水沥青等。

（2）节能设备：节能变压器、节能电梯、节能空调、节能风机（系统）、可调新风系统、变频水泵 / 风机、节能灯具、节能冰箱、热回收装置等。

（3）节水设备：节水器具、恒温淋浴器、节水灌溉设备、土壤湿度感应器、节水冷却塔、高压水枪等。

（4）其他设备产品：工业化预制构件、整体厨卫、光导管、反光板、隔声外窗、隔声通风外窗、中空百叶外窗、旋臂式遮阳卷帘等。

随着科学技术水平的不断发展，以及节能环保理念的日渐深入人心，建筑材料与设备近年来已呈现出快速发展的势头，且各类别产品线非常丰富，省科学技术厅和住房和城乡建设厅也相继发布了三批绿色低碳节能产品，供相关单位选用。

尽管绿色建筑与设备发展形势喜人，但依然存在一些局限：

（1）受技术研发投入和生产能力的影响，价格普遍偏高，部分新型建材与设备还未经过市场和长时间的检验，其性能优势暂时显现不出来，从而导致市场竞争力不明显，产品推广应用较为困难。

（2）缺少相关政策机制来引导和推动新型建材及设备产品的市场化。

（3）开发建设单位缺少主动性，对新型建材和设备产品不愿使用。

因此绿色材料和设备产品需要重点发展以下几方面：

（1）产业引导和激励政策，推广绿色材料和设备产品的使用范围。

（2）以身作则，政府投资项目应大力采用绿色材料和设备，作为示范榜样。

（3）逐步淘汰相对落后、耗能、对环境不友好的材料和设备，以促进绿色材料和设备的替代。

6. 工程建设信息化（BIM）技术

BIM 的中文理解就是建筑信息模型，BIM 技术简单地说就是将整个建筑项目各个方面的完整信息进行整合处理后放在一个模型当中，以便各环节工作人员进行调取运用的技术。通过 BIM 技术建立的三维立体模型包含整个项目所有的基础信息，在具体的建筑设计和施工过程中，相关技术人员可以通过模型研究进行不同工种之间的技术沟通和配合，大大提高了整个项目的工作效率，有效地降低了因为沟通不当造成的返工成本，并且能促进整个项目实施过程的有序性。

（1）在设计阶段的应用

设计阶段的设计效果会对绿色建筑的施工质量产生直接的影响。在该阶段 BIM 技术可以为项目的正向设计提供便利的条件。同时，在 BIM 软件的支持下，设计人员可以利用内部布置功能对建筑物的剖面进行观察，使设计的位置变得更为准确。对于结构设计师来说，还可以利用 BIM 技术对绿色建筑内部钢筋的分布位置进行排查，并找到钢筋浪费率最小的设计方案。除此之外，BIM 自带的门窗族库功能还可以帮助设计师对绿色建筑的采光时间和日照时间进行分析；能耗分析功能则可以对绿色建筑的水循环系统进行模拟，并将雨水积蓄的效果展现出来，在这个基础上获得最优的设计方案。由此可见，在设计阶段，BIM 技术的应用可以提高绿色建筑的设计效率，降低因为设计失误而带来的损失。

（2）在施工阶段的应用

与普通建筑相比，绿色建筑在施工阶段有着更高的要求，难度也有所增加。比如其所使用的施工设备比较新颖、需要的建筑材料比较特殊，同时对施工人员的能力和素质要求比较高。在这个过程中，BIM 技术可以为施工质量和进度提供保证，同时能够将各种风险降至最低。一方面，在 BIM 技术的支持下，施工方可以结合实际情况对绿色建筑施工方案的可行性进行分析，并对复杂设备的安装进行模拟，明确需要注意的问题，对可能出现的风险进行预判，通过提前预防的形式来减少返工和施工停滞。另一方面，BIM 技术还可以帮助施工方对成本进行精准计算，明确材料、设备和人工的数量，并在这个基础上进行有效采购，降低市场价格波动而带来的成本风险。

（3）在运营阶段的应用

在绿色建筑全寿命周期中，运营阶段也是一个极为重要的环节，相关工作的开展需要一支专业的运营维护团队。很多建筑在运营的过程中，业主、设计单位、施工单位以及物业单位之间没有形成有效的合作机制，而很多设备的运营都是比较复杂的，问题和故障的解决需要多方参与和多方协调。BIM 技术具有可视化的特点，能够对绿色建筑运营过程中重要设备的运行状态进行实时监控，并对设备的损坏位置进行精准定位，这可以达到及时维修的效果，避免对设备的使用造成影响。与此同时，在建立 BIM 信息平台的基础上，多方主体可以有效联合，在及时沟通的基础上达到信息畅通的效果。

7. 建设产业的现代化技术体系

在建设产业现代化中，目前最具备条件和基础，也最需要实现现代化的产业之一，是建筑产业现代化。它是以发展绿色建筑为方向，以新型建筑工业化生产方式为手段，以住宅产业现代化为重点，以“标准化设计、工厂化生产、装配化施工、成品化装修、信息化管理”为特征的高级产业形态及其实现过程。

和传统建筑生产方式相比，建筑产业现代化有着明显的优势，具体表现在以下三方面：

一是推进建筑产业现代化，运用现代工业化的大规模生产方式来代替和改造传统的手工劳动及湿作业的生产方式，像造汽车一样造房子，有利于提高工程建设效率和劳动生产率，提高施工机械装备水平和施工水平，从而促进建筑产业的集聚和集约发展，实现包容性增长，提升产业的核心竞争力。

二是推进建筑产业现代化，广泛采用节水、节能、节材和环保技术，实现建筑生产方式的根本性变革，有利于降低资源能源消耗和施工环境影响、提升建筑品质和改善人居环境质量。

三是建筑产业的产业链长、带动性强，推进建筑产业现代化，实现建筑全产业链生产方式的转变，对于促进新型城镇化、工业化和信息化融合发展、推动经济转型升级、助力新型城镇化和城乡发展一体化都具有重要意义。

现代化技术体系主要是指：

（1）标准化设计体系：调研、分类、统筹、设计、施工、考察、修编等。

（2）工厂化生产体系：标准、生产、管理、存储、包装、运输等。

（3）装配化施工体系：标准、培训、安装、管理、维护、保养等。

（4）成品化装修体系：一体化设计、部品定制、标准施工等。

（5）信息化管理体系：信息平台、集成管理、总包服务、大数据采集、能耗监测等。

（6）低碳化技术体系：节地、节能、节水、节材、环境质量、绿色施工、运营等。

目前各地政府相继出台了鼓励产业化发展的政策，建筑产业现代化实践在各地纷纷开展，发展态势良好，但也存在一些突出问题，严重制约了建筑产业现代化的健康快速发展：

（1）顶层设计存在缺失，建设产业现代化涵盖了规划设计、建造施工、验收运营等从生产到使用全过程，涉及多部门，单个部门只负责其中部分环节，容易出现权责不明、沟通协作困难等情况。

（2）政策扶持尚待落实，多数企业积极性不足，特别是在现有条件下，装配式建设方式比传统建设方式要增加不少投入，在没有利好政策的引导和激励下，建设单位的意愿度很低。

（3）技术标准体系不健全，建设产业现代化使建设思路和设计方式都发生了很大的变化，相关的规范、标准及制度还不健全，不利于其发展趋势。

（4）技术和人才的储备不足，我国建设产业化还缺少相当多的成熟技术人员，一般施工员需要两年左右的学习和实践才能真正掌握和运用新工艺，一些关键技术和设备仍然是从国外引进，在国内有水土不服现象，因而在技术层面也面临着急需攻克的困境。

因此，应以“政府主导、市场配置资源、企业主体”三位一体的发展思路，推行住宅产业化发展：

（1）将产业现代化上升到国家战略，从上层着手，建立协调机制，加强宏观指导和协调工作。

（2）完善并落实土地、金融、财税等扶持政策，将预制装配率、精装修面积比例等内容列入土地交易条件，对积极开发和消费的开发者、使用者优先给予财政支持。

（3）健全建设标准体系，从设计规程、部品生产、施工工法、验收等方面开展标准制定和修编，同时完善工程造价和定额体系。

（4）加快技术创新和人才培养，通过建设广泛平台与国外优秀机构展开交流、合作与借鉴，开展技术创新和管理创新。

（5）政府领头行动，在保障性住房中率先开展示范项目建设，作为推广建设产业现代化的突破口。

第 4 章

绿色建设政策体系

4.1 绿色建设的市场机制

推进岭南城市绿色建设体系实施，除了顶层设计的法律法规体系、管理体制和政策体系，还需要对政府和市场做更加准确的定位，挖掘自下而上的动力，充分发挥市场机制，调动各参与主体的积极性，要通过社会各个利益群体的互动，让地方、社会及各个利益相关方都参与进来，避免市场失灵和政府失灵，减少政府行为的盲目性，降低绿色建设的风险与成本。

4.1.1 建设工程设计总承包模式

1. 建设工程设计总承包模式的概念及优势

建设工程的设计总承包，一般又被称为“交钥匙承包”，是指建设工程任务的总承包，即发包人将建设工程的勘察、设计、施工等工程建设的全部任务一并发包给一个具备相应的总承包资质条件的承包人，由该承包人对工程建设的全过程向发包人负责，直至工程竣工，向发包人交付，经验收合格符合发包人要求的建设工程的发承包方式。

工程设计总承包是国内外建设活动中多有使用的发承包方式，它有利于充分发挥那些在工程建设方面具有较强的技术力量、丰富的经验和组织管理能力的大承包商的专业优势，综合协调工程建设中的各种关系，强化对工程建设的统一指挥和组织管理，保证工程质量和进度，提高投资效益。在建设工程的发承包中采用总承包方式，对那些缺乏工程建设方面的专门技术力量，难以对建设项目实施具体的组织管理的建设单位来说，更具有明显的优越性，也符合社会化大生产专业分工的要求。

2. 建设工程设计总承包模式在绿色建设发展中的重要作用

相比传统的承包模式，建设工程设计总承包模式在推动绿色建设发展方面具有重要的作用，具体包括以下三个方面：

（1）建设工程设计总承包模式强调和充分发挥“设计”在整个工程建设过程中的主导作用。对“设计”在整个工程建设过程中的主导作用的强调和发挥，有利于工程项目建设整体方案的不断优化，更有利于建设项目在“设计”源头就实现“绿色化”，为后续建设阶段的绿色化工作打下坚实的基础。

（2）建设工程设计总承包模式有效克服设计、采购、施工相互制约和相互脱节的矛盾，有利于设计、采购、施工各阶段工作的合理衔接，有效地实现建设项目的进度、成本和质量控制符合建设工程承包合同约定，如果对实施绿色建设的项目运用建设工程设计总承包的模式，就相当于在项目管理上从项目规划到项目运营的建设全过程打通了一条“绿色通道”，确保项目“绿色化”的有效实现。

（3）建设工程设计总承包模式中建设工程质量责任主体十分明确，有利于追究工程质量责任和确定工程质量责任的承担人。考虑到建设项目的绿色化需要多方协调才能顺利实现，这种责任一致的特点能够使项目的绿色功能更容易实现。

3. 建设工程设计总承包模式的法律依据

事实上，建设工程设计总承包模式目前在我国的推广已具备相应的法律及政策、规章依据。为加强与国际惯例接轨，克服传统的“设计—采购—施工”相分离承包模式，进一步推进项目总承包制，我国现行《中华人民共和国建筑法》在第二十四条规定：“提倡对建筑工程实行总承包，禁止将建筑工程肢解发包。建筑工程的发包单位可以将建筑工程的勘察、设计、施工、设备采购一并发包给一个工程总承包单位，也可以将建筑工程勘察、设计、施工、设备采购的一项或者多项发包给一个工程总承包单位；但是，不得将应当由一个承包单位完成的建筑工程肢解成若干部分发包给几个承包单位。”《中华人民共和国建筑法》的这一规定，在法律层面为建设项目设计总承包模式在我国建筑市场的推行，提供了具体的法律依据。

为进一步贯彻《中华人民共和国建筑法》第二十四条的相关规定，2003 年 2 月 13 日，建设部颁布了（建市〔2003〕30 号）《关于培育发展工程总承包和工程项目管理企业的指导意见》，在该规章中，建设部明确将建设工程设计总承包模式作为一种主要的工程总承包模式予以政策推广。

4.1.2　PPP 模式

建设项目要达到绿色化要求，无疑会增加建造成本，因此，绿色建设的发展需要大量的资金支持。如何调动民间资本的积极性，使其投身于全社会的绿色建设事业，是绿色建设能否迅速发展的关键。这就需要政府在创新的建设投融资模式上进行拓展和推广，引导庞大的社会资本注入绿色建设发展的事业中来。

1. PPP 模式的概念与优点

PPP（公私合作关系：Public-private Partnership）是时下建设投融资模式的热点所在。广义 PPP，即公私合作模式，是公共基础设施中的一种项目融资模式。在该模式下，鼓励私营企业、民营资本与政府进行合作，参与公共基础设施的建设。按照这个广义概念，PPP 是指政府公共部门与私营部门合作过程中，让非公共部门所掌握的资源参与提供公共产品和服务，从而实现合作各方达到比预期单独行动更为有利的结果。在 PPP 项目中，政府对项目中后期建设管理运营过程参与更深，企业对项目前期科研、立项等阶段参与更深。政府和企业都是全程参与，双方合作的时间更长，信息也更对称。

2. PPP 模式在绿色建设发展中的重要作用

第一，PPP 是一种新型的项目融资模式。项目 PPP 融资是以项目为主体的融资活动，是项目融资的一种实现形式，主要根据项目的预期收益、资产以及政府扶持措施的力度而不是项目投资人或发起人的资信来安排融资。项目经营的直接收益和通过政府扶持所转化的效益是偿还贷款的资金来源，项目公司的资产和政府给予的有限承诺是贷款的安全保障。这对于以政府主导的绿色基础设施建设项目而言，是十分合适的投融资模式，政府对绿色建设事业的支持态度将使这些基础设施建设项目顺利开展。

第二，PPP 融资模式可以使民营资本更多地参与到绿色建设项目中，以提高效率，降低风险。这也正是现行项目融资模式所欠缺的。政府的公共部门与民营企业以特许权协议为基础进行全程的合作，双方共同对项目运行的整个周期负责。PPP 方式的操作规则使民营企业参与到绿色建设项目的确认、设计和可行性研究等前期工作中来，这不仅降低了民营企业的投资风险，还能将民营企业在投资建设中更有效率的管理方法与技术引入项目中来，并且能有效地实现对项目建设与运行的控制，从而有利于降低项目建设投资的风险，较好地保障国家与民营企业各方的利益。这对缩短绿色建设项目建设周期，降低项目运作成本甚至资产负债率都有十分重要的现实意义。对于资金需求量十分巨大的绿色建设项目而言，这无疑是引入社会资本的最佳方式。

第三，PPP 模式可以在一定程度上保证民营资本“有利可图”。私营部门的投资目标是寻求既能够还贷又有投资回报的项目，无利可图的基础设施项目是吸引不到民营资本的投入的。而采取 PPP 模式，政府可以给予私人投资者相应的政策扶持作为补偿，从而很好地解决了这个问题，如税收优惠、贷款担保、给予民营企业沿线土地优先开发权等。通过实施这些政策可提高民营资本投资绿色建设项目的积极性。

第四，PPP 模式在减轻政府初期建设投资负担和风险的前提下，提高绿色建设项目的服务质量。在 PPP 模式下，公共部门和民营企业共同参与绿色建设项目的建设和运营，由民营企业负责项目融资，有可能增加项目的资金数量，进而降低较高的资产负债率，不但能节省政府的投资，还可以将项目的一部分风险转移给民营企业，从而减轻政府的风险。同时双方可以形成互利的长期目标，更好地为社会和公众提供绿色服务。

第五，PPP 模式还可以延伸到让社会资本承担运营，通过特许经营使得政府不需要再用财政资金来维持项目运营，从而减少地方债务和地方财政支出，更进一步培养出一批可以担当城市运营商的运营企业。

3. PP 的主要运作模式

从广义的层面讲，PPP 模式的应用范围很广，从简单的、短期（有或没有投资需求）管理合同到长期合同，包括资金、规划、建设、营运、维修和资产剥离。PPP 安排对需要高技能工人和大笔资金支出的大项目来说是有益的。它们对要求国家在法律上拥有服务大众的基础设施的国家来说很有用。公私合作关系资金模式是由在项目的不同阶段，对拥有和维持资产负债的合作伙伴所决定。PPP 广义范畴内的运作模式主要包括以下几种：

（1）建造、运营、移交（BOT）

私营部门的合作伙伴被授权在特定的时间内融资、设计、建造和运营基础设施组件

（和向用户收费），在期满后，转交给公共部门的合作伙伴。

（2）民间主动融资（PFI）

PFI 是对 BOT 项目融资的优化，指政府部门根据社会对基础设施的需求，提出需要建设的项目，通过招投标，由获得特许权的私营部门进行公共基础设施项目的建设与运营，并在特许期（通常为 30 年左右）结束时将所经营的项目完好地、无债务地归还政府，而私营部门则从政府部门或接受服务方收取费用以回收成本的项目融资方式。

（3）建造、拥有、运营、移交（BOOT）

私营部门为设施项目进行融资并负责建设、拥有和经营这些设施，待期限届满，民营机构将该设施及其所有权移交给政府方。

（4）建造、移交（BT）

民营机构与政府方签约，设立项目公司以阶段性业主身份负责某项基础设施的融资、建设，并在完工后即交付给政府。

（5）建设、移交、运营（BTO）

民营机构为设施融资并负责其建设，完工后即将设施所有权移交给政府方；随后政府方再授予其经营该设施的长期合同。

（6）重构、运营、移交（ROT）

民营机构负责既有设施的运营管理以及扩建 / 改建项目的资金筹措、建设及其运营管理，期满将全部设施无偿移交给政府部门。

（7）设计建造（DB）

在私营部门的合作伙伴设计和制造基础设施，以满足公共部门合作伙伴的规范，往往是固定价格。私营部门合作伙伴承担所有风险。

（8）设计、建造、融资及经营（DB-FO）

私营部门的合作伙伴设计，融资和构造一个新的基础设施组成部分，以长期租赁的形式，运行和维护它。当租约到期时，私营部门的合作伙伴将基础设施部件转交给公共部门的合作伙伴。

（9）建造、拥有、运营（BOO）

私营部门的合作伙伴融资、建立、拥有并永久的经营基础设施部件。公共部门合作伙伴的限制，在协议上已声明，并持续的监管。

（10）购买、建造及营运（BBO）

一段时间内，公有资产在法律上转移给私营部门的合作伙伴。

（11）只投资

私营部门的合作伙伴，通常是一个金融服务公司，投资建立基础设施，并向公共部门收取使用这些资金的利息。

4.1.3 新型城镇化绿色建设发展基金

近年来，很多地方政府相关主管部门已经意识到投融资模式在推动绿色建设发展问题上的重要性，例如广东省正在筹备设立的“广东新型城镇化绿色建设发展基金”就是广东省政府为发展绿色建设事业在项目投融资模式上的一种创新。

“广东新型城镇化绿色建设发展基金”的宗旨是为绿色建设相关项目和产业提供资金支持；为绿色基础设施建设、偏远地区绿色建筑项目、既有建筑节能改造、绿色建造以及绿色建设新技术、新产品等提供资金扶持；促进绿色建设相关单位和企业的交流合作；促进建筑产业绿色化发展；促进绿色建设产业规模化发展和产业链条整合；促进集约、智能、绿色、低碳的新型城镇化发展和低碳生态城市建设示范省建设。

“广东新型城镇化绿色建设发展基金”在设立初期，由省财政出资 20 亿元，同时由投资开发、施工、科研、规划设计、建材、银行等建设行业的领军企业共同出资发起，基金初期总规模约为 50 亿 ~ 80 亿元。基金成立后，逐步引入其他各种渠道的投资人，并通过其他社会化融资，使资金总规模最终达到 200 亿 ~ 300 亿元。

“广东新型城镇化绿色建设发展基金”的成立，将为广东省的绿色建设发展注入强大的资金动力，为 PPP 等创新投融资模式在绿色建设项目上的实践提供现实的资金基础，有力推动广东省绿色建设事业的发展。

4.1.4 广东绿色产业股权交易平台建设

股权交易平台建设是繁荣相关产业金融市场的重要手段，据悉，“广东金融高新区股权交易中心”已正式投入运营，该交易中心通过“省市共建、券商主导、市场化运作”，主要为企业提供注册和挂牌两大类服务。其中注册服务包括企业展示和股份改造，挂牌服务包括登记托管、转让结算、定向增资和股权质押。该中心提供的产品板块体系中，以股权交易为核心，并设立债券、资产证券化、理财产品、小额贷产品、金融资产和 PE 二级市场，目的是搭建起庞大的投融资平台，打造省级股权、债权融资平台。

为了推动绿色建设事业的发展，繁荣绿色建设产业金融市场和规模，大范围普及绿色建设理念，可以考虑在“广东金融高新区股权交易中心”设立一个专门的绿色建设产业股权交易版块，用于绿色建设产业的投资股权转让，让社会资本参与到绿色建设产业的股权交易中来，这样既可以让“绿色建设发展基金”有一种稳定的资金退出方式，又可以撬动社会资本投入绿色建设产业的发展。

4.1.5 绿色元素配额交易制度

众所周知，碳排放权交易制度已经在我国建立并运作起来，目前已有北京、上海、天津、重庆、湖北、广东和深圳等七省市开展碳交易试点工作。在碳交易平台的运作下，碳排放权这个只具备社会效益的事物拥有了特殊的价值，并可以在这个平台中交易和转换，将社会效益转化为实际的经济效益，这样就为全社会的节能减排带来了内在动力，同时也使得参与其中，并且减排效果明显的企业和相关技术服务单位获得实质的经济效益。

实际上，碳排放量的控制只是绿色建设产业带来的其中一种效益，除此以外，绿色建设产业的发展还能带来其他重要的社会效益。例如对于绿色建筑而言，有 5 个重要的绿色元素，即节水、节地、节材、节能、环境保护，如果能够参照碳交易平台的建设模式，建立相应的“绿色元素”交易平台，将这些具有明显社会效益的元素价值化，就可以使参与主体获得实际的经济效益，这将极大促进绿色建设产业的市场化运作，从而将大量的社会资本吸引到绿色建设产业中来，为基金带来无限的发展空间。

尽管目前在上述几个大城市已经搭建起碳交易平台，并且在深圳已经率先启动了交易，但平台的运营远未到达普及的程度，无法形成群体效应。为了实现绿色建设产业的规模化发展，碳交易平台的深化建设只是其中的一环，应该以深圳等地的成功经验为借鉴，在全省范围内搭建规模更大的绿色元素交易平台，使绿色元素交易规模化、普及化，促使社会主体自觉地对各自产业进行绿色化，从而推动整个绿色建设产业的发展。

4.1.6　打造现代建设产业集群

当前，经济发展方式已步入绿色、低碳、环保的新常态，建筑业作为国民经济的重要支柱产业，传统发展路径弊端已经显现，标准化程度低、科技含量不高、劳动效率偏低、资源能源消耗过大、环境污染严重等问题成为制约建筑业发展的瓶颈。

建筑产业现代化是以标准化设计、工厂化生产、装配化施工、信息化管理为特征的现代建造方式。推进建筑产业现代化是一项提升建筑科技含量和生产效率，提高工程质量安全水平，减少环境污染，降低资源能源消耗的系统性、革命性工作，对积极适应经济社会发展新常态，全面深化改革，转变建筑业发展方式，破解建筑业发展难题，培育岭南城市新的经济增长点，具有十分重要的意义。

1. 现代建设产业集群发展目标

以广东省为例，鉴于建筑产业现代化的重要性，2015 年广东省人民政府出台了《广东省人民政府关于加快推进建筑产业现代化的意见》。意见明确了加快推进建筑产业现代化的总体要求、发展目标、重点任务、扶持政策和保障措施等。

（1）总体要求

主动适应经济发展新常态，以全面提高建筑产品质量和效益为中心，践行绿色发展理念，突出创新驱动，狠抓改革攻坚，培育经济社会发展新的经济增长点。通过改革管理体制、创新运行机制、推进技术革新、落实重点任务、实施政策扶持，突破发展瓶颈，转变发展方式，实现建筑业跨越性发展。

（2）总体发展目标

用10年时间，显著提高建筑企业在高新技术企业中的比例、建筑业总产值在高新技术产业产值中的比例，以及建筑业增加值在高新技术产业增加值中的比例。与传统建造方式相比，工程建设总体施工周期缩短1/2以上，劳动效率提高2倍，建筑废弃物排放量减少80%，施工扬尘量下降80%，建造过程碳排放量下降50%。全面实现建筑产业现代化。

打造现代建设产业集群既是建筑产业现代化发展的目标，也是实现建筑产业现代化的重要路径，还是打响广东绿色建设品牌的核心环节之一。《广东省人民政府关于加快推进建筑产业现代化的意见》的发展目标当中，也包含了对现代建设产业集群的具体目标。包括：

1）近期示范目标（2015—2017年）

——建立“互联网＋建筑业”协同推进公共服务平台，形成集技术研发、构件生产、建筑设备、装配施工、绿色建材、装饰装修、家电家具、物流配送、运营维护一体的全新建筑产业链。

2）中期推广目标（2018—2020年）

——培育一批具有中国制造品牌的部品部件生产企业及装配施工现代化企业。

3）远期普及目标（2021—2025年）

——形成3个年产值超千亿元、具有国际核心竞争力的现代建筑产业集群，带动建筑产业外向型经济发展。

2. 打造现代建设产业集群的整体构想

产业集群是指集中于一定区域内特定产业的众多具有分工合作关系的不同规模等级的企业与其发展有关的各种机构、组织等行为主体，通过纵横交错的网络关系紧密联系在一起的空间积聚体，代表着介于市场和等级制之间的一种新的空间经济组织形式。

作为重要的现代产业发展方向，岭南城市现代建设产业集群打造成为全覆盖、全产业链、全生命期的创新型产业集群，使得绿色建设相关联企业、研发和服务机构在区域聚集，通过分工合作和协同创新，形成具有跨行业跨区域带动作用和国际竞争力的产业组织形态。

（1）现代建设产业集群要覆盖全领域、全过程

以广东省为例，现代建设产业集群以珠三角地区为核心，以泛珠三角地区为空间范围的庞大的、系统的产业集群，该集群应既要覆盖绿色建设所需要的全产业领域，包括建筑工业化、绿色建材（陶瓷、石材、型材、五金等）、智能家居、家具家私、水暖卫浴等，也要覆盖绿色建设的全过程，包括规划、设计、建造、运营、改造等。

在整个大产业集群下，有数十个在空间上高度集中的子产业集群，其中以新兴的建筑工业化、绿色建材、智能家居等产业集群为核心，引进龙头的创新型企业和总承包企业，并带动研发、设计、集成、总装、服务等知识或技术含量较高的产业的汇集。绿色建材

（陶瓷、石材、型材、五金等）、家具家私、水暖卫浴等传统生产、制造产业集群则作为全覆盖的配套，相对分散地分布在泛珠三角地区。

（2）现代建设产业集群要建立全产业链

现代建设产业集群要构建一个完整的产业生态，要建立贯穿于产业上下游的全产业链，例如智能家居产业集群，就由上游的研发设计企业、集成施工企业、销售企业等，还得有下游的制造企业、原材料供应企业等。

（3）现代建设产业集群要贯穿全生命周期

现代建设产业集群要服务于新建建筑，也要服务于大量的既有建筑，要形成鉴定、维修、改造、运营管理方面的产业集群配套，使得产业集群贯穿建筑的全生命期。

3. 打造现代建设产业集群的重要工作任务

打造现代建设产业集群是一个系统工程，重要的工作任务包括：

（1）建设建筑产业现代化基地（园区），构建现代化生产体系。

积极推进建筑产业现代化基地（园区）建设，优化生产力布局，整合各类生产要素，引进龙头的创新型企业和总承包企业，并带动研发、设计、集成、总装、服务等知识或技术含量较高的产业的汇集，形成规模化建筑产业链，实现建筑产业集聚集约发展。在建筑标准化基础上，实现建筑构配件、制品和设备的工业化大生产，推动建筑产业生产、经营方式走上专业化、规模化道路，形成符合建筑产业现代化要求的设计、生产、物流、施工、安装和建设管理体系。重点扶持一批规模合理、创新能力强、机械化和装配化水平高的部品构件生产和建筑施工企业，培育建筑产业现代化产业集团。整合产业链条，鼓励开发、设计、部品构件生产、施工、装饰、物流等企业和科研单位组成产业化联盟，实现建筑产业配套服务集约化。

（2）引导和支持传统建筑产业朝绿色建设方向发展，促进企业转型升级。

通过发挥市场主体作用，引导传统开发、设计、施工、建材、机械装备、装饰装修、技术服务等行业企业适应现代化大工业生产方式要求，加快转型升级。发挥开发、设计、施工企业的集成和引领作用，发展一批利用建筑产业现代化方式开发建设的骨干企业，培育一批熟练掌握建筑产业现代化核心技术的设计企业，形成一批设计施工一体化、结构装修一体化以及预制装配式施工的工程总承包企业。鼓励大型预拌混凝土、预拌砂浆生产企业、传统建材企业向预制构件和住宅部品部件生产企业转型。引导陶瓷、石材、型材、五金等企业要逐渐适应和满足装配化建筑和绿色化施工的要求，支持橱柜、水暖卫浴、家具、家电等企业朝整体化、智能化方向发展。

（3）打造创新组织网络体系，加强技术攻关。

扶持相关企业申请筹建院士工作站、博士后工作站、协作创新平台、校企联合实验室、省级重点实验室等科研平台，开展建筑产业现代化相关的研究。重点支持与建筑产业现代化相适应的政策体系、设计关键技术、配套产品开发、施工关键技术研究、质量检测与控制技术研究。重点开展城市综合管廊施工、建筑废弃物处理、余泥渣土处理、施工中水回收研究。推广应用预制内外墙板、预制楼梯、叠合楼板、预制窗台板、整体厨卫、集成房屋、建筑幕墙、智能家居、建筑设备等成熟技术与产品，以及一体化装修、建筑废弃物资源化利用等适合亚热带气候条件的先进适用技术，促进建筑产品质量及建筑产业化水平的提升。

（4）提高信息化应用水平，实现信息融合。

明确建筑业统计边界，完善全省建筑业统计指标体系，应用大数据分析手段，对行业发展政策进行智慧决策。制定实施“互联网＋建筑业”行动计划，加快推广信息技术领域最新成果。加快推广信息技术领域最新成果，鼓励企业加大建筑信息模型（BIM）技术、智能化技术、虚拟仿真技术、信息系统等信息技术的研发、应用和推广力度，实现设计数字化、生产自动化、管理网络化、运营智能化、商务电子化、服务定制化及全流程集成创新，全面提高建筑行业企业运营效率和管理能力。

（5）实施“一带一路”发展战略。

实施“一带一路”发展战略，充分发挥岭南省市改革发展先行地及桥头堡的优势，有效利用“粤港澳经济圈”的区域优势、建筑构配件产能优势，以及装饰装修、家具、家电、厨房、卫浴、绿色建材、智能家居等产业优势，开拓港澳地区及海外（俄罗斯、中亚、东南亚）建筑市场，积极参与“一带一路”沿线国家和地区基础设施建设，并配套带动家具、厨卫、智能家居等产品的成套出口，同时，努力推动新兴产业合作，按照优势互补、互利共赢的原则，促进岭南地区省市在整体建造、城市绿色运营等新兴产业的发展，为建设“一带一路”做出贡献，实现建筑产业外向型经济发展新跨越，带动相关产业的大发展。

（6）培育城市绿色运营商。

随着我国城镇化进程的高速推进，城市人口增多，规模扩大，城市人口居住、生活、就学、就业等刚性需求大量增加，给城市基础设施、城市功能多元化带来了巨大的压力，“大城市病”开始显现。就业困难、交通拥堵、环境污染、水资源紧缺、房价飙升、空气质量下降等越来越成为建设和谐社会的不和谐因素，影响了城市化的正常发展。如何在提高城镇化水平、推动经济社会快速发展的同时，规避城市病，解决城市建设资金不足、政府提供的社会公共服务不能满足城市居民的需求等问题，已经成为横亘在我国城市发展面前的一道难题。在探索和实践的过程中，“城市运营”理念应运而生。

城市运营，就是指政府和企业合作，在充分认识城市资源基础上，运用政策、市场和法律的手段对城市的自然资源、基础建设、人文资源等进行整合优化和市场运营，实现城市资源的合理配置和高效利用，从而使城市发展最大化。通过城市运营，把城市的自然资源和人文资源有效地推向市场，使城市的综合竞争力得到提高，增加城市财富，提升城市居民生活质量和幸福感，这是城市运营问题的关键，也是城市运营的终极目的。

实施城市运营，能够获得明显的经济效益、社会效益和环境效益。①经济效益：通过城市运营，城市的自然资源得到有效合理的开发，实现城市自然资源的增殖，调整现有经济结构和产业结构，扩大内需，推动城市经济的发展，增强城市的市场竞争力。②社会效益：城市资源开发运营的成败取决于城市社会效益和公共效益的最大化，通过城市资源的优化整合、开发运营，解决城市不同群体的民生问题（例如就业难、看病难、上学难、住房难、养老难等问题），使城市广大市民能共享城市运营的成果。既为社会创造更多更好的物质精神财富，又为市民提供更多更好的物质精神享受。③环境效益：通过城市运营，合理开发城市的自然和人文资源，走可持续发展之路，能够杜绝高能耗、高污染、高投入的城市发展方式，克服常建常毁、常拆常建的恶习流弊，全面减少和降低城市发展的战略性资源损耗，实现经济社会资源和环境保护的协调发展。同时，城市运营重视文化的传承与创新，在传承中创新城市价值和理念，使子孙后代能够很好地长期续享城市自然和人文资源积淀的发展空间。

然而，政府在城市的运营和管理中常常会出现以下问题：需要引进企业，但基础设施达不到企业的要求；要搞基础设施建设，但资金又无从筹措；在建设中难以按照市场经济规律运作，造成建设成本增加、建设速度缓慢等。因此，在政府与城市运营之间，还需要一座桥梁，使两者的连接更为畅顺，解决上述问题。这座桥梁，便是城市运营商。

城市运营商，是指那些围绕城市的总体发展目标和发展规划，充分运用市场化的机制和手段，通过发挥企业产业优势、资源优势和管理能力，结合城市发展的特殊机遇，在满足城市居民需求的同时，使自己的开发项目能够成为城市发展建设的有机组成部分，并承担后期建设工程运营的开发商。它的出现，解决了政府和市场两方面的问题。既以经济利益为导向，又注意兼顾长远的社会效益，以此带动城市和区域经济的发展。此时政府只需在建设过程中发挥监管的作用，从而能够确保城市建设的良性运作。城市运营商可以分为多种类型，例如基础设施型的城市运营商；居住建设型的城市运营商；资源整合型的城市运营商（如新城区、城镇开发商，提前进入规划，参与规划，协助政府搞好规划）；城市营销型的城市运营商（如参与经营奥运会的开发商）等。

城市运营商是政府与市场之间必不可少的环节。城市运营商要承政府之责，启发展商之职，与政府一起对所在区域统一规划与布局，进行各种投资、经营，用全新的商业模式去打造一个新的区域和城市。城市运营商不是一个开发运营商，而是由政府和社会各个管理层面的多个运营商组成的，从城市规划、城市建设，到项目运营管理、文化渗透等，都直接影响城市管理的整体格局。

城市运营商的特点主要有以下几个方面：

第一，城市运营商对城市化和城市发展具有前瞻力。在开发的战略上，顺应经济社会发展规律，了解政府城市化发展政策，在城市化发展的布局中寻找自己的发展空间。

第二，城市运营商具有强力的社会责任感。在开发目标上，开发商实现了由企业利益目标到与社会公益目标相结合的转变；传统开发商的开发本位主要是追求企业的利益，以实现自我利益最大化为主要目的，而城市运营商被放在城市发展战略和城市总体规划的大格局下，不仅要以市场化的操作手法实现自我利益最大化，更要在城市总体发展规划和可持续发展的前提下从社会整体利益出发，体现企业的社会价值。

第三，城市运营商是城市综合功能的提供者。在开发定位上，实现由单一项目的市场定位到城市区域功能选择定位的转变。他们所从事的经营活动已经从常规的地产向城市层面延伸，将地产开发与产业结构、城市发展和城市经济紧密结合。城市运营商意味着更强的统筹意识、更重的社会责任、更远的战略眼光。同样是做项目，城市运营商的眼光肯定越出地块红线，协助政府实现城市综合功能的提升。

第四，城市运营商是各种资源的整合者。由居住空间的提供者到城市公共生活空间的提供者，进而发展到对城市进行产业的植入。带动城市经济的发展和城市居民的就业。以往的房地产商是建好房子得到利润就结束开发，后来发展到不仅盖好房子，还提供生活配套措施，而城市运营商在进行商品方开发和相关生活设施提供的基础上，对城市植入相关的产业。

第五，城市运营商与政府保持良好的合作关系。城市运营商和政府之间不是利用被利用的关系，应该是合作关系，要从短期行为变成一种对城市负责的长期行为，而且是一个可持续发展的经营理念。政府的城市运营更加侧重于战略层面，是对城市发展定位，对城市整体规划、发展思路的确立；而城市运营目标的实现，政府对于城市运营的战略和思路要落到实处，需要通过更多操作层面的运营来完成。

通过发展绿色建设，运用 PPP 等商业模式，培育一批城市绿色运营商，从而整合城市资源，优化城市软硬件配套设施及服务，实现城镇化建设过程中生产方式、生活方式、价值取向的绿色化，促进城市产业机构调整和发展方式转变，打造具吸引力的城市建设投资环境。

4.2 绿色建设的政策保障

“绿色建设体系”作为一种全新的建设模式，其推广和发展必须首先依靠政府的行政手段，为此，必须建立推动绿色建设的政策保障体系。

4.2.1 “绿色建设”的重点行政工作

1. 建立绿色建设的分级强制实施制度

为尽快将“绿色建设”的理念在工程建设领域普及，响应“广泛浅绿”+“局部深绿”的复合发展战略，应尽快出台有关法规和政策，推广绿色建设的分级强制实施制度。规

定所有城、乡必须分阶段达到不同的“浅绿”，所有工程建设领域的项目必须按照“浅绿”指标要求实施建设与运营，实现“广泛浅绿”，同时，建立“浅绿”的分步实施时间表，在不同阶段执行不同的绿色化水平，逐步向更绿推进；规定先行区、高新技术开发区等特殊区域内的工程建设项目必须按照“中绿”指标要求实施建设与运营；鼓励绿色建设的示范区、示范工程按照“深绿”指标要求实施建设与运营，建立绿色建设标识制度，鼓励有条件的工程项目实现深度绿色化。

根据省建设厅各部门的管理职能，本项行政工作可由法规处、建筑市场监管处、科技信息处、城市建设处等处室共同合作完成。

2. 建立工程项目绿色运营评估制度

为了填补岭南城市的绿色建设在项目运营阶段的巨大空白，必须尽快建立工程项目的绿色运营评估制度，类似车辆的年审制度，规定工程项目必须进行定期的绿色运营评估。衡量一个工程项目是否符合绿色建设的要求，不应只对项目所使用的绿色技术，绿色设备进行列表式的审查或要求，而更应该以项目对自然环境、资源消耗、人居环境的实际影响为标准对其绿色化程度作出评判。因此，对项目的绿色运营评估应以一系列量化的控制指标作为评审依据，使项目的运营真正做到节约能源，保护环境、宜居宜业。同时，在法律法规上要明确项目业主必须作为项目运营的管理责任人，落实所有绿色运营措施及评估工作，并为评估制度带来的奖惩处理承担具体责任。

根据省建设厅各部门的管理职能，本项行政工作可由法规处、科技信息处、建筑市场监管处、工程质量安全监管处等处室共同合作完成。

3. 建立工程项目能耗、水耗限额制度

工程项目的能耗包括电耗、水耗、气耗、油耗等多种能源形式的消耗，在工程项目的节能降耗方面，以往偏重于节能技术、节能设备的简单堆砌，一个最明显的例子是各种建筑节能设计标准中的各种条文都只规定了节能建筑需要达到的技术要求，而对建筑的实际能耗只字不提，这造成了理想设计与现实工况的脱节。事实证明，一味追求节能技术、节能设备的运用并不能有效实现社会建筑能耗的降低。因此，从节能降耗的实际效果考虑，应该将行政监管的重点从技术要求转向总量控制要求，建立相应的能耗限额制度，包括电耗限额、水耗限额等，从能源消耗总量上对工程项目作出限制，这便能从实际效果上真正实现节能降耗。而且效果可以立竿见影。

同时，能耗限额制度的建立，还能够促使高能耗的既有工程项目主动实施节能改造，使原本“不绿色”的项目向“绿色化”转变，使绿色建设不仅仅局限于对新建项目的要求，真正在全社会的建设领域普及绿色建设的理念。

根据广东省建设厅各部门的管理职能，本项行政工作可由科技信息处负责完成。

4. 其他重点行政工作

除了上述几项绿色建设的重点行政工作外，还可以着重针对以下几个重要领域加强行政立法或管理工作。

（1）打造绿色建设产业现代化集群

绿色建设产业现代化集群的建立能够有效支撑绿色建设事业，是绿色建设产业规模化发展的客观要求。政府应加大绿色建设产业现代化集群的支持，例如在城市规划中分配土地用于产业园建设，给予产业集群中的企业各种经济优惠政策，主动号召行业中具影响力的企业加盟进驻，形成产业集群的品牌效应，促进绿色建设产业集群建设的蓬勃发展。

（2）促进“海绵城市”和“综合市政管廊”的建设工作

海绵城市和综合市政管廊是绿色建设的重要载体，从国家近期的政策可以看出，海绵城市和综合市政管廊的建设将会成为城市建设的重点工作之一，能够获取大量的国家财政支持。海绵城市和综合市政管廊的建设能够实现部分市政基础设施的绿色化，有助于推动绿色建设事业的发展。

（3）加强绿色建材与设备产品的推广

绿色建材与绿色设备是发展绿色建设的重要支撑，目前，绿色建材与产品的推广仍然存在不少问题，例如价格普遍偏高、缺乏政策引导与支持、性能优势短期内难以显现，市场积极性不高等。为了推广绿色建材与设备产品，政府可以建立相应的推广目录，增加社会宣传，引导市场主动采用绿色建材和设备，同时给予绿色建材产品或设备的开发方、经营方、使用方一定的经济支持，例如减免税收等优惠政策，大力推动绿色建材和设备产品的发展。

4.2.2 推进“绿色建设”的具体行政措施

1. 完善发展绿色建设的法律法规体系

为了提高推行绿色建设工作的法律地位，应尽快建立和完善发展绿色建设的法律法规体系。党的“十八”大以来，生态文明建设工作被正式提上日程，很多岭南地区的省市陆续发布了与绿色建设相关的一些法律法规，以广东省为例，先后发布了《广东省民用建筑节能条例》《广东省绿道建设管理规定》《广东省碳排放管理试行办法》等，但并未有针对绿色建设的专项法律法规出台，可以说，岭南地区的省市在与绿色建设相关的法律法规建立工作方面仍然相对薄弱。为了弥补这一缺口，一方面，可以对现有的相关法律法规进行修订，在其中增加鼓励绿色建筑发展的相关政策内容。另一方面，为了细化推行绿色建设工作的具体办法和政策措施，可以现有相关法规为基本依据，制订绿色建设专项法规或管理办法，例如可以制订地方性的“推进绿色建设发展实施细则”“推进绿色建设发展激励办法”“绿色建设评价管理办法”“绿色建设发展考核管理办法”“绿色建设专项资金管理办法”等。

另外，对于城市绿色运营，目前尚存大量空白，应加强相关法律法规的建设，明确

运营管理部门和职责，明确运营商的责任，利用法律和行政手段推进城市绿色运营，从而培育一批优秀的城市绿色运营商，对城市各类资源进行优化整合和市场运营，实现城市资源增值和城市发展最大化，让城市、乡村的建设工程实现运营中的绿色指标。例如对于城市地下综合管廊的建设，可以通过行政立法统一管廊路径，实现管廊利用效率的最大化，同时交由具备条件的城市绿色运营商进行建设和运营，在市场实际运作和实践中培育城市绿色运营商发展壮大，从而更好地为城市的绿色运营作出贡献。

2. 推进“多规融合”改革，坚持“一张蓝图干到底”

一是规划理念与思想的变革；二是规划方法与内容的变革；三是规划体制的变革，规划体制的变革实际上会影响规划思想、规划方法的变革。

推进“多规融合”改革，坚持“一张蓝图干到底”。“多规融合”是在“三规合一”基础上，通过多部门沟通协调，实现同一城市空间实体的多专业规划协调统一；在此基础上，逐步打破部门条块分割和局限，最终实现“一张蓝图”干到底。积极探索在保障各类法定规划协同工作的基础上，加快实现环保、文化、教育、体育、卫生、绿化、交通、市政、水利、环卫等专业规划的“多规融合”的途径，逐步打破部门条块分割和局限，最终实现“一张蓝图”干到底。

“多规合一”“智慧规划”。结合智慧城市的建设，实现更透彻的规划实施效果评估、更广泛的信息共享与互联互通和更深入的分析与决策支持。通过对接行政审批信息、城市综合管理、互联网规划信息挖掘、物联网感知城市信息采集、移动电信人口流动信息收集等方式，丰富规划信息数据库，利用大数据技术科学规划、高效决策、规范管理。

通过构建空间规划体系，整合各类规划，实现与国家、省、市县各层级政府事权相适应的一级政府、一个规划，一张蓝图。一是完善规划决策机制。要通过完善规划委员会、公众参与、人大决策等制度设计来保障规划决策的科学性，制衡行政权力。二是完善监督机制。要强化公众监督、上级和同级人大监督与问责制度、规划监督与评估制度等，通过可持续发展的一系列刚性指标考核监督规划决策实施不变形、不走样。

城乡规划一经批准，必须严格执行，确保城乡规划的连续性和严肃性。因国家和省重大项目建设确需修改城市、镇总体规划的，或市、县重大建设项目确需调整控制性详细规划的，规划编制机关要对原规划的实施情况进行总结和评估，并向原审批机关提交总结报告，对拟修改和调整的内容作出说明，经原审批机关同意后，方可进行规划修改工作。修改涉及规划强制性内容的，要报原审批机关同意后，再编制具体修改方案。城市总体规划应充分综合考虑生态环境、经济发展、产业布局、人口结构、居住环境、人文发展等，充分论证，区域协调，与全省、甚至全国协调。要以人为本，推进以人为核心的城镇化，提高城镇人口素质和居民生活质量，把促进有能力在城镇稳定就业和生活的常住人口有序实现市民化作为首要任务。要优化布局，根据资源环境承载能力构建科学合理的城镇化宏观布局，把城市群作为主体形态，促进大中小城市和小城镇合理分工、功能互补、协同发展。要坚持生态文明，着力推进绿色发展、循环发展、低碳发展，尽可能减少对自然的干扰和损害，节约集约利用土地、水、能源等资源。要传承文化，发展有历史记忆、地域特色、民族特点的美丽城乡。

城市区域规划应符合城市总体规划，充分论证，长远规划。对于具体建设区域、建设项目，应该满足区域规划对项目的指标要求，针对项目建设目标进行规划，充分考虑对生态环境的影响、对自然资源的消耗、项目的人居环境营造。

3. 建立绿色建设的行政监管体系

为了推动绿色建设的发展，应完善与绿色建设相关的行政监管体系，主要包括三个层面：①完善由省政府领导、省级各有关厅局组成的行政监管体系；②完善市、区（县）两级政府组成的行政监管体系；③完善省住房和城乡建设厅各职能部门组成的行政监管体系。通过完善上述三个层面的行政监管体系，把对发展绿色建设相关的行政监管贯穿于建设项目的规划、立项、审批、设计、施工、监理、竣工验收与备案、销售、运行管理等全寿命期，建立相互衔接的绿色建设行政监管体系。

在上述行政监管体系中，要求实现对建设项目全寿命期的全程监控，具体包括：

（1）城市规划管理部门在规划审查中增加对绿色建设指标的规划审查，根据城乡总体规划和区域规划的要求和项目的绿色建设要求，对达不到绿色建设要求的项目，根据绿色建设工作的推进程度，确定是否通过审批。

（2）发展改革部门在新建项目立项审查中增加有关绿色建设标准的审查内容，对达不到绿色建设标准的项目，根据绿色建设工作的推进程度，确定是否通过审批、核准和备案。

（3）国土管理部门要加强对土地出让环节的监管，规定建设项目必须符合绿色建设规划许可条件和达到本地的绿色工程建设标准要求，对按照高标准实施绿色建设的项目予以优先考虑。

（4）施工图设计审查机构要在施工图设计审查中增加绿色建设的设计专项审查内容，未通过审查的项目，根据绿色建设工作的推进程度，确定是否颁发施工图审查合格证书。

（5）建设主管部门应将绿色建设项目前期审查结果纳入颁发施工许可证的条件之一，同时应建立绿色施工许可制度，对项目前期审查手续不全或不满足绿色建造要求的项目，根据绿色建设工作的推进程度，确定是否颁发施工许可证。

（6）建设主管部门应加强对绿色建设项目的施工监管和竣工验收监管，建立绿色建设项目竣工验收与备案制度，根据绿色建设工作的推进程度，确定绿色建设项目的验收标准。

（7）建设主管部门应加强对绿色建筑项目的运营评价与监管，建立绿色运营标识制度。对符合绿色建设要求的项目，在竣工后一定时间，由具有相应资质的机构进行绿色运营评价，建设行政主管部门依据评价结果确定项目的绿色运营标识等级，并进行备案。

（8）相关主管部门应加强工程项目的运营监管，对结构安全、构件安全、能源消耗、水资源消耗、环境污染、人居环境改善等方面加强监管，建立考核评价和奖惩制度。

4. 建立绿色建设的行政考核体系

为了让推动绿色建设发展的具体工作落到实处，应该建立绿色建设工作的目标责任制和考核评价制度，力求建立“可量化、可监测、可考核”的绿色建设发展指标体系，从而建立起绿色建设工作的责任目标考核制度。因此，应首先建立在一定时期内绿色建设的发展目标，并把绿色建设的发展目标纳入城市建设目标的总体规划中，将目标与任务分解到各地市政府，由省政府与各地市政府签订绿色建设发展目标责任书，明确绿色建设发展目标与任务的相关内容，建立绿色建设工作的责任目标体系，将绿色建设发展的量化指标纳入各地市政府行政工作的目标责任考核体系，成为各地市政府及其负责人业绩考核的重要内容，落实发展绿色建设的目标责任制。

5. 建立绿色建设组织保障体系

发展绿色建设需要强有力的组织保障和管理能力保障，尤其是在绿色建设发展的初期阶段，不仅要发挥市场对资源配置的基础性作用，更需要政府的合理、恰当地协调配合和科学管理。各行政部门主管着绿色建设发展工作的不同方面，如发展改革委员会主管绿色建设项目的审批、投资方面工作；国土资源厅主管绿色建设项目的土地审批工作；住建厅主管绿色建设项目的规划设计、施工、验收和运行管理等方面的工作。因此，绿色建设的发展不仅涉及建设主管部门，还需要发改、财政、经信、科技、国土、规划、交通、环保、水利、税务、质监、工商、通信、城管等部门密切配合，共同推进。应加强各相关行政主管部门在绿色建设发展方面的组织机构和管理能力建设。有条件的地区可建立联席会议制度，通过“多部门合作、多环节配套”形成合力，从而协调绿色建设各项工作的稳步开展。

6. 建立工程建设全过程的绿色化制度

（1）规划、立项、设计阶段

在工程建设项目的规划与立项阶段，加入绿色建设的要求，充分考虑生态环境保护因素，严格控制跨越生态红线的规划行为，在工程规划中，应对项目对自然环境的侵蚀和损害程度作出评估，同时，应充分考虑自然生态环境恢复方面的规划设计。在资源能源消耗方面提出量化控制的要求，在人居环境方面也提出适宜的指标要求。

在工程建设项目的设计阶段，应因地制宜选择合适的绿色建设技术，使建设项目在满足人类健康需求及基本功能要求的前提下，达到“宜居”标准，且符合节约资源能源的强制性标准和立项时承诺的合同约定要求。同时，项目的设计方案应充分配合后续的绿色施工要求，实现项目设计的绿色化。

（2）施工阶段

施工阶段是项目建设过程中与自然界最“贴近”的阶段，会对生态环境产生直接的影响。尽管国家已出台《建筑工程绿色施工评价标准》GB/T 50640—2010，但这仅仅停留在技术标准的层面上，要真正推广绿色施工，必须有相应的政策制度使这些技术标准真正落地，而且，在其他建设项目方面还缺乏标准。参考上述绿色建设项目的分层次强制性管理措施，绿色施工也可进行分级管理，即按高、中、低三个层次对工程施工的“绿色化”程度进行划分，“绿色化”程度为“低”对应全省范围在绿色施工方面的强制性执行标准；“绿色化”程度为“中”对应在特殊区域（如高新开发区，经济特区等）执行的绿色施工标准；“绿色化”程度为“高”对应绿色施工示范工程的执行标准。实现建设工程绿色施工的分级实施，分级管理，各级绿色施工分别配套相应的管理办法。在此政策体系下，将实现全省范围内工程建设施工的强制性“绿色化”，同时通过与《建筑工程绿色施工评价标准》GB/T 50640—2010 进行衔接，对“中绿”和“深绿”建立“绿色施工标识制度”，在不同级别的建设工程中实现绿色施工的全面推广。

（3）运营阶段

可以类似车辆的年审制度，规定工程项目进行定期的安全评估和绿色运营评估。出台建设工程运营维护标准，保证其发挥正常的功能和达到规划设计的效益；针对建设工程在运营阶段的绿色化，出台各种“总量控制”的行政措施，例如在能源节约方面，要加强能耗统计和能源审计的制度和标准体系建设，制定并实施用能限额、用水限额等超限额加价制度，建立建筑能效测评标识和建筑用能系统运行管理制度。在影响生态环境的碳排放方面，建立碳排放总量控制制度，控制工程实体的单位产出碳排放量。在人居环境方面，要求保证适宜的水平。

（4）绿色改造

对于不符合基本绿色要求、对公共安全有严重隐患和需要进行功能改造的项目，应该实行绿色化改造。明确必须进行绿色改造的条件，明确改造鉴定、论证程序，制定绿色改造的技术标准，制定一整套与绿色改造相关的管理制度。

7. 加强绿色建设的社会宣传和人才培养

“绿色建设”是一个全新的城市建设发展模式，在专业技术人才上将出现较大的缺口，为此，应充分利用岭南城市各高等院校、科研院所的科研、技术、人才优势，联合开展绿色建设有关的法律法规、管理制度、技术标准、设计施工技术、示范项目等方面的教育培训工作，定期举办绿色建设的高峰论坛和培训班，重点培训与绿色建设发展相关的各行政部门管理人员，以及建筑行业相关企业的从业人员，包括注册建筑师、结构师、建造师和监理工程师等，提高绿色建设管理和技术人员的专业素质。同时，可考虑建立绿色建设评价职业资格制度，将绿色建设的基本知识作为建筑行业的专业工程师继续教育培训、职业资格考试和相关企业资质申请的重要内容，鼓励绿色建设相关课程进入高等院校。通过加强教育培训，培养一批高素质的绿色建设管理、开发、设计、生产、施工等专业领域的技术人才。

同时，充分发挥媒体和行业协会作用，采取多种形式对绿色建设进行广泛的社会宣传，如报纸、电视、电台与网络等媒体，引导企业和广大群众树立良好的节能意识、正确的绿色建设和绿色消费观念，形成全民共同参与绿色建设的良好氛围。

4.2.3　推进“绿色建设”的激励政策

在绿色建设发展的初级阶段，十分需要政府出台相应的激励政策和措施给予支持。

1. 土地优惠

鼓励城市建设项目采用绿色建设方式开发建设，可在土地出让或划拨前，由国土部门会商有关部门，明确绿色建设的要求，并将其列入土地出让条件和土地出让合同，优先保障供地，并在相关政策范围内，可分期缴纳土地出让金。

2. 审批优势

相关部门在办理资质升级、延续、预售许可，以及工程建设立项、规划报建、环评等审批环节等相关手续时，对实施绿色建设的项目开辟绿色通道，给予优先办理。

3. 财政支持

可以考虑将发展绿色建设所需要的财政补贴纳入省级预算内投资和财政节能减排专项资金支持范围，加大对发展绿色建设工作的资金支持力度，对符合绿色建设相关规定的项目，给予资金补助或奖励。设立绿色建设发展专项资金，重点支持绿色建设示范工程项目的建设。将符合绿色建设要求的新技术、新产品、新设备、新材料的研发、生产和应用纳入到专项资金的使用范围。改进和完善针对绿色建设项目的金融服务，对符合绿色建设要求的工程项目，金融机构可在开发贷款利率、消费贷款利率等金融服务上给予适当优惠。

4. 税收优惠

对从事绿色建设相关的技术或产品的研发生产企业，优先认定为高新技术企业，其所收到的技术研发资金补助，符合税法规定的，可以按不征税收入处理；发生的研究开发费用，依照相关规定，可以在计算企业所得税应纳税所得额时加计扣除。对政府投资为主的新建、改扩建城市建设项目，应达到绿色建设的基本要求，其增量成本可纳入固定资产投资。

5. 其他优惠

优先支持绿色建设相关项目和成果，参与评选科技奖、绿色建筑奖、优良样板工程奖、新技术示范工程奖、优秀勘察设计奖等奖项。鼓励各地积极开展绿色建设示范工程建设，并给予资金、税收等扶持政策。

第 5 章

绿色建设实践

5.1 南沙区整体绿色建设规划

5.1.1 南沙区的基本情况

南沙新区位于广州市沙湾水道以南，珠江出海口虎门水道西岸，是西江、北江、东江入海交汇处，总面积约 803km^2。新区包括 3 个街道、6 个镇，分别为南沙街、珠江街、龙穴街、东涌镇、榄核镇、大岗镇、黄阁镇、横沥镇、万顷沙镇。

南沙新区属低纬地区，位于北回归线以南，为亚热带季风气候。常年气候温和，雨量充沛，日照丰富，年平均气温 21.9℃，平均年降雨量 1600 ~ 2000mm，降雨主要集中在 4 ~ 9 月。常年盛行两个主要风向，冬季盛行偏北风，夏季盛行偏南风；偏北风的频率较偏南风的频率大，风速相近。

南沙新区地貌表现为明显的河口冲积形态，区内水网密布，地势平坦，陆域海拔较低，平均高程在 2m 以下。河口沉积平原的属性造就了南沙新区大规模的自然生态湿地，南沙有全国首个湿地森林公园，3000 多亩湿地、400 多亩红树林、2 万多只秋冬季节的候鸟，自然湿地对河口水生态系统的运行起到至关重要的作用，南沙的生态湿地也被称为“广州之肾”。

5.1.2 城市总体规划

1. 城市发展总目标

广州南沙新区以深化粤港澳合作为主线，以高端、智慧、宜居为方向，以改革、创新、开放为动力，把广州南沙新区建设成为空间布局合理、生态环境优美、基础设施完善、公共服务优质、具有国际影响力的滨海新城区。

（1）推进深化《内地与香港关于建立更紧密经贸关系的安排》（CEPA）先行先试，促进粤港澳全面深化合作，逐步建设与港澳、国际接轨的营商环境，搭建以国际化营商环境为基础的国际化平台，促进以广州南沙新区为平台的国际要素交流和政策制度转换。

（2）探索以人为本、生态优先的新型城市化道路，在可持续生态发展、和谐城乡关系、绿色智慧发展方面实现突破，打造生态引领、城乡和谐、城市先锋的高品质岭南水乡之都。

（3）加强教育、科研、创意及其他新兴产业的培育和发展，引导创新型要素在广州南沙新区的集聚，形成集基础科学研究、技术孵化应用、产品开发设计、人才教育培训为一体的科技创新平台，促进区域可持续、高端化发展。

（4）深化区域协调、合作，在生态治理、产业发展、公共服务、交通基础设施建设等方面实现全面对接，发挥广州南沙新区环境资源优势、国际化体制优势、地理中心区位优势，建设粤港澳优质生活圈的示范区。

（5）转变经济、社会发展方式，引导经济发展高端化、社会管理人性化，建立以人为本的城市发展价值体系，构建区域高端产业集聚区和社会管理改革先行引导区，引领区域城市转型发展。

2. 分阶段发展目标

第一阶段，“十二五”时期，南沙新区空间结构、高端产业、基础设施、水乡生态体系初步形成，经济社会发展成效明显，60km^2 起步区建设初具规模，在探索粤港澳全面合作、新型城市化模式上取得显著进展。到 2015 年，服务业增加值占 GDP 的比重比 2010 年提高 10 个百分点以上，单位 GDP 能耗比 2010 年下降 20%，单位 GDP 建设用地面积比 2010 年下降 30%，资源产出率比 2010 年提高 15% 以上；综合服务功能显著增强，研究与试验发展经费支出占 GDP 比重比 2010 年提高 1 倍以上；生态环境质量进一步优化，建成区绿化覆盖率达到 43%；与港澳合作更加紧密、往来更加便捷，人民生活品质持续提升，形成粤港澳全面合作示范区基本框架。

第二阶段，到 2025 年，南沙新区经济社会发展实现重大跨越，基础设施体系更趋完善，建成以先进生产性服务业为主导的产业高地和具有世界领先水平的科技创新中心，营商环境与国际和港澳全面接轨，民生福利水平和宜居环境质量进一步提高，国际竞争力和影响力显著提升，服务业增加值占 GDP 比重达到 65% 左右，研究与试验发展经费支出占 GDP 比重达到 8%，研发人员、高级管理人才和高技能人才占总人口比重不断提升，建设深化粤港澳全面合作的国家级新区，在促进港澳地区长期繁荣稳定中发挥更大作用，为全国改革发展提供经验和示范。

3. 人口与建设用地发展与控制规模

以坚守区域生态环境责任为基础，以实现区域发展职能为目标，在土地资源和水资源的充分保障下，合理确定南沙新区未来人口规模。至规划期 2025 年，预测常住人口规模约 230 万 ~ 270 万人，农业人口约为 10 万 ~ 15 万人，城镇人口约为 220 万 ~ 250 万人，城镇化率约为 95%，总人口控制在 300 万人。

综合考虑新区生态环境、建设现状、发展目标和规模需求，在节约集约利用土地的总体原则下，规划至 2025 年，新区建设用地规模控制在 300km^2，约占全区总面积的 38%，实现全区生态用地率和陆域绿地率 60% 的目标。建设用地主要由城乡居民点建设用地、区域交通设施用地、区域公用设施用地、特殊用地和其他建设用地构成，其中城乡居民点建设用地 245km^2，人均城市建设用地控制和人均乡镇村庄建设用地分别控制在 90 ~ 105m^2 和 100 ~ 120m^2，区域交通设施及公用设施用地 50km^2，特殊和其他建设用地 5km^2。

4. 节能和绿色发展策略

构建低碳生态空间基底。保护自然碳汇基底，将城市与自然生态型融合；约束城市增长边界，限制无序蔓延；采用以公共交通为导向的紧凑发展模式，倡导土地混合利用；增加城市下垫面透水、渗水和滞流能力，鼓励城市垂直绿化；采用本地特色浅色表质面，降低热岛效应。

以低碳经济为发展导向。构筑低能耗、低污染为基础的经济发展体系，采用以清洁能源为主体的低碳能源系统；建立制度门槛和奖励机制推动工业节能与减排，积极引入新能源汽车、循环经济、环保设备和节能材料等低碳经济类型；主动承担国家低碳技术研发、实验和示范。

引导低碳生态城市生活。政府垂范，引导市民低碳生活。包括建立智能交通提高公共交通竞争力，引入行为奖励机制鼓励绿色交通；以公共建筑为标杆，大力发展绿色建筑，建立完善的激励机制引导市场推广绿色建筑；在保证城市正常运营的前提下，市政公用设施尽量采用节能和清洁能源产品；鼓励工业和建筑垃圾、生活垃圾的减量化、再循环、再利用，示范微循环系统。扩大市民宣传和教育，构建低碳生态的市民共识和城市文化。

积极推进智能电网建设，加快电网新技术的应用，实现信息技术、传感器技术、自动控制技术与电网基础设施的有机融合；巩固和提升电网的稳定性，降低电能损耗，提升电网运行效率；满足大规模清洁能源和可再生能源接入上网的可能，满足分布式电源、微电网和电动汽车充放电设施接入的要求；建立双向互动的服务模式，鼓励用电单位主动采用节电和绿色技术获得增值服务。

建设智慧给水排水系统。运用智能技术对给水排水网及设施进行改造，在给水排水系统中安装智能监控设备及智能传感器，推进用户使用智能水表，形成集成自来水厂、给水排水管网、用户、污水处理厂、水务管理、水质监测等系统互联互通、实时监测、预警预报和紧急响应的智慧水系统。运用智能技术对区域堤防、水闸和泵站等防洪（潮）排涝设施进行改造，在堤防和水闸工程中安装智能传感器及智能监控设备，实现防洪（潮）排涝工程运行智能化及实时监测、预测、响应及防御，保障区域防洪、防风和排涝安全。建设智能化的咸潮监测、预测、预警和响应系统，保障区域水生态稳定。

建立智能交通管理网络，构建完善的高速道路网和城市交通网络，重点促进公共交通的发展，使公交系统实现安全便捷、经济、大运量的目标。建设数字城市，运用现代信息技术，对城市地理、资源、环境、人口、经济、社会等信息进行采集、更新和集成，实现城市管理、决策与公共服务的智能化。

降低能耗总量，调整能源结构，发展可再生能源。使用成本可承担的节能设施，实现智能电网降低线损率；工业燃料广泛采用天然气替代非清洁能源，公共交通工具以天然气替代油品；发展适宜的可再生能源，鼓励分布式电源和微电网。

选择适宜新技术，适度适区示范。根据南沙地方条件和建设投资预算选择适宜低碳生态技术，在条件适宜地区进行集中示范。高强度开发的商业商务中心区、科技研发中心、行政办公中心、客运交通枢纽地区采用区域供冷，整体循环统筹减少冷却塔设置和投资；居住社区采用垃圾气力输送系统，减少对环境的二次污染，提升生活垃圾回收利用率；大力推进太阳能建材一体化。

5. 城市功能布局

构建北连广州中心城区，南面海洋，东西联系湾区两岸的“一轴、四带”的联合、开放的空间结构；以核心明珠湾为城市服务核心，外围北部、西部、南部三个组团有机联系的“一城、三区”的组团分区结构。通过“一轴、四带，一城、三区”的空间结构体系，引导实施开放、弹性、可持续的土地开发。

综合考虑区域关系、资源条件、发展基础、生态格局等多种因素，将新区地域空间划分为 4 个组团，即中心城区、北部科技服务组团、西部装备制造组团、南部滨海产业组团，实施差异化的发展策略（表 5.1-1）。

中心城区组团由中心服务功能组成的城市核心区，以明珠湾区为核心的地区，涉及南沙街、珠江街、龙穴街、横沥镇，是高端服务产业中心和城市公共服务中心，是南沙滨海新城服务能力最强、产业最高端、人口最密集的城市中心区，重点发展高端商贸、特色金融与专业服务、科技研发、总部经济和文化创意产业。采用集聚、高品质建设策略，近期重点发展建设南沙街地区，即以蕉门河中心和东部滨海中心（蒲州高新园片区）为基础逐步沿环岛路、进港大道开展城市开发，遵循成熟一块、开发一块的基本原则，推进增量土地开发和城市更新，以期达到集聚城市功能和人口的目标。在稳步推进南沙街建设的基础上，逐步开展灵山横沥岛尖、珠江街、龙穴街北部地区的交通基础设施配套及土地整备工作，为中心城区土地扩展开发做好基础准备。中心城区内细分为 9 个发展单元。

北部组团以黄阁镇和东涌镇为主体的地区，主导定位为高新技术产业和先进装备制造业基地，并以此为带动建设区域传统产业升级转型促进中心。发挥粤港澳教育、医疗和科技优势，重点发展高技术服务业、教育培训业、高新技术产业、高端医疗产业和汽车制造业。北部组团是中心城区外围发展条件较成熟、基础设施配套较好的地区，应采取保持制造业优势，与中心城区联动发展的策略，即在现状丰田基地的基础上，继续发展汽车、汽车研发配套等服务及其他装备产业，进一步提升产业基地的核心竞争力，同时，依托番禺大道、轨道 4 号线、广深港高速铁路庆盛站等区域性交通设施，吸引周边优质要素，建立服务区域的高端产业，形成与周边城市（地区）的联动发展。北部组团内细分为 4 个发展单元。

西部组团以大岗镇、榄核镇为主体的地区，主导定位为重型装备制造业基地和水乡观光农业基地。利用岭南水乡文化和生态农业景观基础，重点发展都市型现代农业、文化旅游业；依托广州重大装备制造基地（大岗），重点发展高端装备及重型装备制造业。采用生态协调、区域整合的发展策略，保护蕉门河上游的生态斑块和通风廊道，保证常年主导风（西北和东南风）的畅通，以保障新区的空气流通和大气质量；同时，被保育的生态空间可作为生态水乡发展都市农业和生态旅游业，丰富城市的郊野休闲活动，为农民提供就业和更优质的经济收入。西部组团与顺德五沙地区相邻，需要与五沙地区在路网、基础设施、产业、服务等方面协调对接，整合地区各项资源，整体、协调、同步发展。西部组团内细分为5个发展单元。

南部组团以万顷沙镇、龙穴街为主体的地区，主导定位为海洋产业基地和国际开放社区。依托港口和保税区，重点发展船舶制造、海洋工程等临港产业和航运及保税物流、商贸会展、生态疗养、离岸数据服务等产业。南部组团是新区水岸资源和生态资源最优质的地区，因此必须平衡好港口物流和临港产业发展与滨海生态景观资源保护开发之间的矛盾，总体上，尽量将港口物流和临港重型产业在龙穴岛布局，以保护和释放万顷沙地区的环境压力，而万顷沙则重点发展以低密度国际水乡社区为承载的国际化产业和居住功能，创造出功能丰富、产业多元、生态协调的南部功能区。南部组团内细分为4个发展单元。

南沙新区城市发展单元片区功能　　表5.1-1

组团	片区	片区面积	片区功能
中心城区	1. 蕉门河中心区	约 $18km^2$	20万人，按2个居住地区（4个居住区）进行公共设施配置。行政办公，公共服务，商业金融，商务办公，居住。除配置为本地区服务的公共设施以外，还需配置新区级别（100万人口）的大型公共设施，包括区级音乐厅、艺术馆、青少年中心、图书馆、博物馆、800床以上综合医院、综合体育中心各1座
	2. 南沙岛东部新城	约 $20km^2$	10万人，按2个居住区进行公共设施配置。商务办公，商业金融，会议会展，公共服务，休闲旅游，居住
	3. 南沙智慧谷科技新城	约 $18km^2$	15万人，按3个居住区进行公共设施配置。教育科研、高新科技、文化创意、专业商贸、居住
	4. 灵山一横沥岛尖	约 $15km^2$	10万人，按1个居住地区（2个居住区）进行公共设施配置。商务办公、商务接待、高端商业、休闲旅游、居住
	5. 珠江滨海中心区	约 $8.5km^2$	10万人，按1个居住地区（2个居住区）进行公共设施配置。商务办公、商业金融、贸易会展、文化信息、居住。除配置为本地区服务的公共设施以外，还需配置新区级别（100万人口）的大型公共设施，包括区级音乐厅、艺术馆、800床以上综合医院、综合体育中心各1座
	6. 珠江科技新城	约 $9km^2$	15万人，按1个居住地区（3个居住区）进行公共设施配置。初期，以工业、居住为主；中远期，以教育科研、高新科技、商业服务、居住为主
	7. 湾区枢纽新城	约 $7km^2$	10万人，按1个居住地区（2个居住区）进行公共设施配置。交通枢纽、口岸、商业、商务、会展、居住。除为本单元人口服务的设施以外，还需布局支持城市门户枢纽发展的大型设施，包括综合性市场、大型会展中心各1座
	8. 横沥-新安工业区	约 $5km^2$	5万人，按1个居住区进行公共设施配置。工业、配套码头和生活设施，城市配套的物流分拨、食品制造、机电维修等产业，城市能源供给（电厂、燃气储备）
	9. 龙穴航运服务区	约 $5km^2$	5万人，按1个居住区进行公共设施配置，高级别服务依托珠江滨海中心区。商业、商务、信息、旅游、居住
北部组团	10. 庆盛一东涌新市镇	约 $13km^2$	15万人，按2个居住地区（3个居住区）进行公共设施配置。科技研发、教育培训、商业贸易、商务办公、非基础性公共服务、居住

续表

组团	片区	片区面积	片区功能
北部组团	11. 黄阁生活服务区	约 $17km^2$	20 万人口，按 2 个居住地区（4 个居住区）进行公共设施配置。居住、公共服务、商业服务
	12. 汽车及扩展装备基地	约 $15km^2$	装备产业园区、居住配套区。采用产业新城的发展模式，在建设发展产业园区的同时配套城市生活服务设施，在单元内平衡就业与居住
	13. 虎岛基础产业基地	约 $13km^2$	大型工业、基础设施，专用码头
西部组团	14. 大岗水乡新市镇	约 $6km^2$	15 万人，按 1 个居住地区，3 个居住区进行公共设施配置。居住、公共服务、商业服务。除本片区服务设施以外，布局 1 座专业医院
	15. 大岗—灵山生活配套区	约 $13km^2$	20 万人，按 2 个居住地区（4 个居住区）进行公共设施配置。居住、公共服务、商业服务
	16. 榄核生活配套区	约 $5km^2$	10 万人，按 1 个居住地区（2 个居住区）进行公共设施配置。居住、公共服务、商业服务
	17. 基础装备产业基地	约 $13km^2$	5 万人，按 1 个居住区开展公共设施布局。工业园区、生活配套
	18. 大岗海洋装备基地	约 $7km^2$	5 万人，作为重型工业基地，人口主要为产业工人，公共设施以满足基本生活为准，原则上不鼓励城市公共设施集中发展，综合服务依托大岗新、老镇区。装备制造园区、配套码头
南部组团	19. 龙穴临港产业基地及配套区	约 $52km^2$	5 万人，作为重型工业基地和物流基地，人口主要为产业工人，公共设施以满足基本生活为准，原则上不鼓励城市公共设施集中发展，综合服务依托万顷沙南部。物流园区、工业园区、航运服务区
	20. 电子信息产业园	约 $10km^2$	5 万人，按 1 个居住区开展公共设施配置。结合产业发展需要，布局产权交易、产品展示中心。工业园区、科技研发区、生活配套区
	21. 国际社区东区（起步区）	约 $7.5km^2$	15 万人，按 1 个居住地区（3 个居住区）进行公共设施配置，为突出国际化属性，公共服务的标准和形式与国际接轨，一定程度上允许市场化公共服务替代政府公共服务，并推进政府公共服务的改革和创新。居住、公共服务、商业服务、商务会所
	22. 国际社区西区（扩展区）	约 $13km^2$	25 万人，居住、公共服务、商业服务、商务会所
	23. 生态健康度假区	约 $8km^2$	10 万人，按 1 个居住地区（2 个居住区）配置公共设施。配置 1 座专业医院。允许更多医疗、养生性质的机构在区内发展，并作为医疗设施的补充。生态旅游、养生度假、体育休闲
	24. 港后综合配套区	约 $5km^2$	临港工业、物流仓储、物流配送

6. 城市更新改造

有计划有重点地推进城市更新改造与环境综合整治，促进产业优化升级、提高土地利用效益、推动土地储备。城市更新对象包括城中村、重点发展地区的城边村、旧工业区。城市更新重点分布在城市重要节点地区、轨道交通沿线及土地低效使用的城中村和旧工业区、废旧或对环境有重大影响的设施。近期重点城市更新地区主要包括：黄阁镇老镇区、蕉门村、金洲村、塘坑村、南沙岛西部工业区、小虎岛危险品仓储区；中期重点城市更新地区包括：大岗镇旧村和旧工业区、东涌镇旧村和旧工业区、万顷沙旧镇和旧工业区。

黄阁镇区：功能定位为汽车产业基地的配套服务区，重点发展片区级商业、公共服务和居住配套。结合轨道 4 号线黄阁站，配合丰田乘用车产业基地发展布局，分期分批进行整体拆除重建改造，拆除改造范围以旧镇区为主，可根据具体情况保留部分新建镇区，通过空间整治提升环境质量。原居民以就地安置为主，货币补偿和异地安置为辅。

南沙镇区：功能定位为城市综合服务中心，重点发展商业、商务、大型公共设施和居住配套。结合蕉门河中心区的建设，整体拆除改造镇区，高标准发展公共服务设施，原居民以就近安置为主，货币补偿为辅。

西部工业区：功能定位为城市创意产业园区，重点发展文化、设计、展览、动漫、影视等文化创意产业，辅助商业和服务业。近期以功能置换为主，引导创意产业和文化设计产业发展，形成一定产业转型基础后，进行点状渐进式拆除重建改造，避免一次性大规模拆建。

7. 重点发展区域

（1）蕉门河中心

高标准、集中投入城市公共设施，规范房地产高标准、有序建设，以优惠条件引导商业商贸、商务办公进驻发展，实现城市服务功能的有效启动，吸引人口在中心区的集聚。

（2）智慧谷

逐步推进资讯产业园周边地区的开发建设和南沙岛西部工业区的三旧改造，吸引一批具有影响力、带动力的科技创新和文化创意企业，基本搭建科技创新产业的发展平台，并在全国宣传推广智慧产业园。

（3）横沥岛尖

整备土地资源，迁改零散的工业企业，积极磋商推进粤港澳联席会议、粤港澳高端论坛等在横沥岛设立常设会址，吸引国际企业中部在横沥选址发展。

（4）南沙岛东部

以南沙客运港为交通依托，以游艇会、南沙大酒店、珠三角世贸中心等设施为硬件依托，以霍英东基金会、中华总商会为人脉依托，吸引港澳人士在南沙岛东部地区投资建设。

（5）庆盛枢纽地区

加快推进轨道 4 号线庆盛站的实施建设，加快 18 号线（南沙—中心城区—白云机场快线）规划研究的前期工作，提升庆盛站作为现有高速铁路枢纽的服务能力和枢纽地位。依托庆盛枢纽，整合现状东涌镇区，发展以科技、教育、医疗及其他新型公共服务为核心的产业新城。

（6）南沙湾区枢纽地区

以西部沿海铁路建设为带动，协调布局城际轨道和城市轨道，配套建设的道路网、公交线路及其他各项设施，推进湾区综合交通枢纽的建设。以枢纽为基础，发展站前商业、商务、贸易、会展等产业，形成以交通辐射为依托、服务辐射为内涵的区域综合枢纽。

（7）珠江滨海 CBD 地区

待产业、交通、土地开发等条件逐渐成熟，启动珠江滨海 CBD（南海之门）建设，形成核心明珠湾最具代表性和带动力的高端服务产业中心和新型城市高端形象的集中展示区。

8. 重点建设项目

（1）推进南沙港区集装箱码头三期工程、粮食及通用码头工程、散货码头工程的建设，扩大港口吞吐能力和业务范围，进一步发挥南沙港江海联运的运输优势、保税港的政策优势，建设国际化现代港口物流基地。

（2）推进南沙离岸数据特区的建设，包括离岸园区和在岸园区两子项目，营造有利于软件服务外包产业发展的环境，带动数据产业在南沙的集聚，构建粤港澳深化现代服务业合作的新平台，打造服务内地、面向国际的软件服务外包产业基地。

（3）推进高端装备制造业基地建设，包括年产能超过 60 万辆的广州南部汽车产业基地，海洋工程装备制造项目，广重集团临港重机基地项目。

（4）推进战略性新兴产业研发制造基地建设，包括先进材料成型及模具技术产学研中心和节能光电产业中心建设。

（5）推进智慧城市先行示范区的建设，包括智慧技术创新中心、智慧产业园、国际智能港、智能产品交易中心等项目，全面推进南沙新区智能产业和智能应用的发展。

（6）全面推进轨道 4 号线延长线及沿线站点的建设，整备站点周边用地及前期开发准备。

（7）完善南沙街、黄阁街集中城市建设地区的次干道、支路网络建设，打通重要地段的滨水道路，完善城市交通微循环。

（8）开展轨道 4 号线副线（湾区枢纽至琶洲快线）的前期研究工作，推进新区与中心城区的快速联系。

（9）推进华润电厂扩建工程和南沙水厂扩建工程的实施，保证新区快速发展中的基本供给。

（10）完成农村自来水改造工程和水厂达标改造工程，保证城乡供水水质。

（11）实施建设一所国际化高校：引进港澳、国际知名大学在南沙新区合办国际化高水平大学，探索国际化办学途径，重点开展智慧技术及服务教育、培训和技术研发，为区域输送智慧技术与管理人才。

（12）实施建设一所国际高水平医院：联合港澳、国际知名医疗机构、人才，与中国知名中医药机构和人才合作，在南沙新区开设一所集诊疗、康体、静修、养生与一体的高水平医院，推动区域医疗水平进步。

（13）实施建设一座国际展览中心：联合港澳会展业务，承接“广交会”的专业型业务，在南沙新区建设一座国际展览中心，重点承接产品占地大、不易运输的机械、游艇、园艺、装备等专项业务，推动广州“国际会展之都”的建设和会展业“一核三副”格局的发展。

（14）加强红树林的保护与周边环境治理，维护河口湿地最具特色的城市自然环境和风貌。

（15）大力恢复原采石场、山体边坡的复绿工程，修复人为破坏的自然环境。

（16）加大水岸环境整治力度，清理乱堆放、乱排放行为，建设滨水岸线自然生态景观和公共开放空间。

（17）加强现状村镇的环境整治力度，完善村镇垃圾、污水收集和处理设施，提升整体环境质量。

9. 广东自贸区南沙片区规划

中国（广东）自由贸易试验区广州南沙新区片区总规模 60km^2（含广州南沙保税港区 7.06km^2），共 7 个区块，分为中心板块、海港板块、庆盛板块。

（1）海港区块 15km^2。海港区块一，龙穴岛作业区 13km^2（其中南沙保税港区港口区和物流区面积 5.7km^2）。海港区块二，沙仔岛作业区 2km^2。

（2）明珠湾起步区区块 9km^2，不包括蕉门河水道和上横沥水道水域。

（3）南沙枢纽区块 10km^2。

（4）庆盛枢纽区块 8km^2。

（5）南沙湾区块 5km^2，不包括大角山山体。

（6）蕉门河中心区区块 3km^2。

（7）万顷沙保税港加工制造业区块 10km^2（其中南沙保税港区加工区面积 1.36km^2）。

总体功能定位：自贸区将充分发挥南沙新区地理中心、港口岸线资源丰富、与港澳合作紧密的优势，重点发展航运物流、特色金融、国际商贸、高端制造、专业服务等产业，建设以生产性服务业为主导的现代产业新高地和具有世界先进水平的综合服务枢纽。

自贸区内功能性建设用地约 36.84km^2，占比 61.4%，主要为商业、办公、居住、工业、港口物流及其他配套设施用地；其余为道路、绿地、水域等用地。

5.1.3 绿色建筑和建筑节能工作历史成果

1. 机构和制度建设逐步完善

南沙区建设局负责全区住房和建设领域节能减排工作，具体管理建筑节能和可再生能源建筑应用，发展绿色建筑。在内部管理机制方面，制定了节能目标责任考核工作方案，初步明确有关业务科室分工协作和落实责任。基本建立了建筑节能设计、专项验收闭合的管理制度。根据广州市建委的《建筑节能工作目标考核制度》，结合南沙区实际情况，制定了历年《南沙区建筑节能工作目标考核工作实施方案》，并按该方案推进相关执法工作。

2. 新建建筑节能进一步加强

南沙区开展初步设计审查备案工作，从设计阶段把关，对工程项目节能、概算、项目方案及符合强条性标准方面进一步规范；在施工图审查阶段，开展民用建筑节能审查备案管理，确保节能标准得到全面执行；在施工阶段，加强工地建筑节能检查，确保全区工地施工落实节能设计要求和使用新型墙体材料。新建建筑节能准入管理得到进一步加强。

按照广州市建筑节能工作目标的要求，南沙区建筑节能施工图设计文件审查和备案制度进一步完善，建筑节能监督检查的力度进一步加大，不断增加了检查频率和检查项目。新建项目 100% 能够按照建筑节能设计标准进行设计、审查和备案；施工现场 100% 有建筑节能专项施工方案，监理和质监站能够严格执行国家建筑节能相关文件、标准及相关强制性条文，节能措施得到较好的落实。

3. 绿色建筑得到较快发展

南沙区将绿色建筑的要求纳入建筑节能设计审查，积极推进绿色建筑建设，取得较快的进展。南沙中惠璧珑湾（北地块）13、14、15、16 栋获得一星级绿色建筑标识，标识建筑面积达 4.02 万 m^2。南沙星河丹堤、南沙万达广场等项目通过绿色建筑设计备案，绿色建筑设计备案项目面积共 211.8 万 m^2，发展势头良好。

4. 可再生能源建筑应用稳步推进

南沙区稳步推进太阳能与建筑一体化，对具有稳定热水需求的建筑，如各类宿舍、住宅、公寓、酒店、宾馆及其他需要长期使用热水的民用建筑推广应用太阳能热水系统，做到太阳能热水系统与建筑主体同步设计、同步施工、同步验收、同步交付使用。广州富力地产股份有限公司唐宁项目 A1 ~ A19、B1 ~ B27 栋住宅等项目太阳能光热系统应用覆盖建筑总面积 19 万 m^2。

5. 既有建筑节能改造取得进展

南沙区积极引导既有建筑进行节能改造。南沙中心医院与以色列合作，用太阳能隔热板技术对医院玻璃幕墙进行改造，将太阳能转为电能，实现自动调节室内温度。完成金洲村美丽乡村烂尾楼改造工程，既有建筑节能改造面积 2.25 万 m^2。

6. 重点用能建筑能耗监测和合同能源管理开始起步

根据广东省和广州市对国家机关办公建筑和大型公共建筑能耗统计、审计和公示工作的工作要求，积极调研和组织引导，为南沙区国家机关办公建筑和大型公共建筑的能耗统计、监测、审计和公示工作的开展做充足的准备。同时积极探索合同能源管理模式，在南沙区市政道路路灯建设中，采用 LED 路灯 EMC 模式，完成广州南沙开发区环岛，进港大道和港前大道路灯共 3800 盏，节能效果显著。

7. 墙材革新工作继续巩固提高

认真贯彻落实国家和省市禁止使用实心黏土砖的工作要求，完成了“限黏”及“禁实”工作任务，进一步提高新型墙体材料在建筑工程中的应用比例。南沙区墙体革新工作持续巩固，新型墙材应用比例进一步提高，新建建筑新型墙体材料的应用比例达到98%。

8. 建筑节能宣传和培训深入开展

通过有关单位宣传建筑节能、组织建筑节能技术培训和知识普及等多种形式，大力宣传《中华人民共和国节约能源法》《广东省民用建筑节能条例》等建筑节能法律法规以及绿色建筑、既有建筑节能改造、可再生能源建筑应用等相关政策和重要意义。

5.1.4 绿色建筑发展目标

1. 总体思路

巩固和发展建筑节能与绿色建筑工作成果，建立起基本完善的政府引导、市场主导的建筑节能与绿色建筑发展的规范运作机制；在建筑节能方面由新建建筑向既有建筑延伸、由建筑节能向绿色建筑转变；在发展绿色建筑方面由项目示范向全面推进转变、由单体绿色建筑向绿色生态城区扩展、由设计标识向运营标识深化，全面营造低碳生态的宜居环境。

2. 工作原则

（1）政府引导，市场运作

政府用政策法规等措施从总体上进行把控，引领发展方向，规范市场运作的行为；同时依靠体制机制创新，为市场健康发展提供条件，并给予激励和扶持，促进形成市场自主运作机制。政府要充分发挥带头示范作用，率先将政府投资项目按绿色建筑标准进行规划、设计、施工、运营，引导社会投资的大型商品住宅小区、大型公共建筑和城市更新项目建成绿色建筑小区。通过大力发展绿色建筑，培育和带动一批绿色建筑咨询服务机构，促进绿色建筑技术行业发展；通过推行绿色建筑运营标识，促进物业服务行业提升物业服务和管理水平，促进物业低能耗运营并实现保值增值。

（2）重点突破，整体推进

绿色建筑建设规模庞大，点多面广，既要统筹推进，又要突出重点、抓住难点。整体推进中要讲究简便易行、便于复制；重点突破中要讲究策略、务求实效，促使绿色建筑工作全面铺开，有序开展。要以发展绿色建筑为主线，带动可再生能源、建筑工业化（住宅产业化）、既有建筑节能改造、建筑废弃物减排与综合利用工作相应推进，培育和促进物业服务、绿色建筑咨询、节能服务等相关行业发展壮大。

（3）规划先行，源头把关

以规划为龙头，推动绿色建筑从小区化向区域化（城区化）、城市化发展。坚持以人为本的原则，将绿色、低碳生态建设要求纳入城市规划，做到规划先行，从城市总体规划、控制性规划、产业规划、招商引资、固定资产投资备案、项目土地出让、建设项目规划要点等前期环节进行控制，才能从源头上实施管控。对于城市更新改造项目，尽量减少整体拆除重建，能满足规划要求、功能需求和符合质量安全标准的既有建筑进行科学、合理改造予以保留，最大限度减少建筑废弃物排放。

（4）全程监管，有效服务

绿色建筑的本质是运营阶段的绿色。抓好绿色建筑发展，应着重“把住两头、抓好中间”。一方面加强绿色建筑设计、验收阶段的监管，抓好建筑施工图设计文件审查、节能专项验收把关。另一方面加大施工现场执法检查力度，逐步推进绿色施工和安全文明施工，既要确保绿色建筑设计措施落实，又要确保建筑工程的施工能最大限度地减少对周围环境、生态的影响。最后从公共机构、保障性住房推行绿色建筑运营标识，逐步由点到面地扩展到社会投资的大型公共建筑，最终实现建筑从规划、设计、施工、验收、运营等全寿命周期达到绿色、低碳、环保、生态循环的管理。

（5）分类管理，提高效率

要加大对绿色建筑的扶持力度，对绿色建筑项目实行分类管理，提高服务效率。以政府投资公益项目、大型公共建筑和大型地产项目为主攻目标发展高星级绿色建筑。高星级绿色建筑项目要做成实实在在的好项目，不能盲目发展，要根据自身发展的实际需求，选择有实力、有价值的项目和建设单位。要对高星级绿色建筑进行严格监管，集中精力和资源发展优势项目，对优势项目采取政策和资源的优先配置。

3. 绿色建筑发展目标

按照 2021 年发布的《广东省绿色建筑条例》，南沙新区辖区范围内的全部新建房屋建筑应当按照绿色建筑标准进行立项、土地出让、规划、建设和管理，《关于贯彻执行〈广州市人民政府关于加快发展绿色建筑的通告〉有关事项的通知》明确了绿色建筑设计备案制度。南沙新区从 2012 年起已经开始对辖区内的新建建筑严格执行绿色建筑设计备案制度。

南沙新区是粤港澳合作和自由贸易示范的国家级新区，致力于打造高端、智慧、宜居、具有国际影响力的滨海新城区。与上海、深圳的国家新区相比，南沙新区绿色建筑的要求尚有差距，需要加大力度在广州市基本要求的基础上实现绿色建筑跨越式发展，特别是在高星级绿色建筑发展要求方面，要与最先进城区中其他自贸区的最高要求看齐（上海自贸区、深圳前海示范区等均要求达到 50%）。

（1）绿色建筑发展要求方面

一是严格落实广州市有关规定新建民用建筑 100% 达到绿色建筑基本级及以上等级标准；二是切实提高新建民用建筑高星级绿色建筑比重，到规划末期二星级及以上等级标准的比例不少于 50%，三星级及以上等级标准的比例不少于 10%；三是积极研究开展绿色生态城区建设，促进城市市政配套的绿色化。此规划绿色建筑的发展目标与先进城区相比（表 5.1-2），发展水平与其他自贸区相同，达到国内领先水平。

南沙新区已全面执行绿色建筑设计备案制度，可对重点区域和重点类型的建筑强制推行高星级绿色建筑。

国家机关办公建筑、单体建筑面积超过 2 万 m^2 大型公共建筑应执行三星级及以上绿色建筑等级标准；用地面积 2 万 m^2 及以上的住宅项目应有不低于 10% 的建筑面积执行三星级及以上绿色建筑等级标准。

政府投资的满足社会公众公共需要的公益性建筑（学校、医院、博物馆、科技馆、体育馆等）、单体建筑面积超过 $5000m^2$ 的公共建筑、保障性住房应执行二星级及以上绿色建筑等级标准；用地面积 2 万 m^2 及以上的住宅项目应有不低于 50% 的建筑面积执行二星级及以上绿色建筑等级标准。

绿色建筑的发展目标与先进城区的水平对比　　表 5.1-2

类别	上海低碳示范区	北京绿色生态示范区	前海合作区	横琴新区	中新知识城	南沙新区	南沙新区水平
绿色建筑占新建建筑比例	100%	100%	100%	100%	100%	100%	相同
二星级以上绿色建筑比例	不少于 50%	不少于 40%	不少于 50%	不少于 20%	不少于 50%	50%	最高
三星级绿色建筑比例	无要求	无要求	不少于 30%	无要求	无要求	10%	最高
城区市政配套绿色生态指标要求	未明确	未明确	有	有	有	制定	相当

综合考虑各发展片区区域绿色建筑发展因素，对区域功能重要，生态基底较好，开发时序较为宽松、建设量大的发展单元适当提高高星级绿色建筑的比例要求，发展片区区域绿色建筑发展潜力评价因素和权重设置见表 5.1-3。结合自贸区区块划分，对包含自贸区的发展单元提高要求，各发展单元的绿色建筑发展潜力如表 5.1-4 所示。

发展片区区域绿色建筑发展潜力评价因素和权重设置　　表 5.1-3

序号	指标名称	评价内容	分值设定	权重
1	开发时序	宽松	10	0.3
		紧张	5	
2	新建建筑建设量	大	10	0.2
		小	5	

续表

序号	指标名称	评价内容	分值设定	权重
3	新建民用建筑比例	大	10	0.3
		小	2	
4	区域功能	重要	10	0.1
		一般	5	
5	生态基底	敏感	10	0.1
		一般	5	

注：分值越高，高星级绿色建筑潜力越高。

各发展单元绿色建筑发展潜力评价结果　　表 5.1-4

序号	区域名称	开发时序	新建建筑建设量	新建民用建筑比例	区域功能	生态基底	评价结果	自贸区修正	评审意见修正
1	蕉门河中心区	5	10	10	10	5	8	9	10
2	南沙岛东部新城	5	5	10	10	10	7	8	9
3	南沙智慧谷科技新城	5	10	10	5	10	7	8	9
4	灵山—横沥岛尖	5	5	10	10	10	7	8	9
5	珠江滨海中心区	5	5	10	10	10	7	8	9
6	珠江科技新城	10	10	10	5	10	9	9	9
7	湾区枢纽新城	5	5	10	10	10	7	8	9
8	横沥—新安工业区	10	5	5	5	5	6	6	6
9	龙穴航运服务区	10	5	10	10	10	8	8	8
10	庆盛—东涌新市镇	5	10	10	10	10	8	9	10
11	黄阁生活服务区	10	10	10	5	5	9	10	8
12	汽车及扩展装备基地	10	5	5	5	5	6	6	6
13	虎岛基础产业基地	10	5	5	5	5	6	7	8
14	大岗水乡新市镇	10	10	10	10	5	9	9	8
15	大岗—灵山生活配套区	10	10	10	5	5	9	9	8
16	榄核生活配套区	10	5	10	5	5	8	8	8
17	基础装备产业基地	10	5	5	5	5	6	6	6
18	大岗海洋装备基地	10	5	5	5	5	6	6	6
19	龙穴临港产业基地及配套区	10	5	5	5	5	6	7	7
20	电子信息产业园	10	5	5	5	10	6	7	7

续表

序号	区域名称	开发时序	新建建筑建设量	新建民用建筑比例	区域功能	生态基底	评价结果	自贸区修正	评审意见修正
21	国际社区东区（起步区）	10	10	10	10	10	10	9	6
22	国际社区西区（扩展区）	10	10	10	10	10	10	9	6
23	生态健康度假区	10	5	5	5	5	6	6	6
24	港后综合配套区	10	5	5	5	5	6	6	6

（2）绿色建筑标识面积方面

根据广州市建筑节能任务分解的要求，南沙新区 2014 年获得标识的绿色建筑面积任务为 30 万 m^2，随着绿色建筑的逐步推进，这一任务指标将逐年增加。南沙新区历年的建筑规模如表 5.1-5 所示，因为民用建筑建设量受市场和政府调控影响变化较大，因此以平均值作为预测的基数。根据南沙区 2010—2013 年建筑行业统计数据，南沙每年平均新建建筑规模为 200 万 m^2。按此规模，2015—2025 年规划期内 33% 以上的新建建筑获得绿色建筑标识（表 5.1-6），可完成绿色建筑标识 750 万 m^2（规划期内平均每年约完成 70 万 m^2）。

南沙新区 2010—2013 年历年新建民用建筑规模　　表 5.1-5

年份	居住建筑（万 m^2）	公共建筑（万 m^2）	合计（万 m^2）
2010	167	30	198
2011	135	21	156
2012	123	10	134
2013	286	13	300
年均	178	19	197

南沙新区 2015—2025 年绿色建筑标识规模　　表 5.1-6

年份	新建建筑面积（万 m^2）	绿色建筑标识比例（%）	绿色建筑标识面积（万 m^2）	备注
2015—2020	200	20%	250	—
2021—2025	200	50%	500	—
合计	2200	33%	750	—

4. 公共建筑能耗监管发展目标

南沙新区 2014—2020 年期间重点推进国家机关办公建筑和大型公共建筑与市公共建筑能耗监测平台的接入工作。南沙区 2013 年没有项目接入市公共建筑能耗监测平台。根据广州市建筑节能任务分解的要求，南沙区 2015—2020 年期间共完成了 20 栋建筑与市公共建筑能耗监测平台接入工作，平均每年完成了 4 栋，广州市各区县平均在 6 栋左右，对比其他区县该指标较低，随着该项工作的逐步推进，预测南沙区未来几年该指标要求会显著提高。

初步拟定 2021—2025 年期间国家机关办公建筑和大型公共建筑平均每年不少于 10 栋完成与市公共建筑能耗监测平台的接入工作，2021—2025 年期间完成 50 栋公共建筑的能耗平台接入工作。

5. 既有建筑节能改造发展目标

南沙新区 2014—2020 年期间重点选择部分过高能耗建筑的强制开展分步分阶段改造试点工作。南沙区 2013 年完成既有建筑节能改造 1 栋，节能改造面积 2.25 万 m^2，同时完成合同能源管理节能改造项目 1 项。根据广州市建筑节能任务分解的要求，南沙区 2014 年既有建筑节能改造任务为节能改造面积 2 万 m^2，合同能源管理节能改造项目 1 项。

2015—2020 年期间每年完成不少于 2 栋建筑实施节能改造，按每栋平均建筑面积约 1 万 m^2 计算，每年完成不少于 2 万 m^2 既有建筑节能改造，2015—2020 年期间完成既有建筑节能改造 15 万 m^2。

2021—2025 年期间每年不少于 6 栋建筑实施节能改造，每栋平均建筑面积按 1 万 m^2 计算，每年完成不少于 6 万 m^2 既有建筑节能改造，2021—2025 年期间完成既有建筑节能改造 30 万 m^2。

2015—2025 年规划期内完成既有建筑节能改造面积 45 万 m^2，其中每年实施 1 栋建筑进行合同能源管理模式的改造。

另外，长期以来由于缺少对比性和实效性的指标，能耗监管和节能改造成为建筑节能工作中最能推进的部门。为此《广东省绿色建筑行动实施方案》和《广州市绿色建筑和建筑节能管理规定》（广州市人民政府令第 92 号）均提出了通过引入能耗定额同步推进公共建筑能耗监管和节能改造的要求。

南沙新区应加强民用建筑能耗监管，按照广州市的相关要求持续深入地开展民用建筑能耗统计和国家机关办公建筑和大型公共建筑能耗监测，并研究和落实广州市能耗限额管理相关制度，对公共建筑实行能耗限额管理，对运营能耗超过能耗限额的，采取强制能源审计和节能改造的处理措施（提倡先易后难、分阶段实施和持续改进的改造方式），拒不进行能源审计和节能改造的征收超限额附加费。

6. 可再生能源建筑应用发展目标

《广州市绿色建筑和建筑节能管理规定》（广州市人民政府令第 92 号）提出了鼓励在建筑中推广应用太阳能热水、太阳能光伏发电、自然采光照明、热泵热水、空调热回收等可再生能源利用技术的要求，并规定“新建 12 层以下（含 12 层）的居住建筑和实行集中供应热水的医院、宿舍、宾馆、游泳池等公共建筑，应当统一设计、安装太阳能热水系统。不具备太阳能热水系统安装条件的，可以采用其他可再生能源技术措施替代。确实无法应用可再生能源技术措施制备热水的，建设单位应当向建设行政主管部门提出书面说明，由建设行政主管部门组织专家进行评估，并在 20 个工作日内做出评估结论并予以公示。专家评估结论认为应当采用可再生能源技术措施的，建设单位应当按照专家评估结论实施。新建别墅、农村居民自建住房等独立住宅，应当安装太阳能热水系统。全部或者部分使用财政资金，或者国有资金占主导的新建、改建、扩建房屋建筑项目，应当至少采用一种再生能源利用技术”。

南沙新区 2014—2020 年期间重点通过对满足安装条件的项目强制推行太阳光热技术，结合绿色建筑推广可再生能源建筑应用。2015—2020 年期间每年完成可再生能源建筑应用建筑面积超过 15 万 m^2，2015—2020 年期间完成可再生能源建筑应用建筑面积 100 万 m^2。

根据发展现状，初步拟定 2021—2025 年期间每年完成可再生能源建筑应用建筑面积 30 万 m^2，2021—2025 年期间完成可再生能源建筑应用建筑面积 150 万 m^2。

7. 低影响开发发展目标

低影响开发（Low Impact Development，LID）技术是利用景观、园林的绿地，通过置换土壤、植物搭配、水文水利设计，通过分散的、小规模的源头控制来达到对暴雨所产生的径流和污染的控制，使开发地区尽量接近自然的水文循环。

南沙属于亚热带季风气候，降雨丰富，河网密布，自然系统蓄水的能力很强。同时雨季较长，尤其是台风来临时，短时间的雨水过多，会给排洪排涝的市政设施带来很大的压力。充分利用南沙地理条件，推进建设低影响开发措施，充分发挥自然生态系统对水的调蓄功能，缓解城市的排涝压力，使得规划期内南沙新区的年径流总量控制率不低于现状，提升城市的宜居环境。

8. 总体目标

新建民用建筑全面推行绿色建筑，切实提高高星级绿色建筑比例，逐步提高城市市政配套的绿色化水平，到 2025 年末高星级绿色建筑的比例达到 50%，完成既有建筑节能改造面积 45 万 m^2（表 5.1-7）。

广州市南沙新区绿色建筑和建筑节能发展规划总体目标（2021—2025 年）　　表 5.1-7

项目		总体目标
		2021—2025 年
1 新建建筑节能	1-1 新建建筑设计阶段节能标准执行率	100%
	1-2 新建建筑施工阶段节能标准执行率	100%

续表

项目		总体目标
		2021—2025 年
1 新建建筑节能	1-3 落实用地用电指标管理	执行广州市用地用电指标
	1-4 落实能效测评制度	执行广州市能效测评制度
2 新建绿色建筑	2-1 新建建筑绿色建筑标准执行率	100%
	2-2 新建建筑二星级及以上绿色建筑标准执行率	50%
	2-3 新建建筑三星级绿色建筑标准执行率	10%
	2-4 绿色建筑标识面积	500 万 m^2
	2-5 绿色生态城区示范申报	执行广州市要求
3 民用建筑能耗监管	3-1 国家机关办公建筑和大型公共建筑能耗监测	50 栋
	3-2 建筑能耗统计	执行广州市建筑能耗统计制度
	3-3 公共建筑能耗限额管理（能源审计）	执行广州市公共建筑能耗限额制度和能源审计计划
4 既有建筑节能改造	4-1 既有建筑节能改造面积	30 万 m^2
	4-2 合同能源管理节能改造项目	6 项
	4-3 公共建筑能耗限额管理（节能改造）	执行广州市公共建筑能耗限额制度和节能改造计划
5 可再生能源建筑应用	5-1 可再生能源建筑应用面积	150 万 m^2
	5-2 新增屋顶分布式太阳能光伏系统装机容量（主要为工业）	35MW
6 新型墙体材料推广	6-1 新型墙体材料建筑应用比例	100%
	6-2 新型墙体材料产量占墙体材料总量的比例	100%
7 低影响开发	7-1 年径流总量控制率	不低于现状

5.1.5　发展绿色建筑的重点任务

1. 规模化发展绿色建筑

（1）民用建筑全面推行绿色建筑

严格执行《广东省绿色建筑条例》《广州市绿色建筑和建筑节能管理规定》（广州市人民政府令第 92 号），对南沙新区内的所有新建民用建筑项目强制实施绿色建筑标准，结合现有建筑节能管理制度，按照绿色建筑标准进行立项、土地出让、规划、建设和管理。

1）绿色建筑发展 I 类地区

绿色建筑发展 I 类地区包括蕉门河中心区、南沙岛东部新城、南沙智慧谷科技新城、灵山—横沥岛尖、珠江滨海中心区、珠江科技新城、湾区枢纽新城和庆盛—东涌新市镇等8个发展单元。绿色建筑发展规划要求到2025年规划末期三星达到20%，二星及以上达到60%。

对绿色建筑发展Ⅰ类地区内的重点类型建筑实施发展高星级绿色建筑的策略。国家机关办公建筑、单体建筑面积超过2万m^2大型公共建筑近期应全面执行二星级及以上绿色建筑等级标准，有条件的应执行三星级绿色建筑等级标准，远期应全面执行三星级绿色建筑等级标准。政府投资的满足社会公众公共需要的公益性建筑（学校、医院、博物馆、科技馆、体育馆等）、单体建筑面积超过5000m^2的公共建筑、保障性住房、安置房近期有条件的应执行二星级及以上绿色建筑等级标准，远期应全面执行二星级绿色建筑等级标准。用地面积2万m^2及以上的住宅项目（保障房、安置房除外）近期执行二星级及以上绿色建筑等级标准的建筑面积不应低于50%，执行三星级绿色建筑等级标准的建筑面积不应低于10%；远期执行二星级及以上绿色建筑等级标准的建筑面积不应低于60%，执行三星级绿色建筑等级标准的建筑面积不应低于20%。

2）绿色建筑发展Ⅱ类地区

绿色建筑发展Ⅱ类地区包括龙穴航运服务区、黄阁生活服务区、虎岛基础产业基地、大岗水乡新市镇、大岗—灵山生活配套区、榄核生活配套区、龙穴临港产业基地及配套区和电子信息产业园等8个发展单元。绿色建筑发展规划要求新建民用建筑100%推行绿色建筑，到2025年规划末期三星达到10%，二星及以上达到50%。

对绿色建筑发展Ⅱ类地区内的重点类型建筑实施发展高星级绿色建筑的策略。国家机关办公建筑、单体建筑面积超过2万m^2大型公共建筑近期应全面执行二星级及以上绿色建筑等级标准，有条件的应执行三星级绿色建筑等级标准，远期应全面执行三星级绿色建筑等级标准。政府投资的满足社会公众公共需要的公益性建筑（学校、医院、博物馆、科技馆、体育馆等）、单体建筑面积超过5000m^2的公共建筑近期有条件的应执行二星级及以上绿色建筑等级标准，远期应全面执行二星级绿色建筑等级标准。用地面积2万m^2及以上的住宅项目（保障房、安置房除外）近期执行二星级及以上绿色建筑等级标准的建筑面积不应低于40%，执行三星级绿色建筑等级标准的建筑面积不应低于5%；远期执行二星级及以上绿色建筑等级标准的建筑面积不应低于50%，执行三星级绿色建筑等级标准的建筑面积不应低于10%。

3）绿色建筑发展Ⅲ类地区

绿色建筑发展Ⅲ类地区包括横沥—新安工业区、汽车及扩展装备基地、基础装备产业基地、大岗海洋装备基地、国际社区东区（起步区）、国际社区西区（扩展区）、生态健康度假区和港后综合配套区等8个发展单元。绿色建筑发展规划要求新建民用建筑100%推行绿色建筑，到2025年规划末期二星及以上达到50%。

对绿色建筑发展Ⅲ类地区内的重点类型建筑实施发展高星级绿色建筑的策略。国家

机关办公建筑、单体建筑面积超过 2 万 m^2 大型公共建筑近期有条件的应执行二星级及以上绿色建筑等级标准，远期应全面执行二星级绿色建筑等级标准，远期有条件的还应执行三星级绿色建筑等级标准。政府投资的满足社会公众公共需要的公益性建筑（学校、医院、博物馆、科技馆、体育馆等）、单体建筑面积超过 5000m^2 的公共建筑近期有条件的应执行二星级及以上绿色建筑等级标准，远期应全面执行二星级绿色建筑等级标准。用地面积 2 万 m^2 及以上的住宅项目（保障房、安置房除外）近期执行二星级及以上绿色建筑等级标准的建筑面积不应低于 30%，远期执行二星级及以上绿色建筑等级标准的建筑面积不应低于 50%。

4）绿色建筑发展Ⅳ类地区

绿色建筑发展Ⅳ类地区为以上发展单元范围之外的其他地区，绿色建筑发展要求为新建民用建筑 100% 推行绿色建筑。

各发展单元要按照南沙新区绿色建筑发展要求空间分布图，落实绿色建筑发展实施计划，在控规中明确发展单元内各地块项目的绿色建筑等级发展要求。

（2）开展绿色生态城区示范

积极响应广州对南沙新区绿色生态城区的发展要求，结合南沙新区总体规划，选择规模适当（区域面积不小于 1.5km^2）、相对独立、具备实施条件的城市区域按照绿色生态城区的标准因地制宜进行规划建设，并作为绿色生态城区建设和申报试点。

对绿色生态城区试点项目编制和实施绿色生态城区建设评价指标体系，将低碳、生态的目标技术指标落实到各专业性规划，以科学规划统筹绿色生态城区建设，促进城市基础设施的绿色化。确保绿色生态城区新建建筑绿色建筑比例和 2 年内绿色建筑开工建设的规模满足绿色生态示范项目的要求。

对绿色生态城区试点项目完善绿色生态城区规划制度，从总规到详规、专项规划等把绿色生态指标贯入到每个地块；其次是土地出让转让制度，将各类生态绿色指标转化成土地的出让转让条件；最后是充分利用现有规划、设计、施工等许可制度，把绿色、生态的要求在不新增行政许可的前提下得到落实。

绿色生态城区试点项目所在地的管理部门会同区规划分局，按绿色、生态、低碳理念建立包括绿色建筑星级比例、空间利用率、绿化率、可再生能源利用率、绿色交通比例、材料和废弃物回用比例、非传统水资源利用率等指标的绿色生态城区控制指标体系，进而制定新建区域控制性详细规划，指导绿色生态城区全面建设，促进城市基础设施的绿色化。

区发改局、区规划分局、区国土局在绿色生态城区试点项目的立项、规划、土地出让阶段，应将绿色技术相关要求作为项目批复的前置条件。

区建设局应完善绿色生态城区试点项目的监管机制，严格按照标准对规划、设计、施工、验收等阶段进行全过程监管。建立绿色生态城区评估机制，完善评估指标体系，对各项措施和指标的完成情况及效果进行评价，确保建设效果，指导后续建设。

2. 继续抓好新建建筑节能

严格执行工程建设节能强制性标准，包括2022年4月实施的国家全文强制标准《建筑节能与可再生能源利用通用规范》GB 55015—2021完善土地出让、立项、规划、设计、施工、竣工各阶段的节能监管机制，着力提高建设全过程建筑节能标准的执行率。区建设局牵头负责本区行政区域内建筑节能的监督管理工作，发改、国土、规划等有关行政管理部门，按照各自的职责，配合做好实施工作。区国土房管局应在土地招拍挂出让规划条件和土地出让合同中明确建筑节能标准的要求，区发改局、区规划分局和区建设局应加大对建筑节能标准执行情况的监管和稽查力度，对不符合节能减排有关法律法规和强制性标准的工程建设项目，不予立项，不予发放建设工程规划许可证，不得通过施工图审查，不得发放施工许可证，不予竣工验收。建立行政审批责任制和问责制，按照“谁审批、谁监督、谁负责”的原则，对不按规定予以审批的，依法追究有关人员的责任。要加强施工阶段监管和稽查，确保工程质量和安全。

强化民用建筑建设过程的能耗指标控制，根据建筑形式、规模及使用功能，在规划设计阶段引入建设用地用电指标，约束建筑体型系数、供暖空调、通风、照明、生活热水等用能系统的设计参数及系统配置，避免片面追求建筑外形，防止用能系统设计指标过大，造成浪费。区建设局应会同区规划分局、区发改局、区供电局等相关政府部门研究和落实广州市建设用地用电指标标准，通过配电指标约束，形成倒逼机制，促进民用建筑节能水平的提升。大力推广绿色设计、绿色施工，广泛采用自然通风、自然采光、遮阳、隔热等被动技术，抑制高耗能建筑建设，引导新建建筑由节能为主向绿色建筑的发展方向转变。

3. 同步推进建筑能耗监管和既有建筑节能改造

（1）大力推进建筑能耗监管

加强民用建筑能耗监管，持续深入地开展民用建筑能耗统计和国家机关办公建筑和大型公共建筑能耗监测。区建设局负责本区行政区域内国家机关办公建筑和大型公共建筑的能耗监测管理工作。区机关事务管理局、区经信局、区卫生局、区教育局、区文广新局、区科技局等公共机构管理部门，应积极配合，做好相关机关办公建筑和大型公共建筑的广州市公共建筑能耗监测平台接入工作。

区建设局联合区机关事务管理局、区经信局、区卫生局、区教育局、区文广新局、区科技局、各镇街政府等公共机构管理部门开展辖区内国家机关办公建筑和大型公共建筑的建筑规模、类型、年耗电量等信息进行摸底统计工作。区建设局根据统计信息每年制定工作计划进行任务分解，安排一定数量的国家机关办公建筑和大型公共建筑接入广州市公共建筑能耗监测平台。

（2）积极推动既有建筑节能改造和合同能源管理

区建设局应会同区发改局在能耗统计、能耗监测平台的工作基础上，开展国家机关办公建筑、大型公共建筑的能源审计和节能改造。区建设局对辖区内国家机关办公建筑和大型公共建筑摸底统计工作，根据统计信息每年制定工作计划进行任务分解，安排一定数量的国家机关办公建筑和大型公共建筑进行能源审计和既有建筑节能改造。

节能改造应遵循先易后难、分阶段实施和持续改进的原则，改造技术选用的优先级别分别为：第一优先级是行为节能管理和用能设备管理、第二优先级是用能设备改造、第三优先级是涉及土建工程较少的低成本被动技术（自然通风、玻璃贴膜、遮阳、浅色饰面涂料、屋顶绿化等）、最低优先级是围护结构改造技术（更换节能玻璃、外墙内保温、外墙外保温、屋顶保温等）。

以商业、酒店、办公建筑等为重点，推动应用合同能源管理模式，由节能服务公司提供技术和引入投资方，对国家机关办公建筑和其他公共建筑实施节能改造，共同分享节能收益。

（3）公共建筑实行能耗限额管理同步推进既有建筑节能改造

对公共建筑实行建筑能耗限额管理，对运营能耗超过能耗限额的，采取强制能源审计和节能改造的处理措施（提倡先易后难、分阶段实施和持续改进的改造方式），拒不进行能源审计和节能改造的征收超限额附加费。

区建设局应当严格执行广州建筑能耗统计工作制度，负责开展本辖区的能耗调查、统计和分析。每年度根据广州市发布的建筑能耗限额标准，对相同类型建筑中超过该类型建筑能耗限额的，实行一定比例的末位淘汰制，强制进行能源审计和节能改造。

4. 推进可再生能源建筑规模化应用

（1）全面推广太阳能热水系统

严格执行《广州市绿色建筑和建筑节能管理规定》（广州市人民政府令第 92 号），全面推动太阳能热水系统建筑中的推广应用。在新建并具备太阳能热水系统安装条件的 12 层以下（含 12 层）的居住建筑和有稳定生活热水需求的公寓、宿舍、酒店、宾馆、学校、游泳池、医院、医院住院楼、养老院、福利院等建筑应当全面推广应用太阳能热水系统；不具备太阳能热水系统安装条件的，可以采用其他可再生能源技术措施替代。确实无法应用可再生能源技术措施的，建设单位应当向区建设局提出书面说明，由区建设局组织专家进行评估，并在 20 个工作日内做出评估结论并予以公示。专家评估结论认为应当采用可再生能源技术措施的，建设单位应当按照专家评估结论实施。

按要求必须应用太阳能热水系统的建筑，应实行与建筑主体同步规划设计、同步施工安装、同步验收交用。建设单位在签订设计合同、施工合同时，应明确约定采用太阳能热水系统的具体要求。设计单位应将太阳能热水系统与建筑主体工程同步设计，在确保结构安全、实用可靠的基础上，做到太阳能热水系统与建筑有机结合。太阳能热水系统的设计应当与给水排水、电气、结构等专业结合。设计图纸的内容、深度应满足建筑施工、安装的需要。施工图设计文件审查机构应将相关建筑的太阳能热水系统设计施工

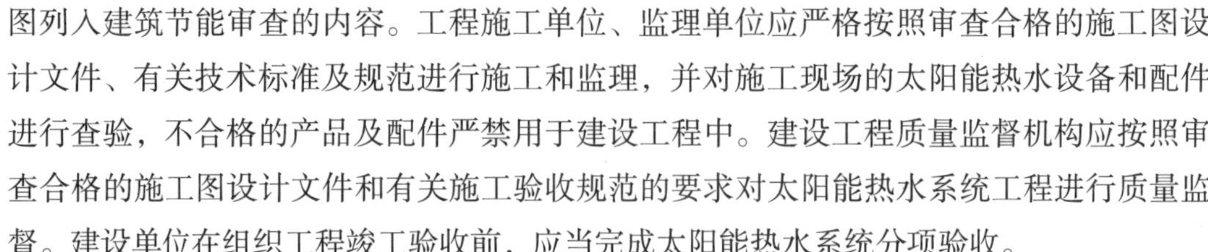

图列入建筑节能审查的内容。工程施工单位、监理单位应严格按照审查合格的施工图设计文件、有关技术标准及规范进行施工和监理，并对施工现场的太阳能热水设备和配件进行查验，不合格的产品及配件严禁用于建设工程中。建设工程质量监督机构应按照审查合格的施工图设计文件和有关施工验收规范的要求对太阳能热水系统工程进行质量监督。建设单位在组织工程竣工验收前，应当完成太阳能热水系统分项验收。

（2）加大推广屋顶分布式光伏发电系统

区发改局和区建设局要引导电力用户、投资企业、专业化合同能源投资公司、个人等各类主体投资建设屋顶分布式光伏发电系统，开展光伏新型应用产品的研发和推广应用，带动促进光伏产业发展。

区发改局、区建设局和区供电局应鼓励和引导自有建筑物业主申报和安装屋顶分布式光伏发电系统，在有条件的工厂、学校、办公楼、商场、住宅、农房等建筑屋顶建设屋顶太阳能光电系统，进行光电板与建筑一体化设计，与市电并网，并享受相关补贴和收益。

要支持具备负荷稳定的各类产业园区、工业厂房、商业楼宇等规模化投资建设和经营屋顶分布式光伏发电项目。屋顶规模较大、满足安装条件的工业厂房项目应当统一设计、安装太阳能光伏发电系统。确实无法应用太阳能光伏发电系统的，建设单位应当向区建设局提出书面说明，由区建设局组织专家进行评估，并在20个工作日内做出评估结论并予以公示。专家评估结论认为应当采用太阳能光伏发电系统的，建设单位应当按照专家评估结论实施。

厂房屋顶宜设计和安装并网型太阳能光伏发电系统，所发电量并入厂区用户侧配电网，供其生产及办公使用，余电上网。

鼓励采用合同能管理模式进行厂房屋顶太阳能光伏发电系统建设和管理，即厂区提供厂房屋顶作为建设场地，由太阳能光伏发电系统建设方投资建设，所发电量优先以优惠电价满足厂区自用，余电上网由建设方收益。

（3）积极引导政府投资项目和大型公共建筑推广应用可再生能源技术

全部或者部分使用财政资金，或者国有资金占主导的新建、改建、扩建房屋建筑项目，应当至少采用一种再生能源利用技术。大型公共建筑应在走廊、车库等公共区域推广应用太阳能集中光伏照明系统和（或）自然采光照明技术，有条件的鼓励使用水源、空气源热泵热水系统、水源、空气源热泵系统等或其他可再生能源技术。

5. 加强新型墙材管理工作

（1）加大推广绿色建材

区建设局应严格执行相关政策，加强墙材革新和散装水泥管理工作，推广使用预拌砂浆、预拌混凝土、高强度钢、高性能混凝土和新型墙体材料。区建设局应加强监督执法力度，禁止在施工现场使用实心黏土砖、袋装水泥，禁止现场搅拌混凝土和砂浆。

（2）加强建筑废弃物综合利用管理

加强城市规划管理，维护规划的严肃性和稳定性。区房管局以及建筑的所有者和使用者要加强建筑维护管理，对符合城市规划和工程建设标准、在正常使用寿命内的建筑，除基本的公共利益需要外，不得随意拆除。拆除大型公共建筑的，要按有关程序提前向社会公示征求意见，接受社会监督。区建设局要研究完善建筑拆除的相关管理制度，探索实行建筑报废拆除审核制度。对违规拆除行为，要依法依规追究有关单位和人员的责任。

落实建筑废弃物处理责任制，按照“谁产生、谁负责”的原则进行建筑废弃物的收集、运输和处理。区建设局、区发改局、区财政局、区经信局要制定实施方案，推行建筑废弃物集中处理和分级利用，加快建筑废弃物资源化利用技术、装备研发推广，编制建筑废弃物综合利用技术标准，开展建筑废弃物资源化利用示范，研究建立建筑废弃物再生产品标识制度。

新建、扩建、改建绿色建筑项目、拆除重建类的城市更新改造项目、政府投资项目，在技术指标符合设计要求及满足使用功能的前提下，应当在指定工程部位全面使用再生骨料、再生塑料、再生橡胶、再生玻璃等再生材料生产的再生建材产品和粉煤灰、脱硫石膏、脱磷石膏、高炉矿渣、硅灰等废弃物资源化处理生产的绿色建材产品。

（3）积极引导建筑工业化发展

推广适合工业化生产的预制装配式混凝土、钢结构等建筑体系，加快发展建设工程的预制和装配技术，提高建筑工业化技术集成水平。支持集设计、生产、施工于一体的工业化基地建设，开展工业化建筑示范试点。积极推行住宅全装修，鼓励新建住宅一次装修到位或菜单式装修，促进个性化装修和产业化装修相统一。

推进建筑工业化（住宅产业化）试点项目建设，在政府投资保障性住房项目试点采用建筑工业化模式进行设计、建设；鼓励社会投资项目采用建筑工业化模式进行设计、建设，尤其是集体宿舍建筑；根据保障性住房、集体宿舍的建筑特性和标准、面积等需求，制定多套标准的户型图集，应用建筑工业化产业和技术进行建设，既可加速项目建设进度、缩短投资回收期、减少材料消耗，又可提高建筑工业化部品产销量降低成本，促进建筑工业化发展。

6. 加快实施低冲击开发建设

南沙新区应从以下三个方面大力推进低影响开发建设：一是结合绿色建筑设计备案要求对新建建筑强制推行低影响开发技术措施，实行与绿色建筑同步规划设计、同步施工、同步验收使用；二是充分利用低影响开发的特点，利用天然水体、池塘、洼地、人工湖以及景观水体等作为调蓄设施，增加景观及改善区域水文环境；三是结合既有建筑节能改造，对具备条件的区域进行低影响开发措施改造。结合不同用地性质及建设条件，南沙新区的低影响开发建设指标如表 5.1-8 所示。

各用地性质低影响开发具体指标　　表 5.1-8

用地性质＼指标		低影响开发率（%）	设计控制降雨量（日值）/mm	年径流总量控制率（%）
居住用地	旧城改造	不低于现状	—	—
	新区	≥ 25	16	≥ 55
公共管理与公共服务设施用地	旧城改造	不低于现状	—	—
	新区	≥ 30	16	≥ 55
商业服务业设施用地	旧城改造	不低于现状	—	—
	新区	≥ 25	16	≥ 55
工业用地	旧城改造	不低于现状	—	—
	新区	≥ 10	—	—
物流仓储用地	旧城改造	不低于现状	—	—
	新区	≥ 10	—	—
道路与交通设施用地	旧城改造	不低于现状	—	—
	新区	≥ 5	—	—
公用设施用地	旧城改造	不低于现状	—	—
	新区	≥ 5	—	—
绿地与广场用地	旧城改造	不低于现状	—	—
	新区	≥ 30	16	≥ 55

说明：1. 表中低影响开发指标在执行过程中不得影响安全。
2. 各类型用地内指标除应符合本表中规定外，尚应符合国家现行有关标准的规定。
3. 低影响开发率：规划区域内采取低影响开发措施的面积与规划区域用地面积的比值。低影响开发措施包括含若干不同形式，主要有透水铺装、生态屋顶、下凹式绿地、生物滞留设施、渗透塘、渗井、湿塘、雨水湿地、蓄水池、调节塘、调节池、植草沟、渗管 / 渠、植被缓冲带、人工土壤渗滤等。
4. “—”由于旧城改造或用地性质不适宜采用设计控制降雨量（日值）和年径流总量控制率指标要求。

7. 建筑立体绿化示范

将建筑物屋顶绿化和垂直绿化纳入项目建设的前期规划，设定科学合理的屋顶绿化和垂直绿化建设比例。政府投资的新建项目应开展屋顶绿化建设。出台屋顶绿化建设和管理的政策，对符合条件的政府和公用建筑屋面实施屋顶覆绿，通过各项措施，鼓励建筑物业主自行开展屋顶绿化改造。同时加强住宅小区和庭院的绿化工作，通过政府与社区积极联动，因地制宜地开展生态透水林荫停车场和墙体垂直绿化改造工程，不断改善社区的生态环境。

5.1.6　发展目标的保障措施

1. 技术支撑层面

以适宜技术为主，因地制宜地推进各种绿色建筑技术体系的发展和有机集成。大力推广各类节能、节地、节水、节材、绿化和提高建筑物室内环境质量等方面的先进适用技术和产品。限制不符合绿色建筑发展要求、浪费能源、浪费水资源、浪费土地、造成环境污染的落后技术、产品、工艺与方法。

加大科技投入，开展绿色建筑基础性和共性关键技术与设备的研究开发与产业化。在绿色建筑结构体系、绿色建材技术与设备、绿色建筑水综合利用技术与设备、建筑节能技术与设备、绿色建筑室内环境控制技术与设备、绿色建筑绿化配套技术与设备以及绿色建筑技术集成平台建设等方面继续深入的开展研究开发工作；发展符合本地条件的绿色建筑成套产品和新技术，积极推动先进、成熟的绿色建筑技术和产品的产业化进程。

2. 制度保障层面

成立专门的管理工作机构或建立由南沙区分管领导为组长，区发改、国土、规划、建设等相关部门分管领导为组员的领导小组，配备保障推动建筑节能和绿色建筑工作必要的人员，并将建筑节能和绿色建筑工作经费纳入年度财政预算。切实加强对建筑节能和绿色建筑工作的组织领导，使之与政府要承担的建筑节能和绿色建筑管理职能、要实现的节能减排等目标和任务相适应。

成立南沙区推行建筑节能和发展绿色建筑联席会议制度，负责研究和协调解决发展建筑节能和绿色建筑工作中的重要事项。根据广州市和南沙新区下达的目标任务，由区建设局牵头，将本规划各项绿色建筑和建筑节能目标任务，分解到各镇街和各相关部门，纳入南沙区建筑节能领导小组目标责任评价体系，并将有关情况纳入南沙区政府绩效管理评价体系。将建筑节能和绿色建筑的目标纳入各镇街和各相关部门节能目标责任和绿色建筑考核指标进行考核。对工作开展好、成绩突出的单位实行表彰奖励；对工作不力、效果较差的追究责任和行政问责，没有完成任务的单位在年度绩效考核中实行一票否决。

3. 监管保障层面

落实在南沙区政府的统一领导下，各部门协调配合，齐抓共管的工作机制。区建设局、区规划分局、区国土房管分局、区发改局等有关部门要将加强绿色建筑和建筑节能监管作为重点工作，明确工作职责，落实工作责任，充分发挥部门职能作用，建立工作联动、闭合管理、上下联动、监管有效的长效监管机制，确保建筑节能法规规定和强制性标准得到贯彻执行（图 5.1-1）。

区规划局——各层次城市规划文件

明确区域内各地块、新建民用建筑的绿色建筑等级标准和比例

区国土房管分局——土地使用证

土地招拍挂出让规划条件和土地出让合同中明确民用建筑节能标准和绿色建筑等级标准和比例

区发改局——固定资产投资项目节能评估

要求节能评估文件设绿色建筑设计专篇，对民用建筑节能强制性要求和绿色建筑的等级标准和比例要求予以把关

区规划局——规划许可证

要求修建性详细规划或规划总平面依据项目绿色建筑的相应等级标准设定绿色建筑专篇，对绿色建筑规划指标予以把关

区建设局——绿色建筑备案、施工许可证、设计标识

按照绿色建筑评价标准对绿色建筑设计文件进行设计审查和备案。在颁发施工许可证的同时下发绿色建筑设计标识申报通知书

区建设局——竣工验收备案

对是否符合绿色建筑和建筑节能标准进行查验。验收报告中应当包含绿色建筑和建筑节能专项内容，未取得相应等级绿色建筑设计标识证书的，不予竣工验收备案

区国土房管分局——房屋产权证

竣工验收不通过的项目，区国土和房管局不得向其颁发房屋产权证书。房屋产权证书颁发一年后，向建设单位或物业管理单位下发绿色建筑标识申报通知书

区建设局——运营标识

图 5.1-1　南沙新区绿色建筑项目建设监管流程图

完善绿色建筑和建筑节能闭合管理机制，强化绿色建筑和建筑节能涉及的规划、设计、施工、监理、检测、验收等方面工作，严格执行建筑节能法规规定和强制性标准。从土地出让、规划许可、立项审批、审图、检测、施工质量监督直至竣工审查，形成一个闭合管理圈，做到每一个环节、每一个细节不漏检、不出错。

区建设局牵头负责本区行政区域内绿色建筑的监督管理工作，区发改、财政、国土、规划等有关行政管理部门，按照各自的职责，配合做好本规划的实施工作。尽快研究和完善现有建筑节能管理制度，将绿色建筑要求纳入其中。积极下发、宣贯和公开广州市绿色建筑设计、施工、验收等技术和管理文件，如《广州市绿色建筑设计指南》、绿色建筑设计专篇、绿色建筑设计审查备案表等，为绿色建筑实施和监督执行提供支持和方便。组织相关职能部门定期或不定期地开展建筑节能工作巡查和专项执法检查，对建设单位、设计单位、施工单位、监理单位及施工图审查机构、检测机构违反建筑节能法规规定和强制性标准的行为及时予以纠正，并视情节给予处罚，列入不良记录。对使用国家或省明令淘汰的、质量不合格的、达不到建筑节能标准的建筑工程，依照有关规定进行查处，对严重违法违规行为从严从重处罚，并公开曝光。

区规划分局研究制定绿色城区、绿色建筑的规划指标要求和规划审批要点。将绿色建筑理念纳入各层次城市规划中，在各层次城市规划文件中必须包含发展绿色建筑的相关内容，明确区域内各地块、各类新建民用建筑的绿色建筑等级标准和比例。编制绿色建筑项目的修建性详细规划及建筑规划方案时，要求规划编制单位依据项目绿色建筑的相应等级标准设定绿色建筑专篇；在规划审批时，对绿色建筑规划指标予以把关。

区国土房管分局研究制定绿色建筑的土地出让条件和招拍挂工作要点。在土地出让环节根据规划要求,明确项目的绿色建筑要求。土地招拍挂出让规划条件和土地出让合同，对建筑节能执行标准和绿色建筑的等级标准和比例做出明确要求。

区发改局研究制定绿色城区、绿色建筑的立项要求和审批要点。对绿色建筑项目在固定资产投资项目节能评估环节明确绿色建筑建设要求，并将绿色建筑建设增量成本纳入工程预算。就管理权限范围内的绿色建筑项目的节能评估文件是否符合民用建筑节能强制性要求和绿色建筑的等级标准和比例要求予以把关。

按照绿色建筑要求建设的项目，建设单位要在项目建议书、可行性研究报告编制中设绿色建筑设计专篇，确定与建设项目相适宜的绿色建筑等级标准和拟采用的有关绿色技术，并将实施绿色建筑成本费用列入投资估算。在工程规划、勘察设计、施工、验收及备案等环节严格执行建筑节能和绿色建筑相关技术标准、规范及技术措施。

对应当进行设计招标投标的民用建筑项目，招标人或者其委托的招标代理机构编制的招标文件中包括建筑节能和绿色建筑等级标准的要求，并作为评标的必要条件。设计单位要严格按照建设单位确定的绿色建筑等级开展方案设计、初步设计和施工图设计，在每个设计阶段的设计文件节能篇中增加绿色建筑设计专篇专项内容。同时施工图设计完成后，要填写绿色建筑设计审查备案表。

施工图审查机构要严格按照绿色建筑评价标准对绿色建筑设计文件进行审查。经审查不符合绿色建筑等级标准的，区建设局不予颁发施工许可证。审查合格的项目，施工图审查机构在出具施工图审查合格书的同时，要将具有审查人员签名并加盖施工图审查机构印章的绿色建筑设计审查备案表与建筑节能设计审查备案其他相关资料一并送区建设局办理建筑节能设计备案。绿色建筑设计通过审查后，任何单位和个人不得擅自变更，如确需变更，要按相关规定履行变更审批手续，并报原施工图审查机构审查，签署审查合格意见，重新办理审查备案手续。

设计单位、施工单位、工程监理单位及其注册执业人员，要按照项目绿色建筑等级标准进行设计、施工、监理。施工单位要对进入施工现场的材料和设备进行查验；不符合施工图设计文件要求的，不得使用。建设单位组织工程竣工验收时，要通知区建设局到场进行技术指导，对是否符合绿色建筑和建筑节能标准进行查验，验收报告中应当包含绿色建筑和建筑节能专项内容。未按已经审查通过的建筑节能施工图设计施工、不符合建筑节能验收标准强制性规定、需按绿色建筑标准建设的项目未按绿色建筑相应等级设计标识施工的不得通过竣工验收。区建设局应当对竣工验收资料进行审核，对不符合建筑节能强制性标准的项目，不予办理竣工验收备案并说明理由。竣工验收不通过的项目，区国土和房管局不得向其颁发房屋产权证书。

区建设局、区房管局、区财政局要做研究制定本区绿色建筑评价标识的管理工作制度，区建设局、区房管局、区财政局要加大绿色建筑评价标识制度的推进力度制，对强制实施绿色建筑标准的建筑，实行强制性标识。①绿色建筑设计标识。区建设局要在颁发项目施工许可证同时向建设单位下发绿色建筑设计标识申报通知书。建设单位要联合项目设计单位在取得施工许可证后6个月内，向广州市墙改办申请办理绿色建筑设计标识。②绿色建筑标识。区国土房管分局要在房屋产权证书颁发一年后，向建设单位或物业管理单位下发绿色建筑标识申报通知书。建设单位要联合项目物业管理单位在项目通过竣工验收并运营一年后的6个月内向广州市墙改办申请办理绿色建筑运营标识。

4. 经济支持层面

区财政局、区建设局、区发改局、区国税分局、区地税分局等有关部门要利用好国家、省、市的绿色建筑和建筑节能的激励政策，响应和加快国家、省、市相关财政、税收等激励政策的执行和落实，积极引导和组织本地区符合条件的项目申报国家、省、市相关优惠政策、专项资金和有关奖励、奖项等。

另外，广州市鼓励各区（县级市）政府安排建筑节能专项资金，促进绿色节能工作，推动绿色节能科技进步。要结合南沙新区情况研究出台相关激励措施，加大对建筑节能和绿色建筑发展的支持力度，调动各方积极性加快建筑节能和绿色建筑的发展。重点加强对南沙新区较难开展的高星级绿色建筑、国家机关办公建筑和大型公共建筑能耗监测平台接入、既有建筑节能改造、合同能源管理等项目的支持力度。

国家、省、市绿色建筑和建筑节能相关的财政、税收等激励政策如下：

一是国家财政支持绿色生态城区建设，资金补助基准为5000万元，具体根据绿色生态城区规划建设水平、绿色建筑建设规模、评价等级、能力建设情况等因素综合核定。对规划建设水平高、建设规模大、能力建设突出的绿色生态城区，将相应调增补助额度。

二是国家财政对二星级及以上的绿色建筑给予奖励。二星级绿色建筑 45 元 /m^2（建筑面积，下同），三星级绿色建筑 80 元 /m^2。奖励标准将根据技术进步、成本变化等情况进行调整。中央财政将奖励资金拨至相关省市财政部门，由各地财政部门兑付至项目单位，对公益性建筑、商业性公共建筑、保障性住房等，奖励资金兑付给建设单位或投资方，对商业性住宅项目，各地应研究采取措施主要使购房者得益。

三是国家财政建立国家机关办公建筑和大型公共建筑节能专项资金对建筑能耗统计、建筑能耗监测、建筑能源审计和建筑节能改造给予补贴。专项资金使用范围包括：①建立建筑节能监管体系支出，包括搭建建筑能耗监测平台、进行建筑能耗统计、建筑能源审计和建筑能效公示等补助支出，其中，搭建建筑能耗监测平台补助支出，包括安装分项计量装置、数据联网等补助支出；②建筑节能改造贴息支出；③财政部批准的国家机关办公建筑和大型公共建筑节能相关的其他支出。

四是国家财政建立合同能源管理财政奖励资金对实施节能效益分享型合同能源管理项目的节能服务公司给予奖励，用于支持采用合同能源管理方式实施的工业、建筑、交通等领域以及公共机构节能改造项目（已享受国家其他相关补助政策的合同能源管理项目，不纳入本办法支持范围）。奖励资金由中央财政和省级财政共同负担，其中：中央财政奖励标准为 240 元 /t 标准煤，省级财政奖励标准不低于 60 元 /t 标准煤。有条件的地方，可视情况适当提高奖励标准。财政部安排一定的工作经费，支持地方有关部门及中央有关单位开展与合同能源管理有关的项目评审、审核备案、监督检查等工作。

五是国家财政对可再生能源建筑应用给予补助。中央财政将优先在重点区域内推广示范城市、示范县，继续给予可再生能源建筑应用示范城市、示范县补贴。对已批准的示范市县，中央财政对符合条件的新增推广面积给予补贴，以鼓励示范市县充分发挥潜力。在确定可再生能源建筑应用重点区域时，对地方出台强制性推广政策的地区予以倾斜。

六是国家财政对分布式光伏发电实行按照全电量补贴的政策，电价补贴标准为每千瓦时 0.42 元（含税，下同），通过可再生能源发展基金予以支付，由电网企业转付；其中，分布式光伏发电系统自用有余上网的电量，由电网企业按照当地燃煤机组标杆上网电价收购。对分布式光伏发电系统自用电量免收随电价征收的各类基金和附加，以及系统备用容量费和其他相关并网服务费。

七是绿色建筑奖励及补助资金、可再生能源建筑应用资金向保障性住房及公益性行业倾斜，达到高星级奖励标准的优先奖励，保障性住房发展一星级绿色建筑达到一定规模的也将优先给予定额补助。

八是市财政建立墙改基金，基金用于新型墙体材料基本建设工程或技术改造项目、科研开发项目和固定资产投资和更新改造。

九是市节能和循环经济发展资金，资金实行竞争性分配，具体资助（奖励）范围和方式包括：年度节能量奖励项目、合同能源管理项目、清洁生产项目、节能与循环经济发展示范项目、节能先进奖励项目、市政府决定资助的其他项目。

十是区财政局、区国税分局和区地税分局要研究制定税收方面的优惠政策，鼓励房地产开发商建设绿色建筑，引导消费者购买绿色住宅。

十一是改进和完善对绿色建筑的金融服务，金融机构可对购买绿色住宅的消费者在购房贷款利率上给予适当优惠。

5. 公众参与层面

将绿色建筑作为全国节能宣传周、科技活动周、城市节水宣传周、全国低碳日、世界环境日、世界水日等活动的重要宣传内容。通过政府及媒体加大绿色建筑政策的宣传，充分利用报刊、网站及其他相关单位网络平台加大绿色建筑的公益宣传，深入开展和挖掘绿色建筑示范项目特点、优点、亮点、卖点的宣传，让群众体会到建筑节能带来的好处和实惠，增加对绿色建筑的感性认识，培育绿色建筑的需求市场。

由相关行业协会和绿色建筑协会切实加强对建设、设计、施工图审查、施工、监理等单位从业人员业务培训，以绿色建筑技术标准和新技术为主要内容的培训内容，进一步提高从业人员执行绿色建筑标准的能力和自觉性。加强对施工现场工人的技能培训和继续教育，提高施工人员对绿色建筑、绿色施工的认识和应用水平。

通过开展国内、国际技术交流与合作，借鉴和吸收国内、国际先进绿色建筑节能技术和管理经验。鼓励积极参加国内、国际绿色建筑技术交流会（如每年在北京举行的国际绿色建筑与建筑节能大会等），开展形式多样的论坛、沙龙等，邀请国内外绿色建筑专家、学者对广州市绿色建筑发展建言献策，指导南沙新区绿色建筑发展。

5.2 佛山新城绿色低碳城区建设

5.2.1 项目概况

佛山新城，原名佛山市中心组团新城区，2003 年 9 月成立，面积约 44.3km^2。2007 年 4 月 16 日中心组团新城区更名为“佛山市东平新城”，定位为“佛山市的中心城区，中央商务区，总部经济发展区、公共服务配套区，具有浓郁岭南风貌的绿色新城”。2008 年，东平新城实施“南延东拓”战略，总规划面积由原来的 44.3km^2 拓展到 88.6km^2。

东平新城地处佛山腹地，东倚广州，南邻港澳，地理位置优越。东平新城东距广州南站 17km，东北距广州白云机场 50km，东南距香港 135km，南距澳门 95km，交通便利，区位优势明显。

东平新城是佛山未来的中心城区，位于广佛第二条新发展轴上，作为“环珠江口湾区”

新崛起的新城之一，东平新城通过广佛环线、广佛江珠城际线、广佛地铁、佛山一环等陆路交通及珠江水系水上交通，与广州、肇庆、江门、珠海、深圳、澳门、香港等城市连为一体。

2011 年 4 月，佛山市委、市政府提出东平新城“强心”战略，将 88.6km^2 的东平新城划分重点开发区和协调区两个层次，进一步明确将东平河及南部片区作为新城发展重点区域。2011 年 4 月 28 日，为加快东平新城的建设，佛山市委、市政府提出将集中全市优势资源，力争通过若干年的建设，把东平新城变为一个集历史文化底蕴、岭南水乡特点、国际大都市标志于一体的现代化中心城区。并提出将东平新城分为重点开发区、协调区两个层次分类推进。

佛山市政府立志紧紧围绕城市升级和环境再造，推进佛山岭型城市化，提高城市化发展水平。通过实施组团中心提升、“三旧”改造、公共交通和市政基础设施、生态环境和宜居城乡、产业新城智能化建设等六大工程，努力把佛山建设成为具备经济可持续、景色优美怡人、交通安全便捷、生活舒适方便、文化气息浓厚、稳定、公共服务健全和人文关怀备至等八大要素的“理想城市”。

在 2011 年《中共佛山市委　佛山市人民政府关于加快东平新城建设的决定》中明确提出“打造具有国际水准和现代岭南文化特色的中心新城区，即具有国际一流水准、智能化国际领先、浓郁岭南风貌、辐射带动力强的佛山市中心城区、广东工业服务示范区和现代岭南文化新城。

5.2.2　绿色低碳城区建设指标体系

2015 年 3 月 24 日召开的党中央政治局会议中，首次提出“绿色化”。“绿色化”首先是一种生产方式——“科技含量高、资源消耗低、环境污染少的产业结构和生产方式”，而且希望带动“绿色产业”，“形成经济社会发展新的增长点”。同时，它也是一种生活方式——“生活方式和消费模式向勤俭节约、绿色低碳、文明健康的方向转变，力戒奢侈浪费和不合理消费”。并且，它还是一种价值取向——“把生态文明纳入社会主义核心价值体系，形成人人、事事、时时崇尚生态文明的社会新风”。其阶段性目标，就是“推动国土空间开发格局优化、加快技术创新和结构调整、促进资源节约循环高效利用、加大自然生态系统和环境保护力度”。

新型城镇化发展过程必须融入绿色化，而绿色低碳建设体系的建立将是系统的、全局的引领绿色化发展的指挥棒。

以把佛山新城建设成绿色生态低碳智慧新区为理念，从区域、地块、单体建筑三个层面，对绿色生态理念涉及的用地布局、建筑、景观、交通、能源、水资源、固废、生态环境等各领域的设计目标、原则及方法进行技术性界定，提出相应的控制与引导性指标。指标体系在构建过程中，在指标选取上，结合佛山新城绿色低碳的区域特点，参考通用的国家标准、国际标准和国内外已有同类特色的城市指标，坚持可达性和前瞻性相结合，定性和定量相结合，特色与共性相结合的原则。指标体系构建过程中的思路框架，详见图 5.2-1。

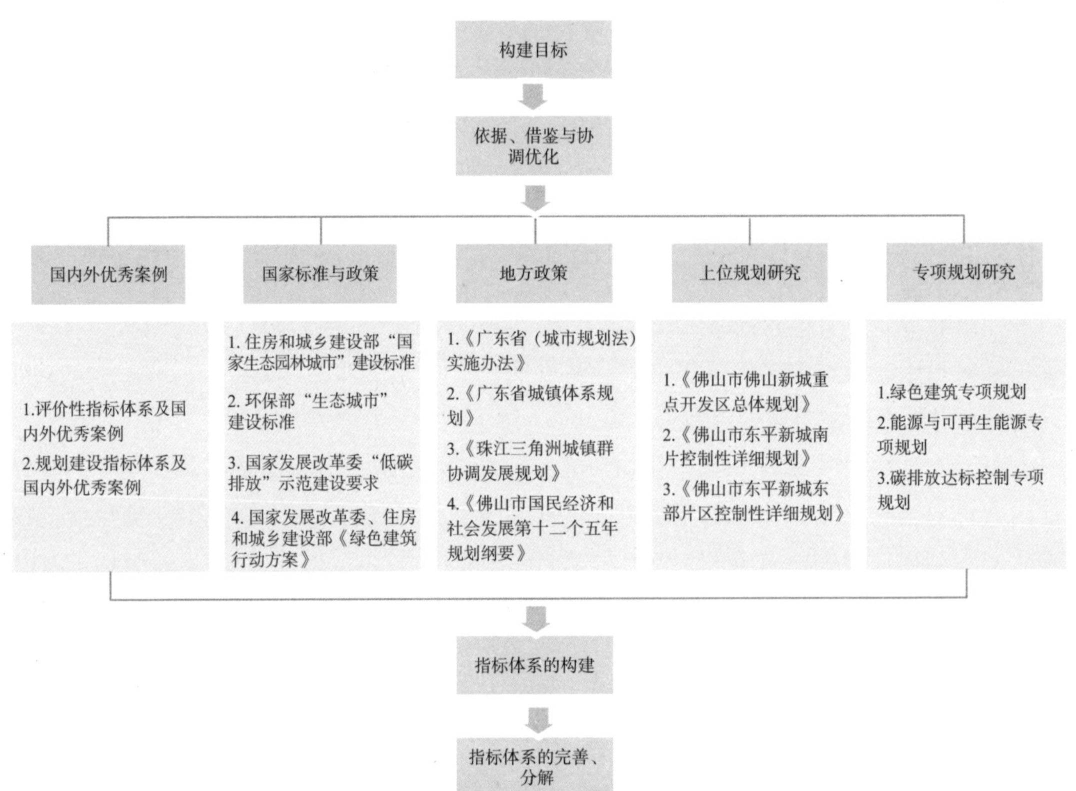

图 5.2-1 绿色低碳城区建设指标体系构建框架

在综合借鉴了国家环保总局《生态县、生态市、生态省建设指标（修订稿）》《国家生态园林城市标准》（建城〔2004〕98 号）、《绿色低碳重点小城镇建设评价指标（试行）》《广东省绿色住区评价标准》DBJ/T 15-105—2015，联合国可持续发展委员会（UNCSD）《可持续发展指标体系》、美国 LEED（ND）、新加坡 BCA Green Mark（District）等以及其他较成熟的著名生态城（如天津中新生态城、深圳光明新区、北京长辛店低碳社区）建设指标等国内外标准、范例的基础上，结合佛山新城绿色生态城实际情况，与佛山新城绿色生态城绿色生态各子系统专项规划相互促进和呼应，提出基于发展规模、空间布局、绿色交通、资源利用、环境质量、景观体系、绿色建筑等方面的佛山新城绿色低碳城区建设指标体系（表 5.2-1）。

绿色低碳城区建设指标明细

表 5.2-1

指标分类	佛山新城绿色生态指标体系共 59 项					指标解读		指标类型分类		规划指标控制空间分层			指标落实与规划建设时序对应关系			
	序号	指标	取值	单位	指标说明	控制性	引导性	管理	规划	系统	街区	地块	规划	开发	建设	运行
总控指标	1	碳排放强度	181 ~ 276	tCO_2/ 百万美元	至规划 2020 年量化评价总体碳排放情况	√			√	√			√			
	2	单位 GDP 能耗指标	≤ 0.20	tce/ 万元	量化评价总体能耗情况	√			√	√						√ *
	3	人均 CO_2 排放强度	≤ 5.16	t/ 人	量化人均碳排量	√			√	√						√ *
	4	建筑能耗可再生能源替代率	≥ 10	%	提高可再生能源利用量，补充化石能源供给短缺现状	√			√	√						√ *
	5	非传统水源利用率	30	%	再生水、雨水等非传统水源使用比例	√			√	√						√ *
	6	绿色建筑比例	100	%	全面推广绿色建筑（如区内存在既有建筑，进行绿色改造达到绿建要求）	√			√	√			√			
系统 1：土地使用与空间布局	7	混合开发比例	≥ 50	%	城区内 50% 以上的街坊包含居住用地、公共设施用地、商业服务用地的任意两类用地		√		√		√			√		
	8	综合容积率	1.5 ~ 2	%	紧凑型用地	√			√			√				√ *
	9	地下空间开发率	20	%	提高空间使用效率		√		√			√				√ *
	10	绿化覆盖率	≥ 40	%	增大绿化面积，营造优良自然生态环境	√			√	√			√			
	11	慢行路网密度	≥ 8	km/km^2	含慢行交通道路的总长度 / 规划面积	√			√	√			√			
	12	开放空间可达性	< 400	m	通过开敞空间布局优化，集中绿地、水系等 400m（步行 5min）可达		√		√		√			√		
	13	公共设施可达性	< 400	m	通过公共设施布局优化，内部公交换乘站、文化娱乐、教育等设施 400m（步行 5min）可达		√		√		√			√		

续表

指标分类	佛山新城绿色生态指标体系共 59 项					指标解读		指标类型分类		规划指标控制空间分层			指标落实与规划建设时序对应关系			
	序号	指标	取值	单位	指标说明	控制性	引导性	管理	规划	系统	街区	地块	规划	开发	建设	运行
系统2：生态环境体系	14	区内空气质量达标天数	≥ 320	天	空气质量达标是指空气质量好于或者等于二级标准		√	√		√						√
	15	噪声环境达标率	100	%	保证新区无重大噪声污染	√		√		√						√
	16	水功能区水质达标率	100	%	保证新区水体无污染，且区内无Ⅳ类水体		√	√		√						√
	17	城市热岛强度	≤ 1.5	℃	控制城市热岛效应强度		√	√		√						√*
	18	人均公共绿地面积	≥ 12	m^2/ 人	增加绿化，改善城市人居环境		√		√	√			√			
	19	本地植物指数	> 0.9	1	本地土著植被种占全部植被种的比例	√		√		√				√		
	20	乔木单位面积利用量	≥ 3	棵 /$100m^2$	增加碳汇能力		√		√			√		√		
	21	物种多样性指数	≥ 1	—	指区域植物种类的丰富程度，是反映丰富度和均匀度的综合指标		√	√		√						√*
	22	生活垃圾分类收集率	80	%	日本、美国等发达国家已达到100%		√	√				√				√*
	23	生活垃圾资源化利用率	50	%	2008 年日本达到 35% 以上，韩国 37%		√	√		√						√*
	24	生活垃圾无害化处理率	100	%	降低垃圾及其衍生物对环境的影响，减少废物排放，做到资源回收利用	√			√	√						√*
	25	建筑垃圾资源化利用率	≥ 60	%	建筑垃圾进行分类收集，并实现资源化利用的比例		√		√			√				√*
	26	综合径流系数	≤ 0.6	—	建筑密度≤ 25% 的住区不宜高于 0.5；建筑密度≥ 25% 且≤ 40% 的住区不宜高于 0.55；建筑密度≥ 40% 的住区不宜高于 0.60	√			√		√			√		
	27	透水地面面积比	> 50	%	采用透水地面，涵养地下水，避免降雨时形成较大地表径流		√		√			√			√	

续表

指标分类	佛山新城绿色生态指标体系共 59 项					指标解读		指标类型分类		规划指标控制空间分层			指标落实与规划建设时序对应关系			
	序号	指标	取值	单位	指标说明	控制性	引导性	管理	规划	系统	街区	地块	规划	开发	建设	运行
系统3：绿色建筑	28	一星级以上绿色建筑比例	100	%	一星级绿色建筑比例	√			√	√				√		
	29	二星级绿色建筑比例	≥ 44	%	二星级绿色建筑比例	√		√				√				√ *
	30	三星级绿色建筑比例	≥ 4	%	三星级绿色建筑比例	√			√			√			√	
	31	绿色建筑运行标识	积极推动	—	绿色建筑运行标识获得		√	√				√			√	
系统4：能源利用体系	32	建筑能耗优于国家节能要求	≥ 5	%	建筑能耗优于国家节能要求的百分比；促进建筑领域节能减排，降低单体建筑能耗	√			√	√			√			
	33	清洁能源利用率	100	%	提倡使用清洁能源		√		√	√			√			
	34	太阳能光热利用建筑一体化	住宅 40 公共建筑 60	%	9 层及以下住宅应 100% 采用太阳能热水系统		√		√			√				√ *
	35	市政绿色照明比例	100	%	《十二五城市绿色照明规划纲要》城市照明高光效、长寿命光源的应用率不低于 90%		√		√	√						√ *
	36	公共建筑能源监测	有	—	区域内的公共建筑均施行分类分项能耗计量监测		√	√		√						√ *
系统5：绿色交通体系	37	绿色出行比例	≥ 70	%	包括乘坐公交车、骑自行车和步行等		√	√		√						√ *
	38	公共交通分担率	≥ 50	%	选择公共交通（包括常规公交和轨道交通）的出行量占总出行量的比率		√	√		√						√ *
	39	自行车道路覆盖密度	≥ 85	%	含有自行车道的城区道路总长度 / 城区道路总长度	√			√	√			√			
	40	新能源汽车比例	≥ 50	%	除汽油、柴油发动机之外所有其他新能源汽车		√	√		√						√ *

续表

指标分类	佛山新城绿色生态指标体系共 59 项					指标解读		指标类型分类		规划指标控制空间分层			指标落实与规划建设时序对应关系			
	序号	指标	取值	单位	指标说明	控制性	引导性	管理	规划	系统	街区	地块	规划	开发	建设	运行
系统 6：水资源循环利用体系	41	节水器具普及使用比例	100	%	推广节水器具的使用		√		√	√				√		
	42	人均生活用水定额	< 220	L/（人·d）	人均用水指标		√		√	√						√ *
	43	节水灌溉覆盖率	10	%	节水灌溉		√		√	√						√ *
	44	供水管网漏损率	< 10	%	城市供水管网漏损		√		√	√						√ *
	45	污水集中处理率	100	%	将生活污水集中处理，并达到排放标准	√			√	√						√ *
	46	再生水供水管网覆盖率	≥ 20	%	建设城市再生水供水系统，并配套再生水厂		√		√	√						√ *
系统 7：信息化智慧体系	47	智慧城市无线网络覆盖率	100	%	创造面向未来的智慧城市系统平台	√		√		√						√ *
	48	智能安防	有	—	人员活动区完全布防，不留死角，实现城区公共安全	√		√				√		√		
	49	智能交通	有	—	基于现代电子信息技术面向交通运输的服务系统		√	√			√			√		
	50	智慧医疗系统	有	—	使居民和游客随时随地能接受医疗救治，消除后顾之忧		√	√				√		√		
	51	水环境质量监测覆盖率	有	—	沿海区域监测水质		√	√				√		√		

续表

指标分类	佛山新城绿色生态指标体系共 59 项					指标解读		指标类型分类		规划指标控制空间分层			指标落实与规划建设时序对应关系			
	序号	指标	取值	单位	指标说明	控制性	引导性	管理	规划	系统	街区	地块	规划	开发	建设	运行
系统 8：人文、产业及创新	52	建设管理制度完善度	有	—	制定绿色生态建设管理办法	√		√		√				√		√
	53	低碳知识宣传教育普及度	有	—	通过普及教育使城区内所有公众对低碳知识有一定了解		√	√		√					√	√
	54	产业一体化	—	—	三产融合发展，有序提高当地产业融合		√	√		√				√		
	55	产业绿色化	—	—	发展旅游服务业为主，辅以生态农业；全部通过 ISO1001 认证的企业		√	√		√					√	√
	56	职住比	50 ~ 60	%	反映新区产城融合的程度		√	√		√				√		√
	57	三资企业数量	250 ~ 300	家	体现产业受外资的影响		√	√			√			√		√
	58	产业总投资额	56.42	亿元	反映产业的资本实力		√	√			√			√	√	
	59	在建项目总投资额	21.93	亿元	反映产业的资本实力		√	√			√			√		√

5.2.3 绿色建筑规划与建设

1. 绿色建筑总体规划

《佛山市佛山新城重点开发区总体规划》《佛山市东平新城南片控制性详细规划修编》《东平新城核心区相关地块控规调整研究》《佛山市生活垃圾清运处理设施专项规划修编（2010—2020）》《广东佛山中德工业服务区发展总体规划（2013—2030）》等规划重点对规划地块的用地性质、用地面积、容积率、建筑密度、绿地率、建筑高度等指标提出了控制指标，对公共交通、地下空间开发等提出了指引性规划，对涉及绿色建筑的建筑节能指标、清洁能源利用、可再生能源利用、可再生水源利用等未作出明确的指标性的规定。未涉及的要素指标就需要通过绿色建筑专项规划来实现，展现指标体系研究与专项规划编制之间的互动行为。

根据各地块绿色建筑条件进行评分，确定绿色建筑星级目标（表 5.2-2）。对于公共建筑地块，得分≥ 9.5，则判定该地块为较适宜定位为三星级目标的绿色建筑用地；对于居住建筑地块，得分≥ 5，则判定为较适宜定位为三星级目标的绿色建筑用地。

地块绿色发展条件分析评分表　　表 5.2-2

序号	城市设计地块编号	用地性质	容积率	旧建筑利用	透水地面比	能耗低于规定值80%	冷热电可能性	可再生能源利用率（10%热水）	照明功率密度值	非传统水源利用率	钢结构可能性	可再利用建筑材料使用率	可调节外遮阳	室内空气质量监控系统	自然采光	资源管理激励机制	总计
1	XCNA01-08	办公用地	0.5	1	1	1	0	0	1	0	0.5	0	0	1	1	1	8
2	XCNA01-25	商业金融用地	1	1	0.5	1	0	0	1	0	0.5	0	0	1	1	1	8
3	XCNA02-06	文化娱乐用地	0.5	1	1	1	0	0	1	0	1	0	0	1	1	1	8.5

在控规中已标注某些地块为“已出具设计要点”“已出让”“保留现状”等，此类地块基本上已经办理了相关规划手续，更改设计条件较难，则将此类用地统一规划为改造目标达到一星级要求。对于有已经备案或者取得的绿色建筑标识目标星级，直接采用评审结果。

行政办公、教育用地、文化娱乐用地等由政府投资建设的绿色建筑适当提高星级目标要求。同时综合考虑交通、能源情况、地块建筑主要朝向等条件决定绿色建筑室内外

环境的重要因素。若地块公共交通便捷、有可再生能源可能性、地块内建筑可以南北向为主布局，则可在规划中适当提高地块内的绿色建筑星级目标（表 5.2-3 和图 5.2-2）。

绿色建筑建设目标 表 5.2-3

星级目标	总面积（万 m^2）	比例	现状公建（万 m^2）	新建公建（万 m^2）	现状居住（万 m^2）	新建居住（万 m^2）
一星级	437.9245	65%	0	246.6951	0	191.2294
二星级	205.4096	31%	0	180.4239	0	24.9857
三星级	25.4998	4%	0	25.4998	0	0
小计	668.8339	100%	0	452.6188	0	216.2151

2. 绿色建筑建设指引

（1）建设过程主体的责任和义务

绿色建筑理念关注建筑的全寿命周期，不同主体的需要共同参与（表 5.2-4）。

绿色建筑建设相关主体和职责 表 5.2-4

过程	主体	职责
建筑全寿命周期	规划、建设、财政等行政主管部门	绿色建筑法规、政策制定，技术标准、细则编制，行政监管，标识管理
项目建设过程	建设单位	绿色建筑建设，项目管理，标识申报
	设计单位	绿色建筑设计理念实施
	施工图审查机构	绿色建筑施工图审查
	施工单位	施工阶段绿色建筑措施与设计理念实施
	监理单位	绿色建筑施工监理
	检测机构	绿色建筑第三方检测
	绿色建筑咨询单位	提供绿色建筑咨询服务，帮助建设单位以绿色建筑为目标进行设计、建设，协助完成绿色建筑评价标识工作
项目使用过程	物业管理单位、建筑使用单位	按照绿色建筑目标实施建筑管理
项目评价过程	绿色建筑委员会	绿色建筑评价标识实施单位

绿色建筑建设应关注几个基本问题：一是绿色建设技术应贯彻实施于建设项目规划、设想、选择、评估、决策、设计、施工到竣工投产交付使用的整个建设周期中；二是行政审批层面，需考虑规划选址立项、建设用地审批、工程设计审批、监理和施工招标、施工报建等与绿色建筑实施相结合；三是绿色建筑评价体系，主要指《绿色建筑评价标准》GB/T 50378—2019 及《广东省绿色建筑评价标准》DBJ/T 15—83—2017，涉及规划、建筑、给水排水、暖通空调、电气照明等多个专业工种。图 5.2-3 为建设项目审批、建设过程、设计以及绿色建筑咨询不同层面流程简要对应关系。详细建设流程如图 5.2-4 所示。

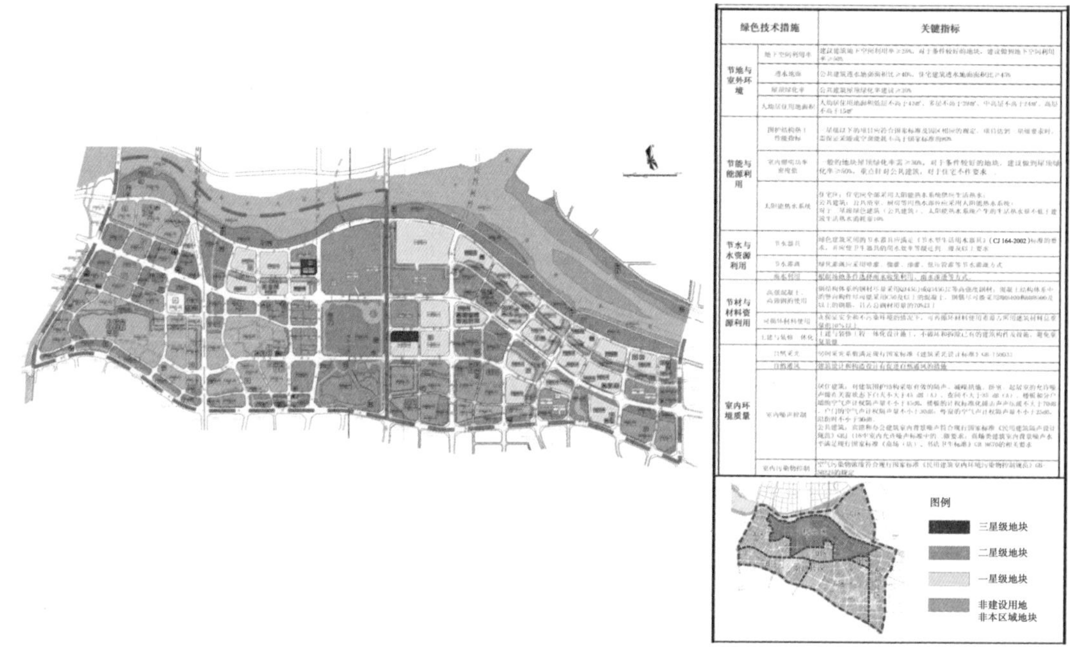

图 5.2-2　绿色建筑分布区块图

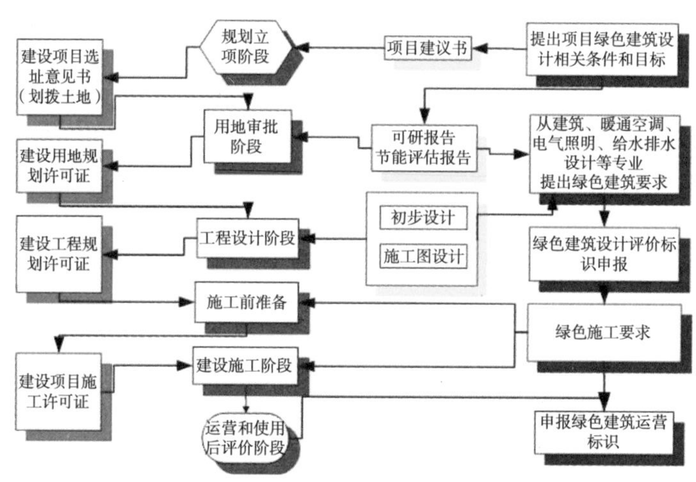

图 5.2-3　项目审批、建设、设计、绿色建筑咨询流程对应关系图

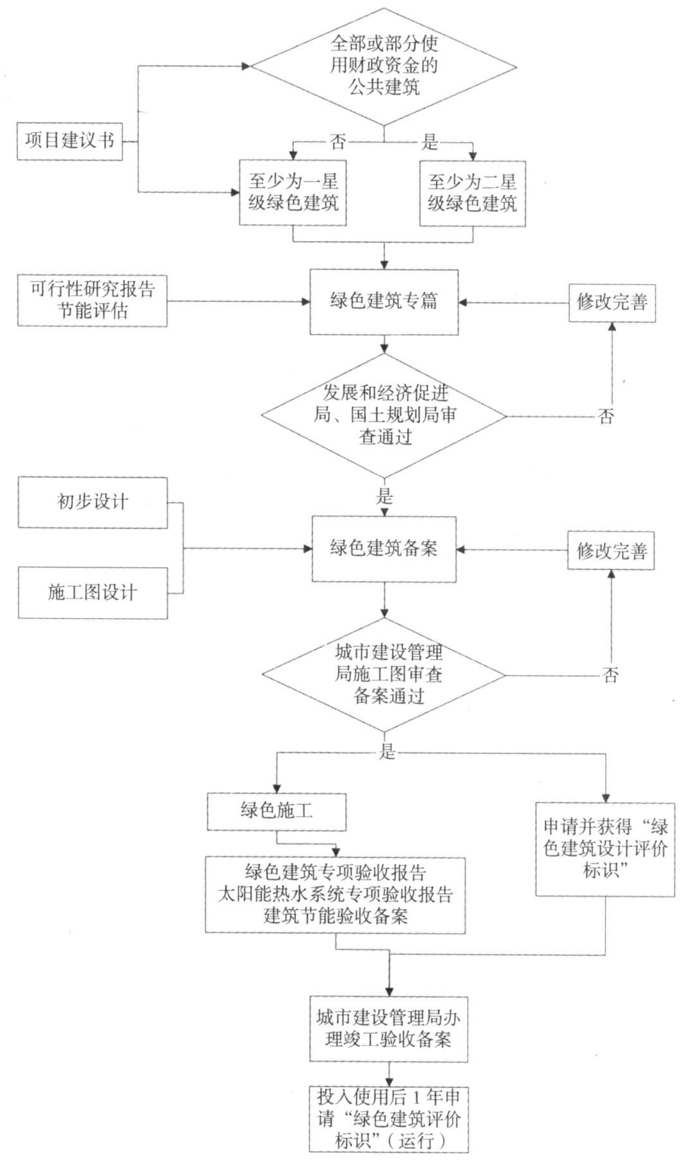

图 5.2-4　佛山新城绿色建筑建设流程图

（2）关键技术指引

1）建筑选址设计策略

①研判场地自然地理条件，令目标场地环境满足：a. 提供能够保证人的健康并可减少人口脆弱性的环境条件。b. 减少场地内日常生活中化学方面和物理侵害方面的意外风险。c. 保护区域的自然文化遗产，保护区域肌理的可持续性，创造舒适的室外公共空间。d. 尽可能地减少场地建筑对周围区域生态系统产生的环境负担和消耗。

②考量场地的经济、生态和社会因素，将土地使用、建设密度、社会安宁和环境保护都纳入考虑的范围之内。

③改善场地及周边环境，建筑选址应该综合考虑建筑自身与周边自然环境及已建成建筑之间的关系，利用有利条件，改善不利环境因素，在优化建筑周边小气候的同时，建立气候防护体系，形成适宜的地区微气候。

2）建筑布局设计策略

①借鉴岭南传统聚落布局：对自然水体、山体、植被合理利用，综合考虑地势与建筑的布局。组织自然通风，通过水面降温；依靠山体等可防止寒流的侵扰；利用绿化植被来对热环境作出调整与改善；建筑高低组合以及利用坡屋顶对通风起到疏导作用；建筑间距小，可增加遮阴的效果，形成冷巷；建筑朝东南向。

②利用佛山新城自然条件：佛山新城在建筑总体布置上，应当考虑在夏季主导风向上留出适当的开口，而在冬季主导风向上则应当进行适当的遮挡。注意保护原有的湿地环境，还可以考虑在城市环境中引入人工水体。保留或创造绿地，缓解城市热岛效应。

3）建筑体形设计策略

将体型系数控制在一个较低的水平，可以降低建筑的耗热量。但是体型系数不只影响外围护结构的传热损失，它还影响建筑的造型、布局和采光通风。体型系数过小，会造成建筑平面布局单一，造型呆板，甚至影响建筑的功能。建筑师应兼顾不同类型的建筑造型，权衡利弊，合理设计。

4）建筑朝向设计策略确定建筑的朝向要考虑很多因素，它需要满足地形、道路、风向、采光、景观的要求，还要考虑私密性，以及噪声等对环境的影响。炎热期接受太阳辐射量最少和寒冷期接受太阳辐射量最大的方向为最佳。总平面设计控制气流，强化自然通风，促进生成夏天的穿堂风。设计建筑体的尖角指向风力的方向，使风速度分解；利用其他建筑或植被做挡风屏障，以减弱风力。

5）建筑低层架空空间设计

建筑的底层架空可以缓冲建筑实体与自然环境之间的矛盾，通过渗透交通动线和引入公共景观，扩大边界的可停留性，建立起相互渗透的空间关系，从而有利于调控建筑底层的风环境以及创造较多的建筑阴影区。建筑架空分为三类：整层架空、局部架空、柱廊架空。

6）庭院空间设计

中庭是一种最常见的水平庭院空间，它除了利用绿化和环境的配置，创造宜人的空间之外，也是室内环境的被动降温手段之一。中庭既可以为进深较大的建筑引入自然采光，更能够利用通风上的“烟囱效应”，加强垂直通风效果，弥补建筑水平面通风上的不足。

7）岭南建筑的冷巷、风道空间

岭南传统民居从整体空间布局到单体建筑空间均注重如何防热与通风。建筑群落上呈现紧凑的梳式布局，通过空间组织实现遮阳通风。庭院收窄的空间尺度主要关注“防热”，结合贯通建筑纵向进深的“冷巷”，形成了独特的应对湿热气候的“空间系统”，“庭院”与“冷巷”纵横有序，点面结合，很好地改善了民居的“微气候”环境。

在夏季季风环境下，建筑的门廊、冷巷作为外部气流进入的导风口，引导风进入并让其在建筑阴影中被冷却下来；而庭院由于相对开阔，空气会被加热，温度差使得门廊和冷巷中的凉空气向庭院流动。当存在外部强气流时，风从冷巷贯入，气流速度相对较大，而庭院空气由于空间相对围闭而静止，空气压力差使得庭院空气向冷巷流动。建筑空间布局在防热的同时，形成空间的阴凉气流和采光环境（图 5.2-5、图 5.2-6）。

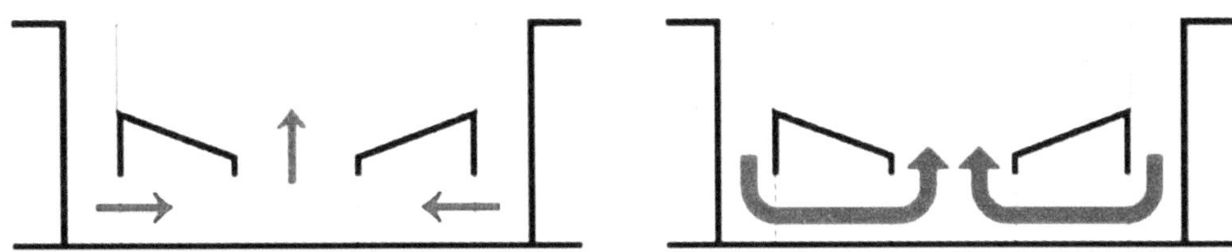

图 5.2-5　温度差异形成的气流趋势　　图 5.2-6　冷巷及庭院中热压气流示意

8）建筑的依附型外部缓冲空间

外围缓冲空间的原理就是在外界空间与建筑主体之间增加一个附加的空间，常见的有在建筑受到强烈日照方向设计的独立墙体与建筑主体形成的用来阻挡太阳辐射热的隔离空间，或在屋顶设计的遮阳构架形成的空间等。形成建筑与自然环境之间的缓冲层，利用它们降低外界对建筑内部的影响。

9）浅色表面的作用

由于颜色的差异，不透明物体对太阳能的吸收率从 40% ~ 95% 不等，深色物体吸收通常比浅色物体吸收率更高，光亮的白色表面能够反射 80% ~ 98% 的太阳能。因此，在隔热层外表面安装浅色饰面，可以减少热量的吸收，同时减少太阳辐射热进入围护结构内部并且向其内表面的传递，从而降低内部空间的温度。

10）建筑遮阳形式及构造设计特点

从遮阳板的构造形式上分，大致有水平遮阳、垂直遮阳、综合式遮阳和挡板遮阳。对于南向的窗户比较适合采用水平遮阳板，能够有效地遮挡高度角较大且从窗口上方投射下来的阳光，而从窗侧斜射过来的阳光则适合采用垂直遮阳板。综合式遮阳是水平遮阳和垂直遮阳的组合，遮阳效果比较均匀。挡板遮阳则是在窗口正前方设置一块与窗口平行的挡板，遮挡正射窗口的阳光。

遮阳板的安装和使用方法可分为固定遮阳和活动遮阳。外遮阳在挡住夏季日照的同时，也挡住了冬季的阳光。基于此状况，可采用活动式遮阳。活动式遮阳具有良好的遮阳效果，遮阳的程度也可以根据居住者的意愿进行调节。

此外，目前比较常见的还有绿化遮阳，包括了垂直绿化、屋顶绿化等。

无论选取哪种遮阳手段，其运用的原则是：通常外遮阳比内遮阳有效；一般南向以水平遮阳为宜，东西向以垂直遮阳结合水平遮阳为宜；活动遮阳比固定遮阳更有效；浅色遮阳板比深色遮阳板有效。

3. 绿色建筑建设情况

（1）绿色建筑建设总览

《印发关于加快推广绿色建筑意见的通知》（佛府办〔2012〕51 号）要求，佛山新城等五个城市发展新区的新建民用建筑项目应当按照绿色建筑标准进行规划、土地供应、立项、建设和管理。《关于佛山新城、乐从镇创建国家绿色生态示范城区、推动中欧城镇化合作示范区发展，加强绿色建筑建设的通知》（佛新城办发〔2014〕36 号）进一步要求，新建（改建、扩建）公共建筑必须达到绿色建筑二星级。表 5.2-5 为已经申请绿色建筑标识项目的不完全统计。图 5.2-7 为部分绿建项目效果图。

佛山新城申请绿色建筑标识清单 表 5.2-5

绿色建筑项目	面积（m^2）	绿色建筑等级
佛山新城中欧中心	300000	二
佛山市艺术村（绿色）	3525.52	二
书城地块创意中心	86740	二
佛山市图书馆	47000	二
佛山市档案中心	60000	二
佛山市科学馆、青少年宫	70535	三
影城地块（星耀广场）	119455.5	二
佛山市艺术馆	25960	二
佛山市坊塔	71231.9	二
宏鼎大厦	62387.03	二
博物馆	41848	二
宝能金融大厦	82000	二
中德工业服务区高技术服务平台	210625.9	二
佛山移动信息大厦	67207.36	二
佛山苏宁广场	344974.7	二
保利东湾	1419850	一
信保广场	171666.4	二
德国宗德服务中心	337784.9	二
怡龙湾公寓	83586.93	二
南丰汇购物中心	184689.6	二
佛山万科水晶花园	400000	一
怡翠晋盛花园	220000	一

（a）佛山市档案中心

（b）保利东湾

（c）佛山市艺术村

（d）佛山市艺术村

（e）星耀广场

（f）星耀广场

（g）佛山市文化馆

（h）佛山市文化馆

图 5.2-7　部分绿色建筑项目图片

（2）特色案例——佛山科学馆和佛山青少年宫

项目属佛山市公共文化综合体项目，主要功能用途为青少年宫和科学馆（图 5.2-8）。用地面积 27595m^2，建筑面积 70535m^2，其中地上总建筑面积 42626m^2，地下总建筑面积 27909m^2。建筑层数为地下 2 层，地上 9 层，建筑高度 56.65m。已经获得三星级绿色建筑设计标识。

图 5.2-8　科学馆和青少年宫效果图

1）建筑被动式设计及外围护结构节能技术

岭南建筑特色采用建筑表皮综合遮阳技术、建筑自然通风技术、被动式设计、优化围护结构，达到节能 60% 的目标。

①外围护结构节能技术

结合建筑设计，对建筑外墙、屋面、窗户和遮阳等多方面进行优化，铝塑共挤中空 Low-E 涂膜玻璃窗（传热系数 K=2.50W/（m^2· K），遮阳系数 =0.40）、部分外窗采用百叶中空玻璃窗。屋顶绿化采用 SGK 种植模块绿化技术。

②建筑表皮综合遮阳技术

以节能、美观、体现地域特色为原则，进行建筑遮阳与建筑表皮一体化的设计，在满足遮阳要求的同时实现美观的立面效果。

③建筑自然通风技术、无空调大堂

通过自然通风降低室内温度，满足人们舒适性要求，可大量降低空调能耗。本项目在设计阶段通过采用数值模拟技术定量分析风压和热压作用在不同区域的通风效果，综合比较不同建筑设计及构造设计方案，确定最优自然通风系统设计方案，实现节能效益最大（图 5.2-9）。

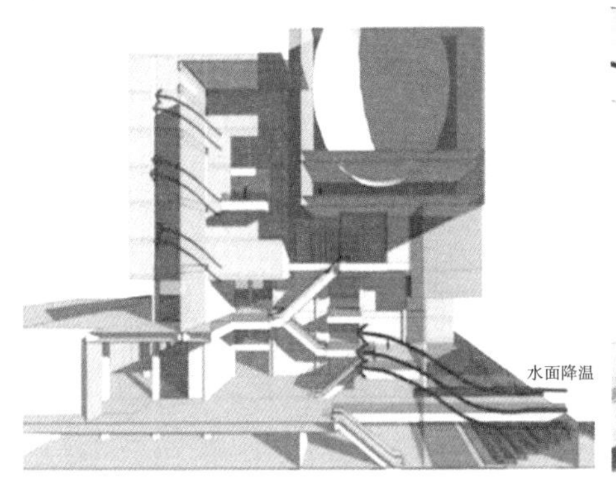

图 5.2-9　大堂无空调自然通风

2）空调制冷节能技术

选用高效设备。大型高效率离心式冷水机组与易于调节的螺杆式冷水机组大小搭配运行，冷水系统为 6℃ /13℃大温差运行，减少输送能耗，提高空调系统除湿能力。

风机、水泵变频。冷水系统采用变流量方案，冷风柜变风量运行。过渡季节加大新风量运行。剧场采用座椅送风系统。

中央空调管理专家系统。实时监测各种参数，把能源使用时间、环境和使用量清晰展示在用户面前，使用户及时发现能源使用过程中的问题，采取具有针对性的解决方案和改进措施。

综合能源管理系统。中央空调采用楼宇自动控制系统（BAS）进行系统的监测与控制。并对整个建筑物水、电、冷量等能源消耗量的变化情况进行分析、考核，据此进行设备耗能等级评定及建筑能耗密度统计，为系统运行节能提供依据等。

3）新能源与可再生能源应用技术

采用太阳能光伏建筑一体化将达到合理确定可再生能源利用目标。将太阳能板分别铺设在青少年宫、科学馆屋顶以及球幕影院顶。整个光伏系统直流总功率 127.08kW，由 305 块单晶硅标准电池组件，474 块单晶硅 BIPV 组件组成，预计每年平均发电 167880.6kWh。太阳能光电板发出的电能可以解决建筑的负一层及负二层的照明用电（图 5.2-10）。

图 5.2-10 太阳能光伏应用

4）绿色照明节能技术

数字调光技术。系统可预先设定各种个性化的照明场景以适应不同照明环境的需求。当自然光照强时，调低灯具的光照，以节省电能并提高人体视觉的舒适度，综合节约电能 70%。

自然采光与光导管技术。在地下车库安装 15 个光导管（图 5.2-11），可实现每天 14h 日光照明；按相同照度的人工照明灯具功率 400W 白炽灯，每天节电 5.6kWh；每只灯具节能 0.47t 标准煤。

图 5.2-11 光导照明应用

控制照明功率密度。照明系统设计依据《建筑照明设计标准》GB 50034—2013，各房间或场所的照明功率密度值不高于现行国家标准《建筑照明设计标准》GB 50034—2013 规定的目标值。

5）屋顶人工湿地及雨水利用系统

结合屋面景观设计，共布置了 $1500m^2$ 的屋顶人工湿地（图 5.2-12），屋面雨水经屋顶人工湿地过滤后贮存，用于湿地生长和室内庭院浇洒，溢流可排至景观水池。

图 5.2-12　屋顶人工湿地

6）全流量高效变频调速给水方法

使变频给水设备配置的水泵任何时段均在高效段运行，较一般系统设备节电 30% ~ 40%。保证变频水泵 24h 处于高效段运行，节约电能，全年可节电 4 万度。

7）节水器具利用和节水灌溉

所有节水器具应优先选用《当前国家鼓励发展的节水设备》和《建设部推广应用和限制禁止使用技术》中公布的节水设备、器材和器具。所有节水器具应满足《节水型生活用水器具》CJ/T 164—2014 及《节水型产品通用技术条件》GB/T 18870—2011 的要求。绿化灌溉采用喷灌或微灌等高效节水灌溉方式，能有效地达到节水的目的。

8）室内噪声控制

本工程主要噪声源为交通噪声及设备噪声。本工程采用中空 Low-E 玻璃窗进行隔声处理,可使室内噪声衰减量大于 30dB（A）。建筑外立面设有遮阳板,对噪声也有阻隔作用。建筑室内采用“动静分区”的方式进行布局，将电梯井、设备房等噪声相对较大的房间通过前室、楼道等与主要办公室、会议室等分离。

9）室内空气质量

设置二氧化碳监控系统，对人员密集场所的二氧化碳浓度进行数据采集和分析。地下车库设置一氧化碳监控系统。以上探测监控系统均与通风装置联动,实现自动通风调节，保证健康舒适的室内环境。

5.2.4 绿色能源规划与建设

1. 绿色能源规划原则

（1）坚持市场推动与政府宏观调控相结合的原则。以建筑用户作为市场消费者，重点刺激建筑用户的可再生能源应用需求，推动企业作为市场主体积极参与产品开发，建立渠道多元化的投融资机制和市场拉动机制，有效发挥市场机制配置资源的基础性作用。政府则通过经济、行政、法律等手段，不断培育和调控有利于可再生能源在建筑应用发展的市场环境和政策环境，实现可再生能源建筑应用市场的良性竞争。

（2）坚持因地制宜、分类指导原则。根据不同的建筑特点、使用需求、项目地质条件等状况，选择适宜的可再生能源形式及建筑一体化应用技术。在设计之初即应对可再生能源技术的可行性进行论证分析，做到科学合理地利用。政府针对推广应用中的问题，及时加以分区分类指导。

（3）坚持科技创新、科研领先原则。以科技创新为先导，以技术开发为目标，着力提升科研院所与企业的自主创新能力，开发一批具有自主知识产权的可再生能源建筑应用技术，形成一定数量的可再生能源建筑应用产品，为可再生能源建筑应用工作提供强有力技术保障。

（4）坚持以点带面、稳步推广的原则。结合节能减排、资源综合利用、建设节约型社会、旧城改造等实际工程，启动相关示范项目，以点带块，以块带面，稳步推动佛山新城可再生能源应用的快速发展。

2. 绿色能源规划内容

（1）太阳能热利用

在新城推广普及太阳能一体化建筑、太阳能集中供热水工程。9 层及以下住宅 100% 安装太阳能热水。到规划期末，太阳能供应热水量比例达住宅热水量的 40% 以上。

新城内有热水需求的公共建筑尽量安装太阳能热水器。因建筑朝向、间距等规划原因，无法满足太阳能热水系统有效日照条件但有生活热水供应要求的公共建筑，需通过论证后方可不采用太阳能热水系统，但应尽可能的采用空气源热泵、冷凝热回收等制热水方式。新建公共建筑太阳能光热系统应实现一体化设计、施工和验收。在规划期末，有热水需求的公建太阳能供应热水量比例达 60% 以上（含空气源热泵等复合系统）。

（2）太阳能发电

在城市建筑物和公共设施建设与建筑物一体化的屋顶太阳能并网光伏发电设施，首先用在公益性建筑物上，然后逐渐推广到其他建筑物；在有经济实力的企业建设小型光伏电站，作为企业办公用电的补充电源；在道路、公园、车站等公共设施照明中推广使用光伏电源和风光互补路灯照明，建设一批新能源照明示范项目。扩大城市光伏发电的利用量，并为光伏发电提供必要的市场规模。促进我市太阳能发电技术的发展，做好太阳能光伏发电技术的战略储备。到 2030 年太阳能光伏发电占办公、商业总用电量的 2% 以上。

（3）热泵技术积极推进空气源和地热源热泵制热水及空调技术。对具有冷热需求的建筑，如宾馆、酒店、养老院、医院、企业，推广采用热泵冷热联供系统和回收余热的热泵热水系统，逐步提高热泵系统在城市热水中所占比例，市、区政府投资的学校、医院、行政事业办公楼等公益性建筑，制冷供热系统优先选用热泵系统。通过政策引导，至规划末期，佛山新城达到 20% 的住宅建筑供冷采用可再生能源的热泵系统。30% 的公共建筑供冷采用可再生能源的热泵系统。热泵提供 20% 以上的热水。建立起适合本地建筑特征的热泵和空调技术规范和标准。

3. 绿色能源建设情况

（1）太阳能

光伏发电是根据光生伏特效应原理，利用太阳电池将太阳光能直接转化为电能。常见的太阳能光伏建筑集成系统主要有光伏屋顶、光伏幕墙、光伏遮阳板、光伏天窗等，其中光伏屋顶系统的应用最为广泛，光伏幕墙、光伏遮阳板的发展也非常迅速。佛山新城管委会大楼楼顶装有 14kW 的太阳能光伏发电系统（图 5.2-13），年产电量近 20000 度，可减轻该栋办公楼从外部的用电量，具有显著的能源、环保和经济效益。

图 5.2-13　佛山新城管委会太阳能光伏发电示范

（2）风能

通过将“风力发电机组、控制系统、支撑系统、储能系统、太阳能发电系统、照明系统”这六大部分的整合，实现风光互补技术的应用。因各地情况不一样就需要不同的风光互补系统技术来适应区域变化，从而达最经济、最符合用户要求的系统。佛山新城滨河景观带有 3km 的路程安装了约 200 盏风光互补太阳能路灯（图 5.2-14），路灯之间间隔为 20m，示范工程经济环保，具有现实的节能意义。

图 5.2-14　风光互补太阳能路灯

（3）生物质能

一般来说园林垃圾主要是指植物自然凋落或人工修剪所产生的植物残体，主要包括树叶、草屑、树木与灌木剪枝等。园林垃圾富含有机物和营养物质，相对于成分复杂的生活垃圾等城市有机固体废弃物，园林垃圾成分单一，更加清洁和安全，因此园林垃圾的资源化利用，具有潜在的生态价值和经济价值。园林垃圾堆肥是指在通风供氧条件下，调节堆体原料中的水分、湿度及 C/N 等因子，通过好氧微生物作用使园林垃圾得到降解的过程。该研究解决了园林垃圾发酵慢，发酵周期长的问题，可使园林垃圾的发酵周期从原来的 40 ～ 60 天提高到 25 ～ 30 天，该研究成果可以工程推广应用。

与填埋相比，佛山新城园林废弃物堆肥处理（图 5.2-15）每年可减少约 4000m^3 的填埋场体积；填埋高度以 40m 计算，每年可节约土地 100m^2，缓解土地资源紧缺的压力。与焚烧相比，园林废弃物堆肥可减少废气等二次污染，据统计，工业锅炉每燃烧 1t 生物质燃料产生 6240.28 标 m^3 废气，佛山新城每年园林废弃物堆肥处理约 1350t，可减少因焚烧而产生的约 842.4 万标 m^3 的废气排放，还可减少（1.62 ～ 2.43）$\times 10^5$ 卡热量排放到空气中，减少约 499.5tCO_2 的排放。因此，园林废弃物堆肥化再利用可实现城市园林废弃物的减量化、无害化及资源化，是建设资源节约型、环境友好型的社会需求，符合可持续发展和低碳经济的发展理念。

传统常温餐厨垃圾好氧堆肥过程存在耗时较长、占地面积较大、堆肥产品品质一般的问题。因此缩短堆肥时间、简化堆肥过程的操作流程具有重要的研究意义。通过自主研制的辅助加热高温发酵装置（图 5.2-16），围绕高温发酵时降解菌分解消化有机质的机理，对常温和 60℃辅助加热情况下餐厨垃圾的发酵过程和发酵效果进行了对比，最终发现该系统比普通好氧堆肥周期短，缩短一次堆肥时间约 2 天；异味产生比较少，堆肥效果好，物料性状更加稳定。高温有助于更有效的杀灭有害菌。

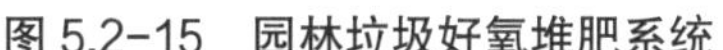
图 5.2-15 园林垃圾好氧堆肥系统

图 5.2-16 餐厨垃圾高温好氧快速堆肥系统

5.2.5 低碳交通规划与建设

1. 低碳交通指导原则

城市低碳交通是实现健康的、可持续发展论的城市交通系统的必由之路。低碳交通的实现需要遵循以下的指导原则：

（1）系统原则

从建设低碳城市的总体高度，把握社会经济与城市发展趋势与规律，分析论证低碳交通系统在佛山新城发展中的地位和作用，将低碳交通网络系统与用地的功能布局和重大基础设施建设统一规划考虑，使规划科学，定位合理。

（2）客观原则

以科学的态度充分认识佛山新城发展建设的有利条件和不利因素，规划既要具有高起点、高标准、长远性，又要与实际密切结合，寻求切合实际的开发策略、发展指标与阶段目标，使规划适当超前，兼顾现实。

（3）以人为本原则

坚持以人为本的原则，是在进行低碳交通系统规划，充分考虑居民的出行需求和行为习惯，在基础设施规划设计中注重宜人因素，创造出安全、便利、舒适、优美的低碳出行体系。

2. 低碳交通发展战略

（1）在城市规划的功能与布局中贯彻低碳交通理念。

城市发展中贯彻低碳交通主要通过控制交通出行需求方面体现，主要途径便是发展“紧凑、复合、居职平衡”为特征的城市。通过城乡规划使土地利用结构和土地开发合理化，尽量减少交通需求。在城乡规划中应注重新开发区域以重大交通枢纽为中心的紧密型组团建设（即 TOD 模式），以提高公交出行比重和效率。

（2）以公交导向发展和公交优先发展构筑低碳交通骨架。

城轨已开工建设，公交体系也在不断优化。政府应进一步确立公共交通在城市交通中的优先地位，加快轨道交通等大容量快速公共交通的建设步伐，建设公交专用道，推行交通导向开发模式，完善公交主干网络，提高公交线网密度和站点覆盖率，线路和停靠站点要尽量向居住小区、商业区、学校等城市功能区延伸，提高公交可达性。公交运行企业也应大力提高公交运营的服务水平。

（3）完善慢行交通系统为低碳交通提供基础支撑率。佛山新城各功能区规模适中，适合于慢行交通的发展。因此应优先发展慢行交通系统，同时保障慢行交通系统与城市公交系统有效接驳，充分发挥公交的优势。解决道路上自行车道通行条件差、停车换乘不便等问题，拓宽自行车道，增加自行车停车点，引导自行车的使用。考虑建设智能公共自行车系统，形成慢行交通系统与其他交通系统的无缝联系。

（4）加强交通需求管理为低碳交通提供管理保障。

实施低碳交通的关键是降低小汽车等高碳交通方式在城市交通中的出行比重，因此，还应研究控制私人机动方式使用的方法和措施，例如借鉴国外经验，在重要地区进行需求管理，同时采取措施有效控制私人机动方式的使用，严格控制高污染机动车的拥有与使用，限制其行驶时间、区域。

（5）制订低碳交通系统政策为低碳交通提供政策保障。

加强机构间的协作。在城市政府直接领导下，建立多部门组成的协调机构，以制定和实施整体的城市交通政策。在充分调研的基础上出台一系列政策措施，例如对推广使用绿色汽车的鼓励政策；对研发新能源汽车的资助和奖励措施；对大排量重污染汽车重税及对低碳车辆减税政策；减少公务用车的政策措施；控制私家车使用措施；鼓励慢行交通出行的政策；将各项措施落到实处。

3. 低碳交通规划评价体系

根据低碳交通发展的实现途径，提出两层次低碳交通指标体系，即核心指标和支撑指标，详见图 5.2-17。核心指标是低碳交通的总体控制指标，指导低碳交通的总体发展方向，也是低碳交通发展的主要标志。支撑指标是对核心指标的分解、细化，便于各阶段规划设计的操作和控制，是实施过程的控制依据，可操作性是其关键所在。

（1）核心指标

实现低碳交通的核心是提高绿色出行的比例，在此基础上，努力降低机动车的碳排放量。绿色出行比例和交通清洁能源利用率是低碳交通规划的核心指标，也是总目标。

1）绿色出行比例指标

绿色出行比例包括公共交通分担率和非机动化出行分担率，是影响城市交通碳排放量的关键指标。应明确的是，本指标是规划目标，是评价性指标，该指标的实现需要一系列控制性指标的支撑，而非直接在规划中落实的指标。

2）清洁能源利用率在出行方式比例确定下，提高清洁能源汽车的使用比例，是减少碳排放量的重要措施。

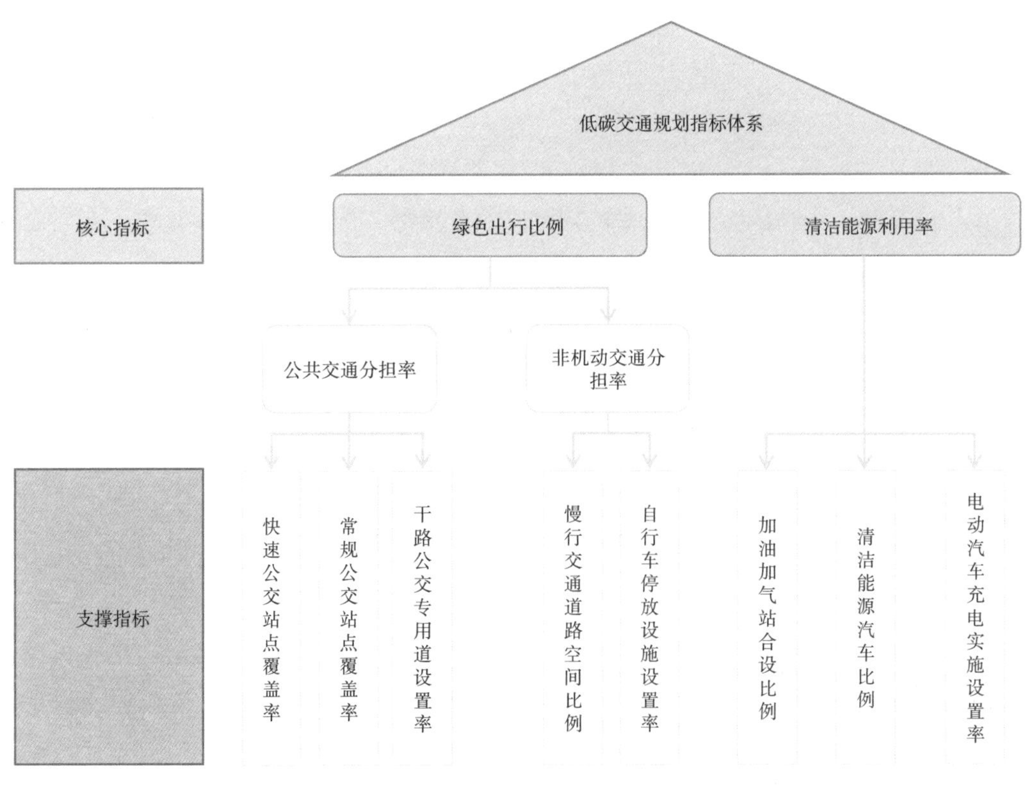

图 5.2-17　低碳交通指标体系框架图

（2）支撑指标

1）常规公交站点覆盖率

指 300m、500m 常规公交站服务半径的覆盖率。

2）快速公交站点覆盖率

为贯彻 TOD 城市空间发展理念，除对规范中 300m、500m 常规公交站服务半径的覆盖率提出控制要求外，还应对快速公共交通站点（包括轨道交通和 BRT 交通）的覆盖率提出控制要求，以保证公共交通的整体竞争力，提高土地利用与交通发展的良性互动。站点 500m 服务半径是快速公共交通的直接服务范围（步行约 10min），1.5 ~ 2.0km 范围（骑行约 10min）内可通过自行车接驳，提高快速公共交通的服务范围。

3）干路公交专用道设置率

指城市道路网中设置公交专用道的干道占城市干道长度的百分比。为提高公共交通的吸引力，除提高公交站点覆盖率外，提高公交车辆的运营速度也是关键。公交专用道的设置对提高公交车辆的运行速度作用显著，在路网规划阶段就应把该指标纳入控制性指标，道路空间布置上应体现公交优先，适当限制小汽车交通。

4）慢行交通道路空间比例

指道路断面中步行道和自行车道宽度占道路红线宽度的百分比。为鼓励步行和自行车绿色出行方式，除在用地上考虑居住与公共服务设施的空间距离外，还要构建系统、连续、安全、舒适的慢行交通系统。为此，各级道路首先要保留适当的慢行交通空间。

5）自行车停放设施设置率

指公共建筑、交通枢纽等设置自行车停放设施的比例。自行车停放设施是自行车交通系统中的重要一环，从出发地到目的地都应设有安全、便利的停放设施；提倡自行车和公共交通换乘的方式，以缩短总出行时耗。

6）清洁能源汽车比例指清洁能源汽车的数量与汽车总保有量的百分比。推广零碳的生物柴油、非化石能源电力或清洁气体燃料，充分发挥新能源车辆在低碳减排上的示范效应。就车辆属性来看，可分为公交、的士和其他社会车辆。

7）加油加气站合设比例指加油加气合并设置的数量占加油站、加气站总数量的比值。通过加油加气合设，除节约用地外，还可提高以燃气为动力的汽车加气的便利性，促进清洁能源汽车的使用。

8）电动汽车充电实施设置率

指机动车停车场（库）设置电动汽车充电设施的比例，充电设施主要包括充电站和充电桩。纯电动汽车已进入实用阶段，充电设施不足是制约纯电动汽车普及的重要因素。制定充电设施的设置标准，是促进纯电动汽车使用的重要保障。

（3）支撑指标的落实

支撑指标分为约束性和引导性两类，应在规划、设计、建设等各阶段予以落实，详见表5.2-6。

低碳交通指标落实分层级控制表 表5.2-6

指标		约束性/引导性指标	总规	控规	设计要点控制	项目验收	其他	责任单位
公交站点覆盖率	轨道站点覆盖率	约束性	√					规划局
	常规公交站点覆盖率	约束性		√	√	√		规划局
干路公交专用道设置率		约束性	√	√				规划局
慢行交通道路空间比例		约束性	√	√	√	√		规划局
自行车停放设施设置率		约束性		√	√	√		规划局
加油加气站合设比例		约束性		√	√	√		规划局
清洁能源汽车比例	出租、公交	约束性					专项法规	交通局
	社会车辆	引导性					政策引导	交通局
电动车充电设施设置率		引导性		√	√	√		规划局

4. 低碳交通建设情况

（1）公共自行车系统改善工程

佛山新城公共自行车系统自 2010 年 11 月 18 日对外开放以来，使用率逐年上升，公共自行车显然已成为市民到佛山新城出行、休闲、娱乐的重要选择。为进一步提高佛山新城公共交通的形象、给市民提供更优质的出行服务，现对佛山新城公共自行车站点进行增设。

随着新城建设项目的不断落成，周边住宅入住率的不断提高，拟建议近期在华康道南端、东平大桥底岭南大道南往北方向、文华南路南端、天成路东端、新乐路与吉祥道交汇处、富华路大墩村出口各新增一个公共自行车站；交通枢纽中心、华章道、百顺道与裕和路交汇处、天虹路（君兰西路与君兰路之间）因地铁、CBD、交通枢纽中心尚未完工或投入使用，增设公共自行车站可暂时延缓，但在远期计划中应尽量完善。如图 5.2-18 和图 5.2-19 所示。

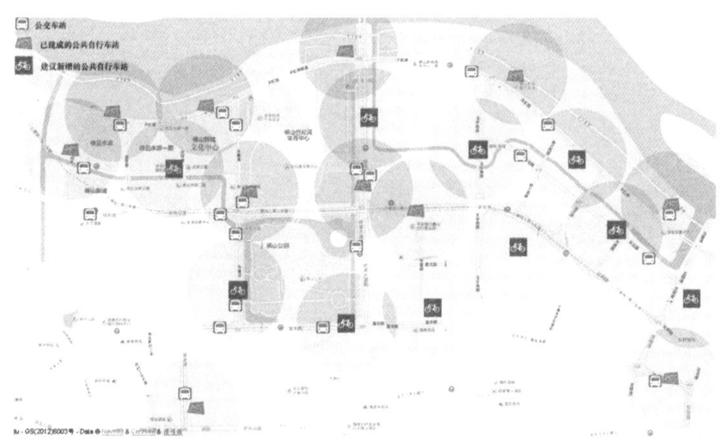

图 5.2-18　佛山新城公共自行车站点布局示意图

图 5.2-19　佛山新城公共自行车站点实景图

（2）绿道建设

佛山新城绿地系统规划建设重点是围绕一轴、四带、五核、多网络等展开，其中绿道网络建设也是其中的一大亮点。

佛山新城紧扣岭南水乡特色，重点塑造“可行、可观、可游、可闻”的绿道网络。

新城的绿道主要为社区绿道，位于省 4 号、6 号区域绿道中部之间，规划面积约 31km^2，主线绿道约 49km，突出具有浓郁气息的岭南水乡景观特色，结合佛山传统艺术文化元素，种植植被以岭南乡土树为主，营造岭南地域特色的生态景观，使市民充分体验“水在城中，城在绿中，人绿相随”的人居环境。

2010 年，佛山绿道网建设在佛山新城正式启动，新城绿道建设以“东平· 水绿香”为主题。目前，新城现有的绿道主要位于佛山公园内（图 5.2-20），已建成 7.6km，沿途设置了公共自行车系统、驿站等配套服务设施，可欣赏东平河优美的河岸风光（图 5.2-21）。

绿道树种配置以岭南乡土树种为主，在融合岭南水乡系列元素的基础上，设置了步道、栈道、观景台、园建等景观设施，着力打造一个集运动健身、游憩休闲、文化展示、滨水景观于一体的岭南水乡生态景观。

图 5.2-20　佛山公园绿道鸟瞰图

图 5.2-21　绿道实景图

（3）轨道交通建设

新城轨道交通发展的目标是：建立与新城发展定位相适应，层次结构清晰、功能布局完善的轨道交通网络体系。轨道交通成为新城交通体系的骨干，分担新城机动化出行需求比例超过 40%。

适应新城在不同层面发展定位及交通发展需求，规划将新城轨道交通体系分为城际线 / 市域轨道快线、轨道干线、轨道局域线等三个层次。其中城际线 / 市域轨道快线主要承担区域层面及新城与市域外围组团之间的长距离出行需求；轨道干线主要承担新城与中心组团其他分区之间的中等距离出行需求；轨道局域线主要承担新城内部短距离出行需求。

综上，规划范围内共规划各层次轨道交通线路 7 条，总长 45.4km，共设置车站 21 座

（除去重复共线站）。轨道站点 500m 半径覆盖范围 12.96km^2，站点覆盖率达到 53.4%。规划各层次轨道网络见表 5.2-7 和图 5.2-22。

佛山新城轨道交通线路规划汇总表　　表 5.2-7

名称	功能层次	规划范围内里程（km）	设站数（座，包括重复共线站）
广佛环线	城际线 / 市域快线	6.7	2
广佛珠城际	城际线 / 市域快线	5.5	1
轨道 1 号线	轨道干线	3.1	2
轨道 3 号线	轨道干线	5.3	4
轨道 6 号线	轨道干线	11.2	9
中运量 1 号线	轨道局域线	7.2	6
中运量 2 号线	轨道局域线	6.4	6
合计		45.4	30

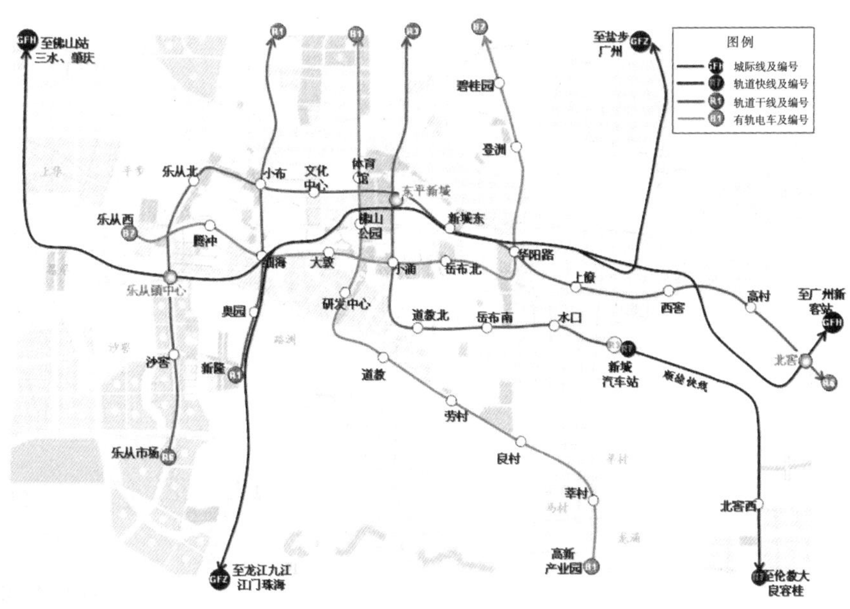

图 5.2-22　佛山新城轨道站位布置图

5.2.6　海绵城市规划与建设

1. 自然海绵体空间规划与管控

以“生态与文化结合”为原则，从宏观着手，突出生态和文化的概念，考虑区域生态保护和协调发展，把现有的传统村落、绿地与水系结合，构建自然型绿化与文化型绿地相结合的绿地系统（图 5.2-23）。

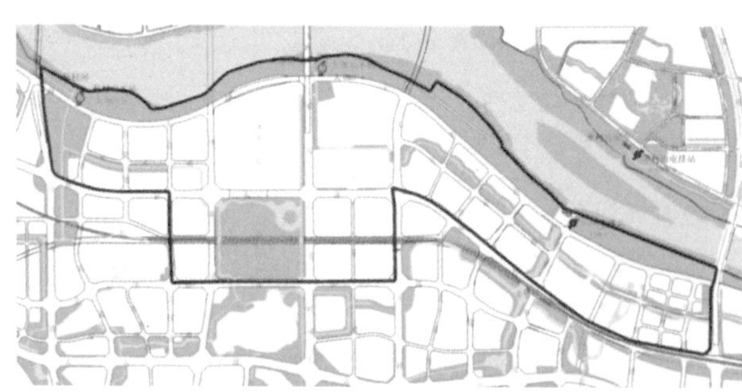

图 5.2-23　佛山新城核心区片区绿地系统规划图

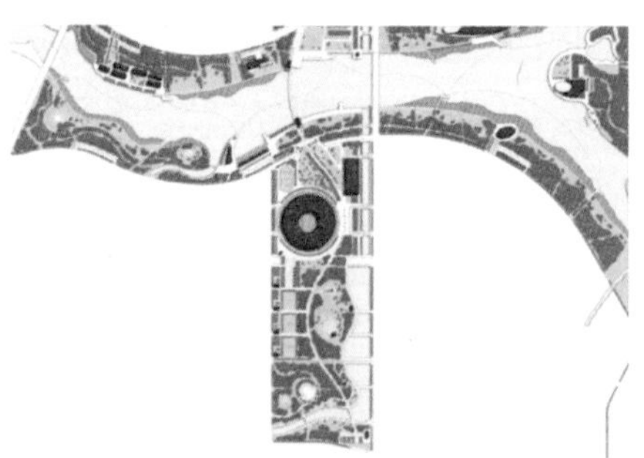

图 5.2-24　佛山新城绿心结构图

图 5.2-25　佛山新城核心区片区滨河湿地公园

区内的城市公共绿地面积为 111.15hm^2，占建设用地面积的 27.00%。其中景观水域面积 20.72hm^2，占建设用地面积的 5.03%。对佛山公园、滨水景观带、体育公园等重点片区进行重点控制，连接新城内各公共绿地，形成以文体、休闲、生态为核心的综合性城市开放空间，提供舒适、开放、便捷、多样化的场所与设施（图 5.2-24）。

佛山新城滨河湿地公园（图 5.2-25）以“生态、自然”为主题，占地面积约 10 万 m^2，是佛山首个湿地公园。整个项目的设计及建设是根据东平河水体的自然特点，通过恢复河岸缓冲带，修复沿河的浅滩，并结合周边用地对河道蓝线进行改造，打造成浅滩、河漫滩等多样的生态水体形态，最大限度保护原有河滩的生态环境。并在全市范围内率先引入了红树林，由南北向的汾江路绿带、百顺路绿带和东西向的细海河景观绿带组成了“U”形骨架的绿地体系，通过“绿带 + 水系 + 绿带”的组合形成连续的大型绿化景观带，把划区内各个功能片区有机地串联在一起，其宽度控制在 50 ～ 300m，“U”形水系的两端分别与东平河相接形成活水。

佛山新城核心区片区范围内的河涌水系属于内河涌水系，规划功能主要为排涝和景观，片区内的河涌景观打造成为一大亮点（图 5.2-26）。设计理念体现了人与自然的和谐共生，符合海绵城市建设理念。

（1）“景观、桥梁、市政设施”三大专项统筹设计。

（2）打造“零距离”接触的现代水岸生活，着力营造出“水在城中，城在绿中，人绿相随”的城市滨水景观。

（3）坚持沿用“升档次、加层次、添色彩”的植物配置方式，力争达到“春赏花、夏遮阴、秋观叶、冬看形”的景观效果。

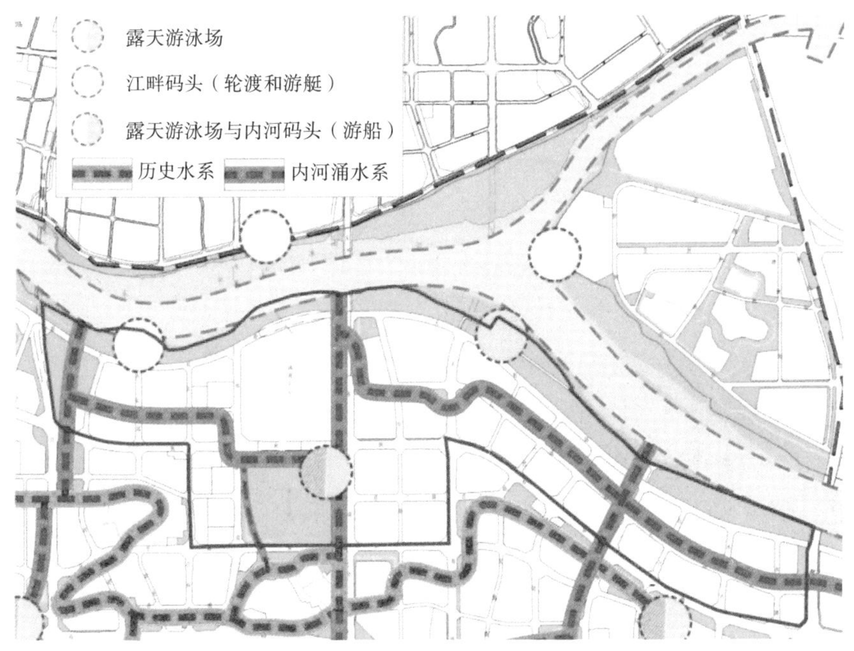

图 5.2-26　佛山新城核心区片区水系系统规划图

2. 建设区径流控制规划

采用低影响开发设施源头控制雨水径流，实现年径流总量控制率目标。规划通过评估佛山新城核心区片区开发前及常规开发模式下的年径流总量控制率，明确区域自然本底水文特征、其发生改变的趋势以及径流控制目标，结合已构建的佛山新城核心区片区 EPA-SWMM 水文模型，辅助评估及优化各个建设项目的年径流总量控制率目标，从而实现各个地块及市政道路年径流总量控制率指标分解。

（1）开发前及常规开发评估

佛山新城核心区片区开发前为裸土、杂草地，以天虹路东南侧未开发地块为例，构建 SWMM 模型，评估佛山新城核心区片区开发前的自然水文状态，结果如图 5.2-27 和表 5.2-8、表 5.2-9 所示。

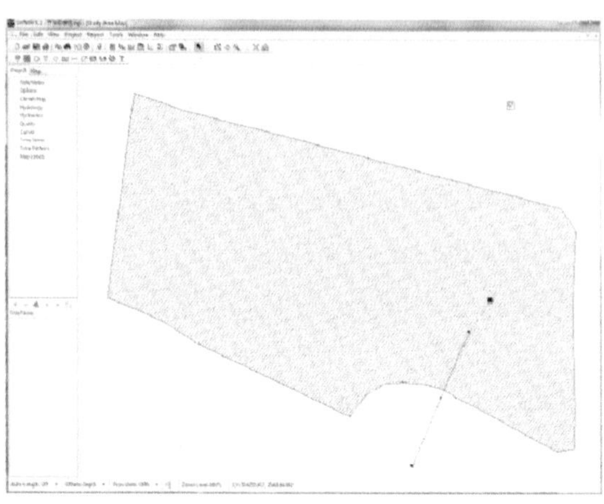

图 5.2-27 开发前 SWMM 模型构建

经模拟评估，佛山新城核心区现状自然水文本底较好，全年降雨中大部分的雨水能自然入渗补充地下水，年雨量径流系数为 0.204，对应年径流总量控制率为 79.6%。考虑到佛山年降雨量大，雨期暴雨频繁，加之佛山新城现状建成度高，海绵城市新建项目较少，低影响开发源头控制设施建设规模有限。因此，综合考虑以上因素，佛山新城核心区年径流总量控制率目标取 70%。

构建常规开发下 SWMM 模型，模拟评估常规开发后的自然水文状态，结果如表 5.2-9 所示。由于佛山新城核心区片区有部分建筑采用了绿色建筑，因此该地区的水文条件优于一般的常规开发模式，其径流总量控制率约在 50% 左右，但是距离片区 70% 的年径流总量控制率目标还有一定距离，需要通过海绵城市建设模式，加强径流控制，恢复自然水文。

区域开发前自然水文模拟结果　　表 5.2-8

总降雨量（mm）	总蒸发量（mm）	总入渗量（mm）	径流量（mm）	年径流总量控制率（%）
2091.10	85.27	1596.49	426.05	79.6

常规开发条件下水文模拟结果　　表 5.2-9

总降雨量（mm）	总蒸发量（mm）	总入渗量（mm）	径流量（mm）	年径流总量控制率（%）
2091.10	159.78	892.29	1040.17	50.2

（2）指标分解过程分析

以居住地块为例，一般情况下，居住用地下垫面构成为绿地占 30%，建筑占 30%，道路及铺装占 40%。以绿地下沉比例，绿色屋顶比例，透水铺装比例，不透水下垫面径流控制比例为指引性指标，根据表 5.2-10 所示比例在 SWMM 模型中进行赋值。

居住地块低影响开发设施赋值比例 表 5.2-10

低影响开发控制指标	比例	LID 设施	比例	占地块比例
绿地下沉比例	60%	下沉绿地	30%	9%
		雨水花园	30%	9%
绿色屋顶覆盖比例	—	—	—	—
人行道、停车场、广场透水铺装比例	90%	透水铺装（不透水基础）	45%	18%
		透水铺装（透水基础）	45%	18%
不透水下垫面径流控制比例	60%	—	—	—

在 SWMM 中模拟计算，评估该赋值比例情况下的年径流总量控制率，如表 5.2-11 所示。同时，可反复调整赋值比例，从而得到对应的年径流总量控制率结果。

居住地块年径流总量控制率评估表 表 5.2-11

总降雨量（mm）	总蒸发量（mm）	总入渗量（mm）	总径流量（mm）	年径流总量控制率（%）
2091.10	311.28	1166.28	614.4	70.6

采用以上赋值及模拟方法，初步对其他类型用地进行赋值，如不达标，则反复调整各类用地低影响开发赋值比例，模型试算直至达到区域总体目标。

（3）指标分解结果

根据以上思路，经模型反复调整和验证，佛山新城核心区年径流总量控制率目标达到 70%，各类地块年径流总量控制率指标分解如表 5.2-12 所示。

佛山新城核心区建设项目年径流总量控制率指标一览表 表 5.2-12

建设形态	土地利用类型	用地代码	年径流总量控制率（%）	设计降雨量（mm）
新建项目	商业设施用地	B1	75	31.6
	商务设施用地	B2	75	31.6
改建项目	二类居住用地	R2	59	18.8
	商务设施用地	B2	58	18.2
	娱乐康体设施用地	B3	70	26.7
	体育用地	A4	70	26.7
	公园绿地	G1	80	38
	主干道	S	61	20
	次干道		55	16.6

续表

建设形态	土地利用类型	用地代码	年径流总量控制率（%）	设计降雨量（mm）
保留项目	二类居住用地	R2	60	19.5
	商住混合用地	R5	50	14.1
	行政办公用地	Al	63	21.3
	商业设施用地	Bl	63	21.3
	商务设施用地	B2	55	16.6
	安全设施用地	U3	29	6.4

其中，对于新建项目，以目标为导向，严格执行较高的年径流总量控制率目标；对于改建项目，年径流总量控制率目标稍低于新建项目；对于保留项目，考虑到大部分已达到绿色建筑二星及以上标准，本底较好，因此不做改造。各个地块及市政道路年径流总量控制率分布图如图 5.2-28 及图 5.2-29 所示。

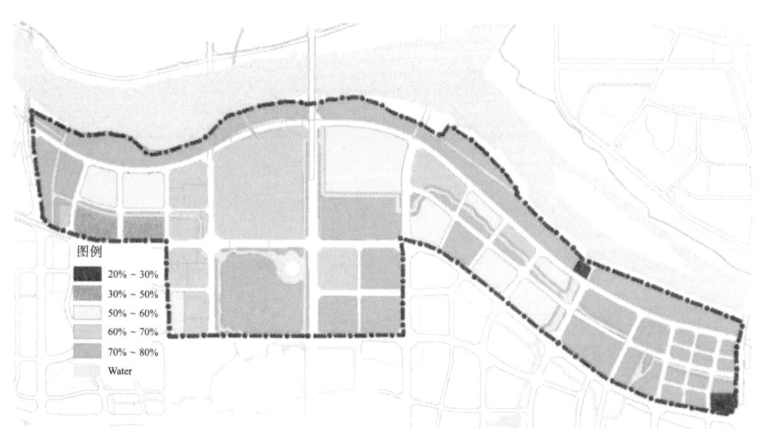

图 5.2-28　地块年径流总量控制率控制指标分布图

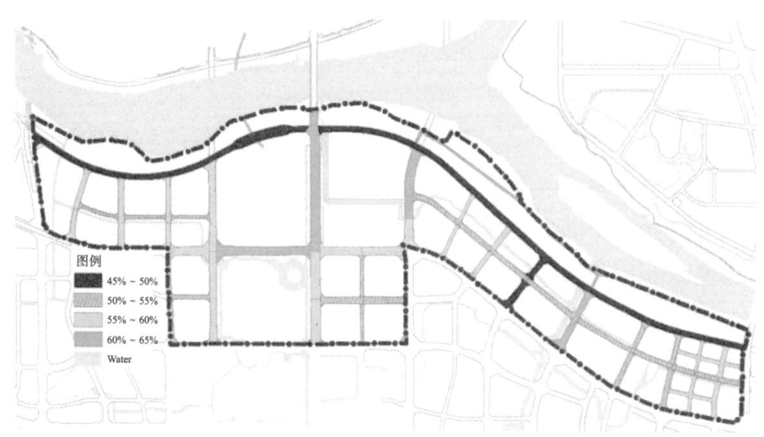

图 5.2-29　市政道路年径流总量控制率控制指标分布图

3. 岸线修复和提升规划

佛山新城核心区现状水系主要有 6 条河涌和 1 个湖泊。此外，东平水道紧邻佛山新城核心区片区海绵城市建设试点申报范围东北侧，其堤防结合滨河公园进行建设。具体水系及岸线分布情况见图 5.2-30。

现场实地调研发现佛山新城核心区片区河湖水系的岸线均为生态护岸（图 5.2-31），现状生态岸线比例基本达到 100%。

图 5.2-30　佛山新城核心区片区现状水系及岸线分布

图 5.2-31　佛山新城滨河公园现状照片

4. 水安全提升规划

（1）排水防涝标准

雨水系统建设标准：一般地段采用 5 年一遇标准，重要地段（如学校、医院、公共建筑、大型商业区等）采用 10 年一遇标准，特别重要地段（如地下通道、下沉广场、隧道等）采用 30 年一遇标准。

防涝系统建设标准：近期为 30 年一遇 24h 设计暴雨 1 天排完，远期为 50 年一遇 24h 设计暴雨 1 天排完。

（2）雨水工程规划

雨水设计流量：佛山新城核心区片区内河涌水系发达，雨水管道就近排入河涌，汇水面积小于 40km^2，根据《室外排水设计标准》GB 50014—2021，雨水流量计算推理公式如下：

$$Q = q \cdot \Psi \cdot F \tag{5.2-1}$$

式中 Q——雨水设计流量（L/s）；

q——设计暴雨强度公式 [L/（s· hm^2）]；

Ψ——径流系数；

F——汇水面积（hm^2）。

雨水管网规划：规划沿市政道路敷设 $DN800$ ~ $DN1500$ 雨水管，将雨水就近散排至河涌进行排放。

（3）雨水调蓄设施规划

根据《佛山市城市排水防涝设施建设规划》，佛山新城核心区片区内不新建调蓄湖设施（图 5.2-32），按照规划建成的内河涌通过运行水位控制，可以调蓄雨水，另外市民广场（占地约 12 万 m^2）为下沉式广场（图 5.2-33），符合海绵城市建设理念，兼具调蓄雨水功能。

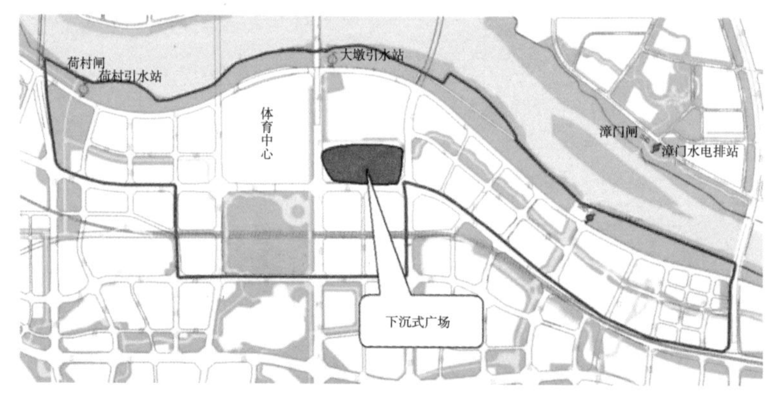

图 5.2-32 佛山新城核心区片区雨水调蓄设施图

图 5.2-33 佛山新城核心区片区市民广场

（4）雨水资源利用规划

佛山新城核心区片区已采用了雨水回用系统，例如佛山市图书馆、青少年宫采用了屋顶绿化雨水利用系统和园区雨水蓄集利用系统。屋顶绿化雨水利用系统（图 5.2-34）可对屋面雨水进行预处理、回用为浇灌、冲厕等用途。

图 5.2-34　佛山新城公建屋顶绿化

5.2.7　低碳规划与碳汇建设

1. 碳排放评估边界和情景设计

（1）碳排放驱动力

1）建筑领域：主要是住宅 / 公共建筑正常使用条件下消耗能源（包括采暖、空调、热水供应、照明等系统的能源消耗）引起的碳排放。

2）交通领域：主要是各类机动交通工具的能源消耗引起的碳排放。

3）工业领域：根据佛山新城总体规划，佛山新城的产业主要是高新技术产业、生产性服务业以及综合性现代商贸业，规划没有工业生产性企业。

4）市政领域：主要包括道路照明系统、给水排水系统、垃圾处理系统等能源消耗引起的碳排放。

（2）碳排放评估边界

1）建筑碳排放评估边界：建筑的碳排放量表现在建筑全生命周期中一次性能源消耗排放的 CO_2 气体。建设时的能耗是一次发生的，而使用过程中的能耗是持续性的，建筑的使用寿命较长，使用期间的能耗占建筑全生命周期能耗的 80% 以上。因此，规划只考虑规划区域建筑每年使用过程的碳排放量。

2）交通碳排放评估边界：交通领域的碳排放评估只考虑交通工具使用时消耗能源引起的碳排放，而不考虑交通工具在制造以及报废回收过程中的碳排放。只评估佛山新城规划人口的客运交通，而不考虑货运交通和对外交通。

3）市政碳排放评估边界：市政的碳排放只考虑垃圾处理过程中的碳排放、道路照明使用过程中的能耗，以及供排水系统的输送能耗（即水泵的能耗）及污水处理过程的碳源转化碳排放。

4）绿地碳汇评估边界：考虑佛山新城规划的公共绿地及地块范围内的绿地，绿地植物不同种植方式的固碳量。

图 5.2-35 显示了完整的碳排放评估算法框架。

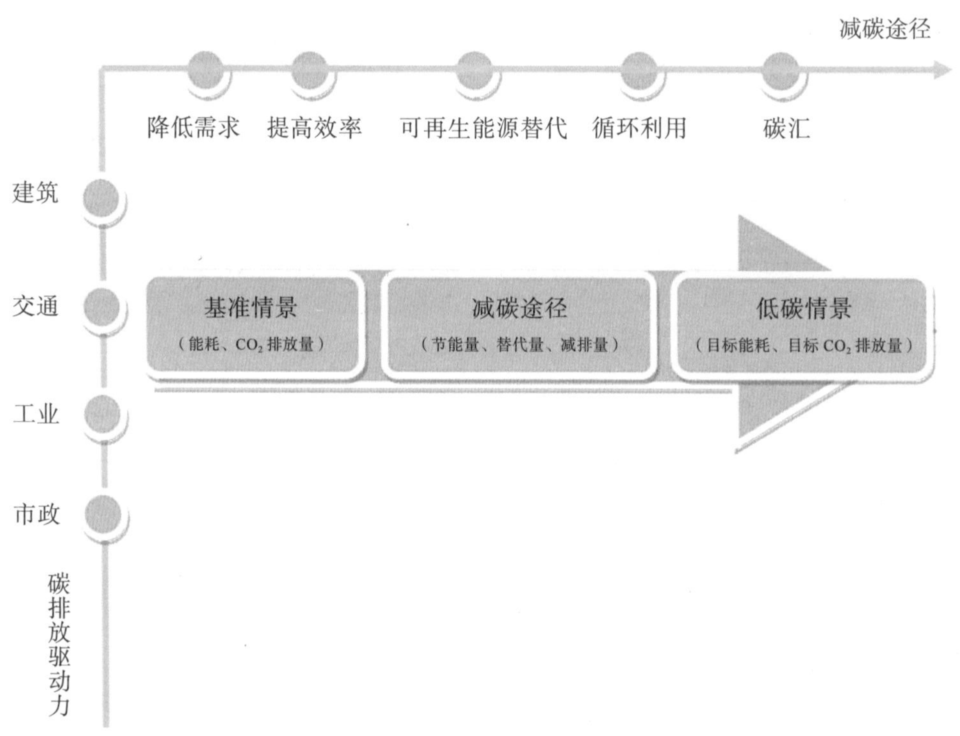

图 5.2-35　碳减排评估算法框架

（3）碳排放评估方法

佛山新城碳排放的估算综合参考 IPCC、ICLEI 城市温室气体清单编制方法（IPCC，2006；ICLEI，2009），采取碳排放活动水平乘以碳排放活动排放系数的方式，即：

$$C=\sum A_i \times EF_i \qquad (5.2\text{-}2)$$

式中，C 为 CO_2 排放量，A_i 第 i 种化石燃料的消费量，EF_i 为第 i 种化石燃料的排放因子，如表 5.2-13 所示。

$$EF_i=\text{低位发热量} \times \text{含碳量} \times \text{碳氧化率} \times \text{碳转化系数} \qquad (5.2\text{-}3)$$

各种燃料类型的碳排放因子　表 5.2-13

燃料类型	低位发热量（kJ/kg）	含碳量（$kgCO_2/TJ$）	氧化率	碳转化系数	碳排放因子（tCO_2/t）
汽油	43070	18.9	1	3.67	2.985
柴油	42650	20.2	1	3.67	3.159
天然气	38931	15.3	1	3.67	2.184

能源换算方法：电力消耗按发电煤耗法折合为标准煤；燃煤、燃气、燃油等燃料，按其各自低位发热量折合为标准煤。

（4）情景设计

基准情景代表了现阶段建筑节能标准、规范的要求和城市经济、交通、市政设施等平均发展水平下，能源消耗所对应的碳排放水平。基准情景设计以佛山市现阶段的建筑、交通等能耗水平和对应的碳排放水平（表 5.2-14）。

基准情景设定　表 5.2-14

领域	基准情景描述
建筑	按照现行国家和广东省、佛山市地方标准进行设计，居住建筑和公共建筑的节能率达到 50% 标准
交通	交通出行方式和出行次数按照佛山市 2010 年的平均水平；交通工具的能源消耗水平按照目前我国的平均水平
市政	道路照明按照规划的道路，照明灯具按照佛山市 2010 年的水平进行设置；给水排水系统按照规划的给水排水量，按照目前我国的水处理水平进行能耗计算；垃圾产生量按照佛山市 2010 年的人均产生量
绿地	按照佛山市 2010 年的人均公共绿地面积进行设计

低碳情景是以基准情景为基础，通过建筑节能（发展绿色建筑）、实行低碳交通策略、优化能源结构和发展低碳经济等实现城市低碳发展的模式。佛山新城围绕低碳核心理念，基于区域发展需要、气候状况、资源条件、周边市政等条件，从总体规划、控制性详细规划和各个专项规划，通过增加碳汇、能源与资源循环利用、降低用能需求和提高能源系统综合效率、低碳产业发展、可再生能源替代等，减少佛山新城的碳排放量（表 5.2-15）。

低碳情景设定　表 5.2-15

领域	低碳情景描述
建筑	按照绿色建筑规划，新建民用建筑全部达到一星级及以上绿色建筑标准。建筑节能率在现行节能 50% 的基础上进一步提高
交通	交通出行总量、出行方式、燃料类型按照佛山新城总体规划和交通规划。交通工具的能源消耗水平按照国家相关标准
市政	按照佛山新城总体规划和相关专项规划，照明灯具按照规划设置；垃圾产生量和处理方式按照规划；水处理水平按照低碳处理方式
绿地	按照佛山新城总体规划和相关专项规划，公共绿地按照总体规划；各地块内的绿地率按照标准要求

2. 佛山新城规划的碳排放量

（1）绿色建筑

根据佛山新城绿色建筑规划，民用建筑均应达到一星级绿色建筑标准，且达到二星级及以上绿色建筑标准的建筑面积比例应不低于48%。通过对每个地块进行模拟及计算分析，预测得到佛山新城规划期末2030年的建筑能耗和碳排放量，规划期2030年的建筑碳排放量为105.31万t。

（2）交通

佛山新城的交通发展目标是：建立区域辐射力强、市域通达性高、与中心城区联系紧密，集约高效、绿色环保的综合交通体系。建立以轨道、公交等大容量交通方式为主导，并突出步行、自行车等慢行交通特色的绿色交通体系，公交分担率达到0～70%。由此计算得到佛山新城规划低碳情景下，通过改变交通出行方式和燃料类型，交通领域的CO_2排放总量到2030年预计为6.36万t/年。

（3）市政

佛山新城在市政方面通过改变垃圾处理方式、采用绿色照明及进行绿色水处理降低能耗及碳排放。佛山新城按照绿色生态城区标准进行规划，市政道路照明应采用绿色照明系统。同时给水排水处理工艺不断提高水平，降低能耗。综合垃圾处理、市政照明和给水排水设施的碳排放，得到佛山新城2030年市政领域的碳排放量为8.43万t/年。

（4）绿地

佛山新城的未来20年，将形成以河涌、道路为骨架，集中与分散相结合的生态绿地系统。通过规划控制公共绿地面积和各地块的绿地率，保证佛山新城重点开发区的森林绿地覆盖率达到40%以上，以最大限度的增加碳汇量，降低总的碳排放量。按照总体规划的建设时序，到2030年，建设规模达到$30km^2$。由此预测到2030年的碳汇量为8.32万t/年。

（5）总体

可见，在对2030年佛山新城的总碳排放的预测中，建筑的碳排放量最大，占到了88%。绿地的碳汇量占到碳排放总量的7%，对于碳排放控制的贡献能力较大。根据佛山新城的规划人口和建设时序，预测到2030年，佛山新城的碳排放量为111.73万t。

3. 碳汇建设情况

（1）公园绿地

佛山新城城区的公园绿地分为五个类型：综合公园、社区公园、专类公园、带状公园和街旁绿地。共规划：综合公园2处，面积$83.98hm^2$；社区公园11处，面积$62.2hm^2$；专类公园3处，面积$32.5hm^2$；带状公园$269.71hm^2$；街旁绿地6处，面积$3.56hm^2$（表5.2-16和图5.2-36）。

公园绿地组成　　　　表 5.2-16

公园类型	公园面积（hm^2）
综合公园	83.98
社区公园	62.20
专类公园	32.50
带状公园	269.71
街旁绿地	3.56

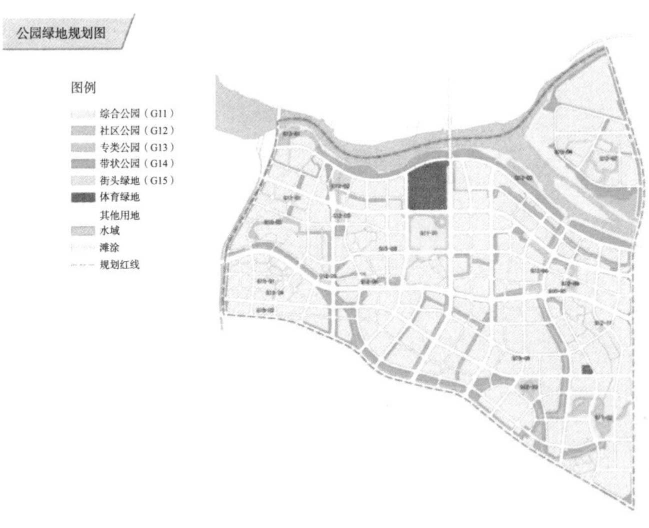

图 5.2-36　绿地规划图

（2）地块附属绿地

附属绿地存在于城市各类用地之中，是城市绿地系统点、线、面三个层次中的“面”，在城市中占地多，分布广，是城市能否达到普遍绿化水平的重要标志，与居民生活工作有着相当密切的关系。在对旧城区的改造中，鼓励、提倡进行垂直绿化、屋顶绿化，增加整个城市绿化覆盖率和绿量。确定各类用地绿地率见表 5.2-17。

各类用地中绿地率的规划指标　　　　表 5.2-17

<table>
<tr><th>序号</th><th>用地代码</th><th colspan="2">用地名称</th><th>用地面积（hm^2）</th><th>规划指标</th><th>绿地面积（hm^2）</th></tr>
<tr><td>1</td><td>R</td><td colspan="2">居住用地</td><td>794.27</td><td>新建≥ 30%
改建≥ 25%</td><td>230</td></tr>
<tr><td rowspan="4">2</td><td rowspan="4">C</td><td>C1</td><td>行政办公用地</td><td>20.94</td><td>≥ 35%</td><td>7.33</td></tr>
<tr><td>C2</td><td>商业金融用地</td><td>234.92</td><td>≥ 35%</td><td>82.22</td></tr>
<tr><td>C3</td><td>文化娱乐用地</td><td>38.03</td><td>≥ 35%</td><td>13.31</td></tr>
<tr><td>C4</td><td>体育设施用地</td><td>38.23</td><td>≥ 35%</td><td>13.38</td></tr>
</table>

续表

序号	用地代码	用地名称		用地面积（hm²）	规划指标	绿地面积（hm²）
2	C	C5	医疗卫生用地	5.92	≥ 40%	2.37
		C6	教育科研设计用地	36.08	≥ 40%	14.43
		C2/C6	商业研发混合用地	24.73	≥ 35%	8.66
		Cx	特色村落协调用地	29.84	≥ 35%	10.44
3	S	道路用地		361.64	≥ 25%	90.41
4	U	市政设施用地		17.67	≥ 30%	5.30
5	W	物流用地		45.92	≥ 20%	9.18
	合计（附属绿地以 487.03hm² 计算）					

（3）湿地

龙舟广场（图 5.2-37）为佛山市新城开发建设有限公司打造的景观项目，项目占地约 16.5 万 m²，长约 1km，是佛山新城滨河景观带往东的有机延伸，与北滘滨河景观无缝对接。佛山首个以龙舟为文化主题，并具备龙舟观赛、展示、体育运动、休闲等多功能的开放式城市滨水休闲绿地。同时，也是佛山市海绵城市佛山新城试点区域重点项目、佛山新城 CBD 二期体育休闲区的核心工程之一、佛山市“绿城飞花”12 个市级花色主题绿化亮点工程之一。

滨江湿地公园（图 5.2-38）占地面积约 10 万 m²。以“生态、自然”为主题，整个项目的设计及建设是根据东平河水体的自然特点，通过恢复河岸缓冲带，修复沿河的浅滩，并结合周边用地对河道蓝线进行改造，打造成浅滩、河漫滩等多样的生态水体形态，最大限度保护原有河滩的生态环境。

五彩梯田（图 5.2-39）位于天虹路最东部的生态停车场西侧 100m 处。梯田全长约 350m，以龙舟文化为背景的“五彩梯田”是通过在 5 块不规则的梯田上种植不同颜色的

图 5.2-37　龙舟广场实景图

图 5.2-38　滨江湿地公园实景图

植物，勾勒出五条彩色艳丽的飘带，犹如五条彩带随风飘浮在东平河之上。白天的五彩梯田色彩分明，尤其春夏之际繁花盛开，层次的分区，相撞的色彩，优美的线条，使得这一处人造景观成为不少摄影爱好者的心水取景点。夜晚五彩梯田上安装的 RGB 投光灯打开，灯光照亮整个梯田区域，渐变的光线色彩分层渲染了整片的梯田，由下往上看，高处的剪纸画廊在一片飘渺梦幻的色彩中被烘托起来，犹如梦中城堡。

图 5.2-39　五彩梯田实景图

5.2.8　智慧城市建设

1. 道路井盖智能管理系统

（1）项目概况

佛山新城道路井盖智能管理系统也称为道路井盖在线监测项目，拟整合现有技术手段，运用高端科技产品对道路井盖完好状态进行实时在线监测，对新城范围内的井盖系统进行更有效的管理。建设一个基于传感器网、通信网和位置网的新型道路井盖在线监测系统，为实现市政运维的数字化、网络化和智能化，提升新城的市政运维服务能力以及保障应急综合管理能力，创建智慧城市（图 5.2-40、图 5.2-41）。

（2）项目技术参数及性能指标需求

表 5.2-18 显示了井盖智能管理系统配置。

智能井盖系统配置　　表 5.2-18

序号	名称	数量
1	网络数据中心交换机 A	1 台
2	网络数据中心交换机 B	1 台
3	井盖在线监测管理中心、刀片服务器	2 套
4	井盖报警终端器	395 套
5	井盖监测前端接收机	19 台
6	井盖监测后台监控主机	1 台
7	（软件）井盖监测后台监控、软件平台	1 套
8	井盖检测后台监控软件、后台数据交换接口开发	1 套

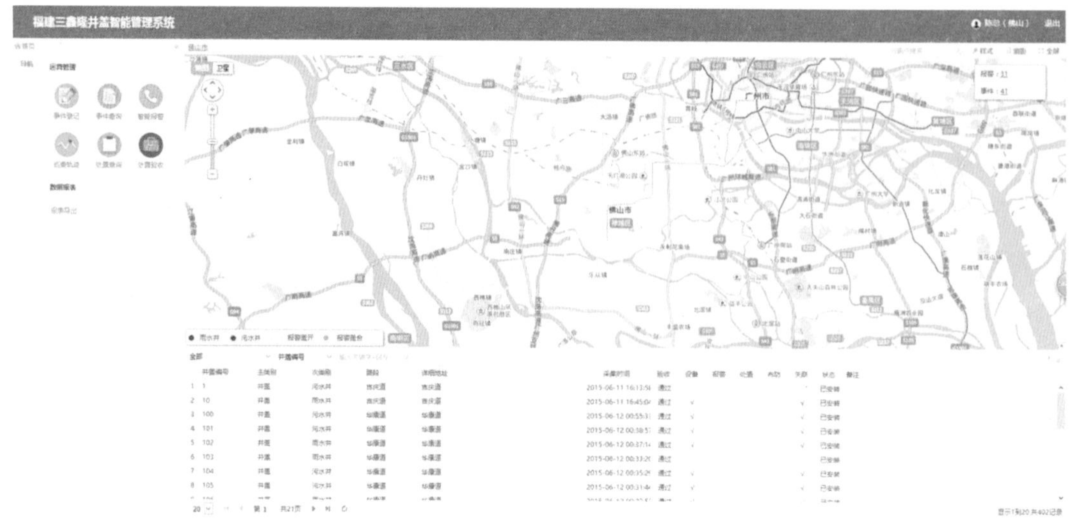

图 5.2-40　井盖智能管理系统界面

图 5.2-41　井盖智能管理系统应用示意图

2. 综合管沟

（1）项目概况

综合管沟也叫地下管线共同沟，是指可以容纳两种或两种以上市政公用设施管线（包括给水、中水、热力、电力、电信等）的一种集约化、集成化的市政公用基础设施。

综合管沟内部会配备专用检修口、吊装口、排水设施、消防设施、通风设施和检测监控系统，以便于管沟的运行和管理。相比传统的市政公用管线单埋方式，城市综合管沟具有明显优势：①一次性综合投入，避免重复开挖地面；②集约利用地下空间资源；防灾性能好；③统一管理，方便维修，减少管理成本；④减少了道路的杆柱及各工程管线的检查井、室等，改观城市环境、容貌。

佛山市综合管沟环状布局，全长共 9.8km。综合管沟宽 3.2m，高 2.8m，而作为中轴线的大福路南延段则是宽 4m、高 2.8m（图 5.2-42、图 5.2-43）。

图 5.2-42 佛山新城综合管沟总平面布置图

图 5.2-43 电信、电力与供水等管线在管沟

（2）运营维护模式

佛山新城管廊由管委会（开发建设有限公司）下属的新城物业发展有限公司管理，该公司负责东平新城核心区内新建项目物业管理前期介入工作、市政设施设备日常维护、环境卫生质量监督、闲置地物业出租、广告经营等工作。新城物业发展有限公司再委托专门物业公司管理管廊（图 5.2-44、图 5.2-45）。管理人员约 13 ~ 14 人。

图 5.2-44　监测室信息化监控综合管沟运行情况

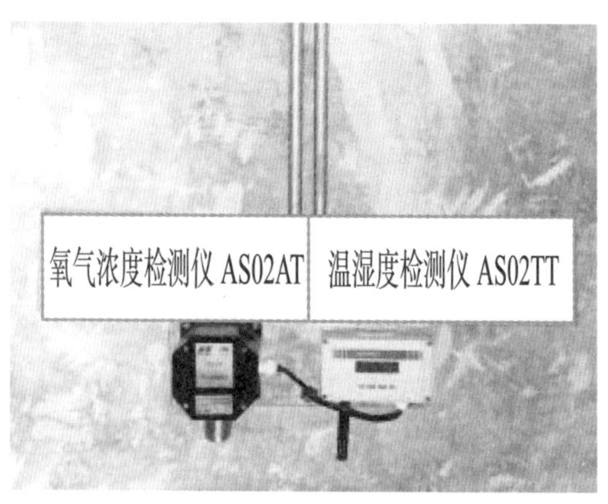

图 5.2-45　综合管沟内的监测设备

3. 智慧菜篮子工程

（1）项目简介

佛山市政府 2011 年 11 月正式公布的《智慧城市及智慧新城建设工作方案》提出，要以智慧应用为导向，着力创新社会管理方式和推进智能民生事业发展，把佛山打造成为全国智慧城市的试点示范高地。顺应这方案的内容，启动智慧“菜篮子”工程，这项工程是佛山智慧城市建设的重要落地工程之一，也是体现市政府“惠民便民”的民生工程。

佛山智慧“菜篮子”工程的目标是利用现代化物流技术，加速农产品和城市社区居民的对接，实现真正的产销对接。由于减少了农产品流通环节，既降低了供应成本，也减少了安全隐患，让城市居民足不出小区就能买到平价、放心、安全的日常生活所需食品。

为了确保佛山智慧“菜篮子”项目的日常运行，佛山市政府委托佛山佳品佳源实业有限公司来提供智慧菜篮子的各项运营服务。智慧菜篮子的运营后台技术支持由神州数码公司提供，配送中心场所由广东国通物流城有限公司提供。

（2）实施概况

作为佛山农业与电子商务、物流结合的重要工程，智慧“菜篮子”已经完成了电子商务网站和货柜建设等工作。目前，佛山已经有文华尚领、海景蓝湾和东方水岸 3 个小区安置了智能货柜和基建、通电工作。目前已经有 2 万多市民在网上注册了账号，而这类账号使用智慧“菜篮子”的比例达到 30%，高峰时段可以到 70%。

智能提货柜具备防热、防晒、隔热等特点，同时还可以冷藏保鲜。当货物到达之后，市民就会收到提醒短信，只要在 4h 内提货就可以。如果实在遇到不便，市民提前告知，也可以延长，在运行阶段，退货率仅为 0.1%。

智慧菜篮子的项目的运作流程（图 5.2-46）：

1）用户在佳品佳源网站选购菜品后，输入会员信息，下订单并付款。

2）通过网站数字信息订单系统，收到用户的订单后，系统自动生成工单至生态农产品采购团队，采购团队根据订单的汇总量，到指定的通过检验检疫合格的各大基地下采购单。

3）通过专业冷链配送车将新鲜食材运至食品加工中心。加工中心通过对初级农产品清洗、切割、分拣、包装的加工环节，每个环节严格把关，经过加工的产品仔细按用户订单分拣及入箱。实现直接从菜地进货、统一处理、统一配送。

4）配送车队采用冷链保鲜方式将装有用户购买的食材保鲜包配送到社区智能提货柜。

5）保鲜包放进用户指定的智能提货柜的同一时间，用户收到短信通知其取货密码及取货最佳时间。

6）用户通过在社区智能提货柜上输入密码或者使用自己的会员卡刷卡，提货柜对应的柜门自动打开，用户即可取走新鲜的食材。整个过程利用食品安全追溯系统，监控产品从田地到餐桌的全过程。

图 5.2-46 智慧“菜篮子”工程运营原理图

5.3 中山大学附属第一（南沙）医院

5.3.1 项目简介

1. 建设背景

南沙区位于国家中心城市广州市南部，珠江出海口西岸，是广州通向海洋的唯一通道，地处中国经济引擎之一珠江三角洲的地理几何中心，也是广东对外开放的重要平台，中国21世纪海上丝绸之路的重要枢纽。

目前南沙区医疗服务能力落后于全市平均水平，与南沙区社会经济发展现状以及未来发展规划及目标极不匹配。为完成国家、省、市对南沙区的战略部署及发展目标，把南沙区建设成为空间布局合理、生态环境优美、基础设施完善、公共服务优质、具有国际影响力的深化粤港澳全面合作的国家级新区，南沙区政府将引进多家国家、省、市一流的医疗机构资源，实现强强联手，学科优势互补，打造高水平、强竞争力的粤港澳大湾区医疗中心新高地，为国家"一带一路"战略和粤港澳大湾区战略提供高水平医疗服务。

根据国家、省和市对南沙区的新定位和新要求，为探索粤港澳深度合作，加快推进广州城市副中心建设，通过与重点行业龙头单位携手，借力扬帆，抢抓国家卫计委规划建设国家医学中心的重大机遇，南沙区政府与中山一院签署战略合作框架协议，确定在南沙合作建设高水平三级甲等医院——中山大学附属第一（南沙）医院。

中山一院是国内规模最大、综合实力最强的医院之一，是华南地区医疗保健与疑难重症救治、医学人才培养和医学科学研究的重要基地，素以"技精德高"在海内外久负盛名。医院将服务国家"一带一路"战略和粤港澳大湾区发展战略，以打造粤港澳大湾区医疗卫生新高地为目标，与南沙区委区政府共同筹划，积极推动南沙医疗顶层设计，借助医院雄厚的医疗、教学、科研实力及社会影响力，将努力带动南沙医疗服务能力的逐步提升，积极为南沙打造一个集医疗、教学、科研为一体的广州医疗副中心平台和形象。

2. 项目位置

中山大学附属第一（南沙）医院选址位于南沙区明珠湾区起步区横沥岛尖西侧，北邻横沥中路，西邻番中公路，南邻合兴路，东邻三多涌及规划路，地形图号184-58-4、184-58-8、184-62-1、184-62-5。项目计划总投资约48.2亿元，建设资金为南沙区财政资金。

3. 建设规模与目标

根据项目规划设计条件和修详规批复，项目拟建地块占地面积为155934m^2，项目总建筑面积506304m^2，其中计容面积326450m^2，容积率2.09，建筑密度30.5%，绿地率30%，规划机动车位4005泊，其中地下停车位3954泊，地面车位351泊，规划非机动车位10912泊。

项目建筑设计方案充分体现“绿色生态、低碳节能、智慧城市、岭南特色”的规划设计理念，符合“国际化、高端化、精细化、品质化”的总体要求。本项目按照“国内一流、湾区特色”的标准建设国际医学中心、医学研究与成果转化中心（包括独立的科研大楼、专业的动物实验中心）、学术交流中心、符合中山大学教学医院功能要求的配套教学场所，立足提供优质医疗服务，加快前沿科研转化，培育高端医疗人才，针对性解决南沙、大湾区乃至华南的医疗、科研短板，未来打造成为南沙新区、粤港澳大湾区医疗科研新高地和国际医疗中心（图 5.3-1）。

图 5.3-1　中山大学附属第一（南沙）医院效果图

5.3.2　技术亮点

按照“绿色院区、星级建筑”的建设目标，根据南沙地区气候特点，结合绿色创建理念，本项目具有以下技术亮点。

1. 舒适和谐的场地环境

（1）风雨无障碍人行系统

以“全覆盖和无缝连接”为目标的风雨无障碍人行系统，实现南北地块和各栋建筑中的风雨无障碍出行，构建新时代新需求下的体现岭南建筑传统的“新骑楼”系统。

（2）风光热环境优化

通过场地风光热环境综合优化，优化选择植物物种、遮阴率控制，场地北侧和西侧主干道沿线采取植物选型配合等降噪措施，营造舒适的室外活动空间（图 5.3-2）。

（3）静谧空间与声景观营造

结合景观设计和广播系统营造“声景观”。通过营造自然的让人舒适的虫鸣、鸟叫、流水及音乐，有利于院区医生和病人的健康。

（4）完善的健身系统

从健康角度出发，在北区设置健身步道等健身设施，在南区行政公寓楼南侧设置员工活动空间，鼓励引导锻炼（图 5.3-3）。

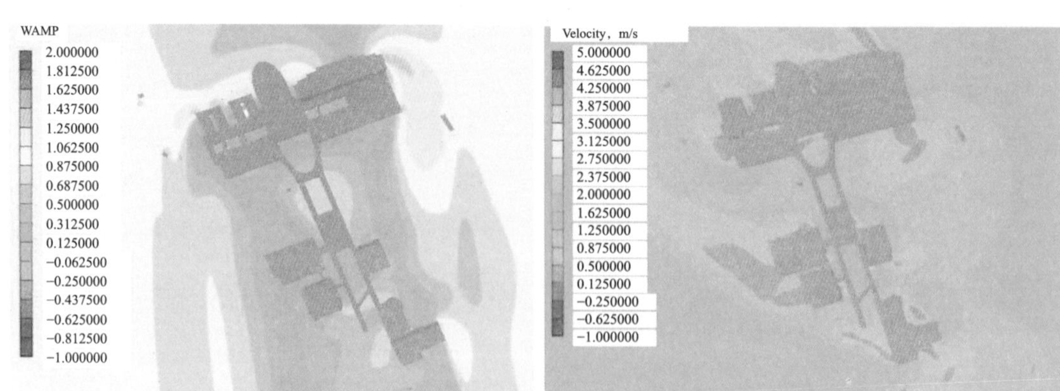

图 5.3-2　冬季和夏季室外风速分布图

图 5.3-3　健身步道

2. 资源节约与再利用

（1）雨水综合利用系统

设置雨水收集系统，北区设置 600m^3，南区设置 300m^3 雨水收集池，通过雨水利用和中水站中水补充，室外杂用水非传统水源利用率达 100%，节约水资源（图 5.3-4）。

（2）能源专项规划

在项目用地内分开设置一大一小两个冷站。其中，大型冷站设置于北地块门急诊医技住院综合楼地下室二层的西南端，配置大型的冰蓄冷系统，以及具备热回收功能的配套冷水机组，通过管道连接北地块和南地块动物实验中心、科研楼及教学行政公寓楼，实现两个区域的夏季供冷及生活热水供应。小型冷站设置于南地块国际医疗保健中心地下室二层中部，配置高效冷水机组，专供该建筑的夏季空调，夏季所需生活热水则采用设置于该建筑天面的太阳能热水系统供应。另外，整个地块的冬季空调供暖及生活热水全部由设置于各建筑设备层或天面的空气源热泵或者设置于地下室一层锅炉供应。同时选择高效设备和系统，实现院区整体能源费用降低 20% 的目标（图 5.3-5）。

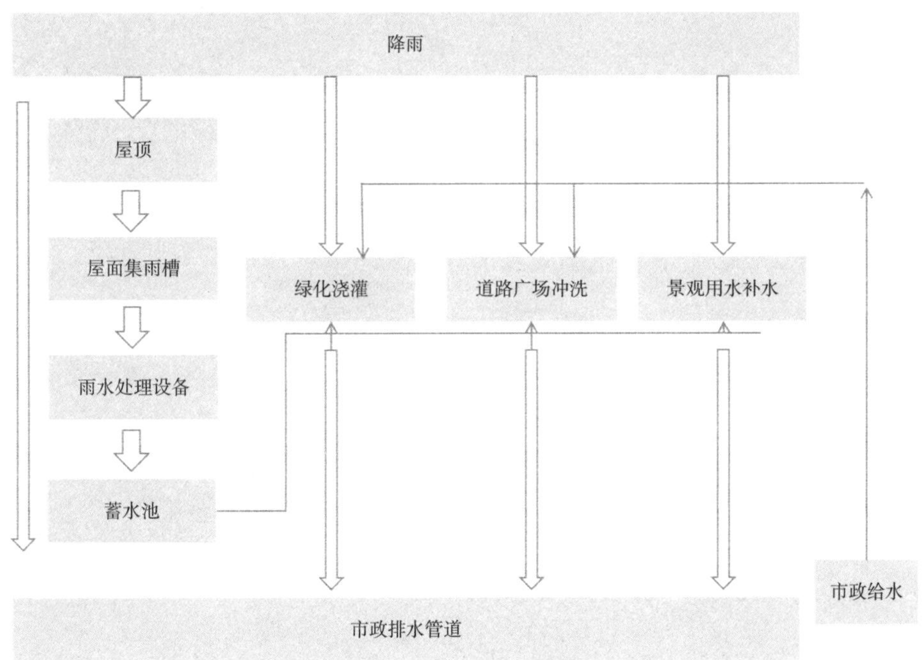

图 5.3-4　雨水利用流程图

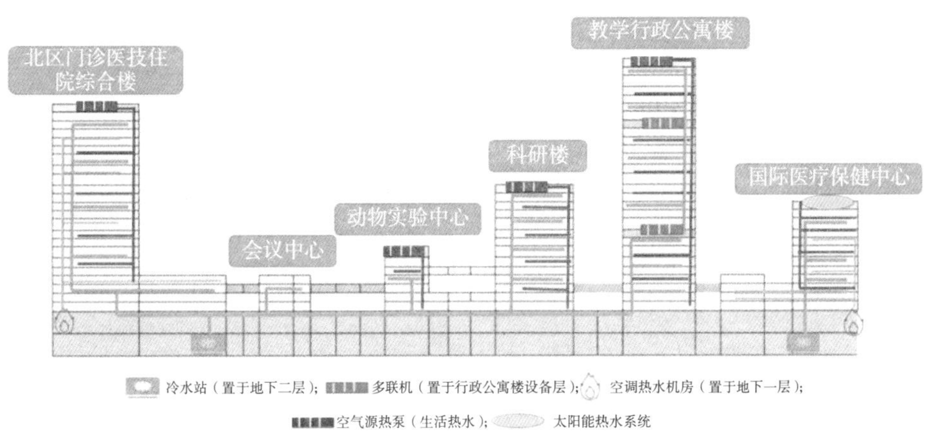

图 5.3-5　能源供应系统示意图

（3）可再生能源综合利用

积极利用可再生能源，院区路灯采用风光互补路灯，在连廊中部铺设太阳能光伏板，采用多晶硅光伏组件的光伏发电系统，供部分连廊及地下室用电示范（图 5.3-6）。

3. 海绵城市综合设计

（1）透水铺装

南区和北区的硬质铺装尽可能采用透水铺装，增加雨水渗透率，减少积水。透水铺装面积比例≥ 50%，北区透水铺装面积大于 20200m^2，南区透水铺装面积大于 15000m^2。

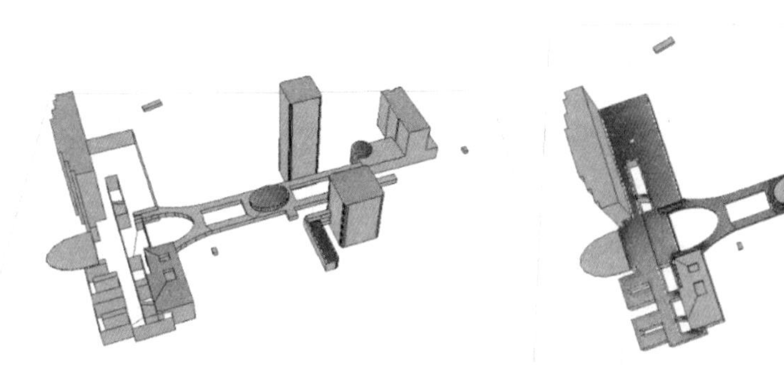

图 5.3-6　屋面太阳能潜力分析图

（2）雨水花园

部分绿化采用雨水花园和下凹式绿地，缓慢吸纳调蓄雨水，促进下渗，下凹式绿地面积比例≥ 30%，下凹式绿地、雨水花园等面积北区大于 8400m²，南区大于 8200m²（图 5.3-7）。

图 5.3-7　海绵城市设计效果图

（3）径流总量控制

通过各项海绵城市措施，配合大区分别设置的调蓄水池，场地年径流控制率≥ 70%，减少市政雨洪压力。

5.3.3　技术应用

本项目从绿色建筑创建理念出发，围绕“节能减排”“环境宜居”和“资源低耗”等建设理念，主要应用了以下低能耗建筑技术。

1. 精细全面的“被动式”节能设计

外窗、玻璃幕墙是夏热冬暖地区外围护结构节能最薄弱的环节，大部分的太阳辐射热通过外窗、幕墙的透明部分传入，其性能的优劣在很大程度上决定建筑围护结构节能的性能好坏，直接影响建筑节能的效果和室内舒适性。根据夏热冬暖地区的气候特点，本项目的外窗、幕墙节能主要采用以下节能技术措施：

（1）控制窗墙面积比

在保证室内自然通风和天然采光的前提下，确定合理的窗墙比，减少透明玻璃面积是非常有效的节能措施。各栋建筑在满足外形要求的情况下尽量减少外窗的面积，特别是东、西朝向。

（2）选用高性能的玻璃产品

综合项目窗地比情况，本项目围护结构性能幅度达到《绿色建筑评价标准》GB/T 50378—2019 提高 10% 的要求，各朝向综合太阳得热系数满足表 5.3-1 要求。

太阳得热系数要求　　表 5.3-1

性能提高幅度	围护结构部位		太阳得热系数 *SHGC*（东、南、西向 / 北向）
达到 10%	单一立面外窗（包括透光幕墙）	窗墙面积比≤ 0.20	无要求
		0.20< 窗墙面积比≤ 0.30	≤ 0.40/0.47
		0.30< 窗墙面积比≤ 0.40	≤ 0.32/0.40
		0.40< 窗墙面积比≤ 0.50	≤ 0.32/0.36
		0.50< 窗墙面积比≤ 0.60	≤ 0.23/0.32
		0.60< 窗墙面积比≤ 0.70	≤ 0.22/0.27
		0.70< 窗墙面积比≤ 0.80	—
	屋顶透明部分（屋顶透光部分面积≤ 20%）		≤ 0.27

（3）建筑遮阳设计

对于广东省大部分地区而言，通过窗户进入室内的空调负荷主要来自太阳辐射，主要能耗也来自太阳辐射，有效的遮阳措施在夏季可以阻挡近 85% 的太阳辐射，而且可以避免阳光直射而产生的眩光，对降低建筑空调负荷和能耗，提高室内居住舒适性有显著的效果。

本项目幕墙采用白色横线条设计，形成了有效的水平遮阳，连廊和裙楼采用了外走廊设计，形成有效的遮阳效果。另外建筑室内设置可调节内遮阳帘（图 5.3-8），内遮阳帘外侧采用高反射材质，对于有采光需求的办公空间，采用半透明卷帘，兼顾遮阳与采光，同时避免眩光。

 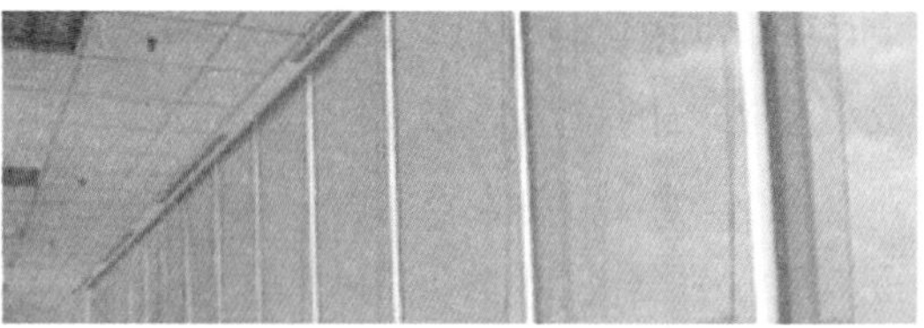

图 5.3-8　内遮阳帘示意图

（4）地下空间的自然采光

地下空间设置采光天井以及结合室外景观设计的光导管，将自然光导入系统内部，改善地下车库自然采光环境。

1）自然采光天井与植物相结合

借鉴岭南传统建筑的天井手法改善地下车库自然采光环境，达到拔风、自然采光的节能目的。同时采用采光天窗利用自然光源改善地下空间室内光环境。利用自然采光，不仅可以节约能源，并且在视觉上更为习惯和舒适，在心理上能和自然接近、协调，可以看到室外景色，更能满足精神上的要求，通过合理的设计，日光完全可以为地下车库提供一定量的室内照明。

2）光导管采光设计

同时，在场地地下室顶板上地面设计使用光导照明系统。光导照明时，自然光经过光导装置强化并高效传输后，由漫反射器将自然光均匀导入地下车库需要光线的任何地方。从黎明到黄昏，甚至是雨天或阴天，该照明系统导入地下车库室内的光线仍然十分充足。

（5）合理的自然通风与气流组织保障空气品质

自然通风可以提高居住者的舒适感，并有利于健康。当室外气象条件良好时，加强自然通风还有助于缩短空调设备的运行时间，降低空调能耗。本项目保证外窗可开启比例满足规范要求，创造良好的自然通风条件，同时在建筑构造上利用中庭、廊道、构件等的优化设计，实现各功能空间的自然通风效果。另外，对室内空间划分洁净区、次洁净区、清洁区控制内部压差梯度，控制通风路径合理的风口位置，提高通风效率。同时，在烧伤科、呼吸道疾病和糖尿病诊疗室和病房等气味较大的区域，加强自然通风，在空调设计上也加大新风量。采用空气质量监测系统，实时监测各区域的空气质量，并与通风系统联动。

（6）空调区域布局及参数优化

将建筑空间分为：非空调空间、过渡空间（半空调）和空调空间，以保证热提舒适性为前提，最大限度压缩空调区域面积。例如，走廊等非人长时间停留的空间，设计为半室外或自然通风，或者风扇辅助。从建筑的角度，运用岭南传统设计手法，因地制宜地在局部区域采用敞厅、中庭、冷巷等设计，减少空调空间面积。

在本项目中，采用优化设计的区域包括：①北区二、三、四层走廊：属于人员短暂停留，可以设计成大于 26℃的过渡空间（半空调），安装风扇增加舒适度；②北区五层活动平台：可设计为非空调区域（架空部分），通过自然通风或安装风扇来改善热环境；③实验楼门厅、科研楼门厅、公寓大堂：不向公众开放区域，大部分时间人流量较少，可设计成大于 26℃的过渡空间（半空调）。同时考虑安装大型风扇，作为示范；④教学行政公寓二层以上走廊区域：走廊过道为短暂停留区域，可作为非空调区域进行考虑，仅设置新风系统；⑤四层大报告厅外围：报告厅走廊区域设计成大于 26℃的过渡空间（半空调），安装风扇增加舒适度。

（7）整体精细化设计

从方案阶段开始持续优化和考虑被动式节能措施。采用高性能围护结构，包括屋顶绿化、控制窗墙比、节能环保门窗（如铝塑共挤门窗），综合遮阳措施（水平遮阳 + 可调节内遮阳）、高性能的玻璃（如中空 Low-E 夹胶玻璃，见图 5.3-9）等被动式节能措施，从前端降低项目空调能耗，国际医疗中心围护结构热工性能提升幅度达 10%。

冬季：
室内的热能因 Low-E 双层玻璃的阻断而不易辐射至室外，而能保暖

夏季：
阻断大量辐射能的穿透，仅少数的热能进入室内保持凉爽

图 5.3-9　遮阳型玻璃

2. 个性化屋顶花园设计

广州夏季室外气温高，太阳辐射照度大，水平面最大太阳辐射强度可达 1000W/m^2，屋面的节能技术不仅关系到建筑的节能问题还对顶层室内热环境有很大的影响。屋面的节能技术主要包括：绿化覆土屋面、岭南传统特色的通风屋面、带有保温材料的隔热屋面、带有遮阳措施的遮阳屋面、蓄水屋面等。

本项目在南北区连廊屋面部分采用绿化屋面，有效隔绝热量。选择浅色屋面铺装材料以及反射隔热涂料，减少太阳辐射得热。另外，各栋单体建筑均合理采用屋顶绿化，增加隔热效果的同时改善屋面环境，绿化形式包括常规覆土绿化和铺装式绿化，在北区设置屋顶农场等，丰富员工生活（图 5.3-10）。

3. 一大一小的集中式冷站设置

集中式空调系统是将大部分空气处理设备（制冷主机、动力设备等）集中布置于制冷机房（或称为冷站）内，通过管道与设置在空调房间的末端设备进行连接，从而向空调房间输送冷热量，制冷主机一般具有较高的能源利用效率，是目前各类大型公共建筑最常用的空调系统形式。

图 5.3-10 屋顶绿化效果图

本项目建设规模超过 50 万 m^2，属于超大型公共建筑，空调面积大，空调负荷大，设备容量大，空调区域的使用时间较为一致，用能较为集中，采用集中式冷站，有利于配置高能效的制冷机组实现规模化供冷，大大提高能源利用效率，也避免了分散式空调室外机对建筑立面外观的影响。另外，本项目建筑功能多样，空调系统存在错峰运行的条件，采用集中式冷站，有利于实现建筑之间的制冷设备共用，减少设备容量，节约空调系统初投资及机房占地。

在本项目中，设置一大一小两个冷站（图 5.3-11）。其中，大型冷站设置于北地块门急诊医技住院综合楼地下室二层的西南端，配置大型的冰蓄冷系统，以及具备热回收功能的配套冷水机组，通过管道连接北地块和南地块动物实验中心、科研楼及教学行政公寓楼，实现两个区域的夏季供冷及生活热水供应。小型冷站设置于南地块国际医疗保健中心地下室二层中部，配置高效冷水机组，专供该建筑的夏季空调，夏季所需生活热水则采用设置于该建筑天面的太阳能热水系统供应。

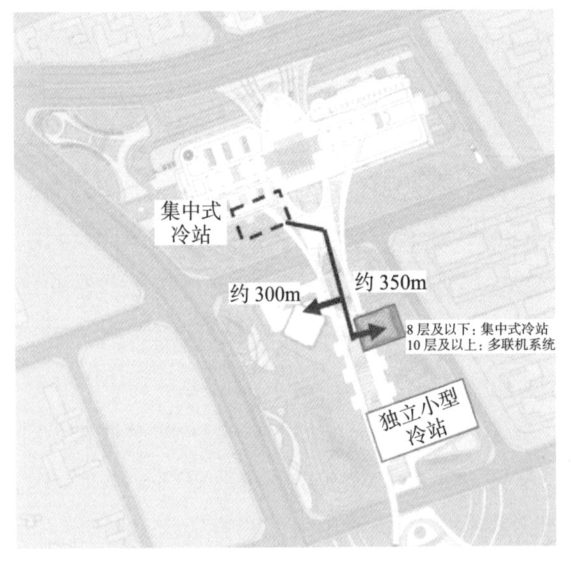

图 5.3-11 冷站位置示意图

这种冷站配置方式能够充分发挥集中式冷站在装机容量、机房占地、运营维护等方面的优点，又能兼顾南区国际医疗保健中心需要灵活调节能源供应确保高品质室内环境的要求。

4. 高效节能设备

用能设备选用高性能设备、包括冷水机组、风机、水泵等，国际医疗中心冷热源机组提升幅度达 12%，采用变频技术，整体空调系统能耗降低 15%。电梯能耗作为医院能耗的重要组成部分，设计时合理进行人流设计，同时选用节能型电梯并辅以节能控制措施。照明系统采用节能灯具，各房间照明功率目标值达到目标值的高要求，节约照明用电。同时采用智能化照明系统，实现节能运行和用户个性化调节。

（1）高效空调机组

1）供暖空调系统的冷、热源机组能效均优于现行国家标准《公共建筑节能设计标准》GB 50189 的规定以及现行有关国家标准能效限定值的要求，选择性能系数高的设备，以节约能源消耗。机组能效指标满足表 5.3-2 的要求，对于国际医疗中心，冷水机组能效指标提高 12%，多联式空调机组性能系数提高 14%。

冷、热源机组能效指标提高或降低幅度　　表 5.3-2

机组类型		能效指标	提高或降低幅度
电机驱动的蒸气压缩循环冷水（热泵）机组		制冷性能系数（COP）	提高 6%
溴化锂吸收式冷（温）水机组	直燃型	制冷、供热性能系数（COP）	提高 6%
	蒸汽型	单位制冷量蒸汽耗量	降低 6%
单元式空气调节机、风管送风式和屋顶式空调机组		能效比（EER）	提高 6%
多联式空调（热泵）机组		制冷综合性能系数（IPLV（C））	提高 8%
锅炉	燃煤	热效率	提高 3%
	燃油燃气	热效率	提高 2%

2）空调制冷系统设置群控系统，随着空调负荷的变化，经群控系统计算优化开机的台数，或根据室外空气状态的变化，群控系统自动改变冷水机组的运行工况，有效的节省空调运行能耗。

3）水泵、风机、冷却塔等设备选择高效率产品，水泵、风机等其他电气设备满足相关国家标准的节能评价值。同时采用变频技术，地下室排烟风机与通风合用，采用变频或分档控制，并与一氧化碳浓度监控联合调节。

表 5.3-3 显示了整个冷热源系统配置方案。

冷热源系统设备配置方案　　表 5.3-3

区域	夏季		冬季	
	空调冷源	生活热水系统	空调热源	生活热水系统
北区集中式冷站	冰蓄冷机组【A1】 + 常规冷水机组【B1】 + 全热回收空气源热泵空调机组【C1】	全热回收空气源热泵空调机组【C1】(制冷+热回收工况） + 二次再热热源设备【D1】（锅炉或高温热泵）	燃气锅炉【E1】	全热回收空气源热泵空调机组【C1】(制热工况） + 二次再热热源设备【D1】（锅炉或高温热泵）

续表

区域		夏季		冬季	
		空调冷源	生活热水系统	空调热源	生活热水系统
国际医疗中心小型冷站		高效冷水机组【A2】 + 全热回收空气源热泵空调机组【B2】	太阳能热水系统【C2】 + 全热回收空气源热泵空调机组【B2】（制冷＋热回收工况） + 二次再热热源设备【D2】（锅炉或高温热泵）	燃气锅炉【E2】	太阳能热水系统【C2】 + 全热回收空气源热泵空调机组【B2】（制热工况） + 二次再热热源设备【D2】（锅炉或高温热泵）
其他	动物实验中心	空气源四管制多功能冷热水机组【A3】	--	空气源四管制多功能冷热水机组【A3】	--
	教学行政公寓楼10层以上部分	多联机【A4】	空气源热泵热水机组【B4】	多联机【A4】	空气源热泵热水机组【B4】

注：上表中设备后的【 】内为设备编号，编号相同代表为同一项设备。

（2）照明节能措施

随着新材料、新技术的发展和运用，高效照明产品趋于向小型化、高光效、长寿命、无污染、自然光色的方向发展。选择高效照明灯具与光源合理配套使用，在满足照明要求的情况下，可以有效节约照明用电。项目中各栋大楼内的支架灯、灯盘采用三基色T5直管荧光灯，选用电子镇流器；吸顶灯、筒灯可采用紧凑型电子荧光灯；悬挂灯、投光灯可采用带就地补偿的金属卤化物灯；箱式灯具和天花嵌入式灯具采用LED灯具照明。通过采用高效率灯具，项目各房间或场所的照明功率密度不高于《建筑照明设计标准》GB 50034—2013规定的照明功率密度（LPD）的目标值（表5.3-4）。

各房间照明功率密度限值 表5.3-4

类型	房间或场所	照度标准值（lx）	照明功率密度限值（W/m^2）	
			现行值	目标值
办公	普通办公室	300	≤ 9.0	≤ 8.0
	高档办公室、设计室	500	≤ 15.0	≤ 13.5
	会议室	300	≤ 9.0	≤ 8.0
	服务大厅	300	≤ 11.0	≤ 10.0
医疗	治疗室、诊室	300	≤ 9.0	≤ 8.0
	化验室	500	≤ 15.0	≤ 13.5
	候诊室、挂号厅	200	≤ 6.5	≤ 5.5
	病房	100	≤ 5.0	≤ 4.5

续表

类型	房间或场所	照度标准值（lx）	照明功率密度限值（W/m²）	
			现行值	目标值
医疗	护士站	300	≤ 9.0	≤ 8.0
	药房	500	≤ 15.0	≤ 13.5
	走廊	100	≤ 4.5	≤ 4.0

国际医疗中心定位为绿色建筑三星级设计标识，采用照明控制系统，用先进的照明控制器具和开关对照明系统进行控制。在室内照明控制中，主要包括声控、光控、红外等智能化的自动控制系统，充分利用自然光进行照明，减少照明用电和延长照明产品寿命。

（3）节能电梯

医院电梯和扶梯使用频率较高，且数量较多，采用节能型电梯和自动扶梯具有较大的节能潜力。项目中主要采用了如下节能措施：①电梯、扶梯的选用：充分考虑使用需求和客 / 货流量，电梯台数、载客量、速度等指标；②电梯、扶梯产品的节能特性：采取变频调速拖动方式或能量再生回馈技术；③节能控制措施：包括电梯群控、扶梯感应启停、轿厢无人自动关灯技术、驱动器休眠技术、自动扶梯变频感应启动技术、群控楼宇智能管理技术等。

（4）冷凝热回收技术

冷凝热回收技术，是将空调系统排放的冷凝热作为生活热水的热源，不仅使热水系统不需要耗能或者少耗能，而且减少了空调系统的热污染，节能与环保，一举两得。本项目生活热水有较大需求，热水制备能耗较大，为了最大限度节约能源，在夏季采用空调冷凝热回收技术承担部分生活热水负荷。医院存在部分区域需要 24 小时供冷，例如住院部的病房区、恒温恒湿房间等，可以保证 24 小时全天候的冷凝热供回收制被热水之用。采用空调冷凝热回收技术，在夏季有望节约生活热水能耗 50% 以上。另外，采用空调冷凝热回收技术可以大量减少空调冷却塔耗水量。

5. 采用冰蓄冷系统

冰蓄冷系统是利用夜间电网低谷时间，利用低价电制冰蓄冷将冷量储存起来，在白天，通过融冰将所蓄冷量释放，实现制冷的空调系统。由于夜间制冰使用的是峰谷电价，白天融冰的制冷过程不需要消耗电力，因此其制冷成本十分低廉。

为鼓励调峰用电，充分利用现有电力资源，广东省发改委发布了《关于蓄冷电价有关问题的通知》（粤发改价格函〔2017〕5073 号文），规定了蓄冷电价的峰平谷比例为 1.65∶1∶0.25，意味着夜间制冰的电价仅为日常电价的 1/4。可见冰蓄冷系统的经济效益十分明显。

在本项目中，大部分空调负荷具有明显的日夜差别，仅病房区及动物实验中心有夜间供冷需求，适合利用夜间不运行的机组进行制冰蓄冷。因此本项目的集中式冷站采用以冰蓄冷系统为主的空调形式，实现能源费用的节约，同时配置部分常规制冷机组满足24h运行负荷的需求。蓄能装置提供的冷量不低于设计日空调冷量的30%，以节约运行费用。

6. 外窗、风扇及空调的“三联控技术”

采用智能化控制技术，在对室内环境要求不是十分严格的区域，依据气候、日时、人流量等因素，联动控制局部区域的外窗、风扇和空调系统，保证室内环境满足舒适性要求，同时节约空调能耗，实现能耗的最优管理，保障节能目标和空间环境品质。本项目中采用“三联控技术”（图5.3-12）的区域包括：①国际医疗中心首层贵宾接待厅、二层咖啡厅；②北区门诊职工餐厅；③教学行政公寓专家职工食堂等。

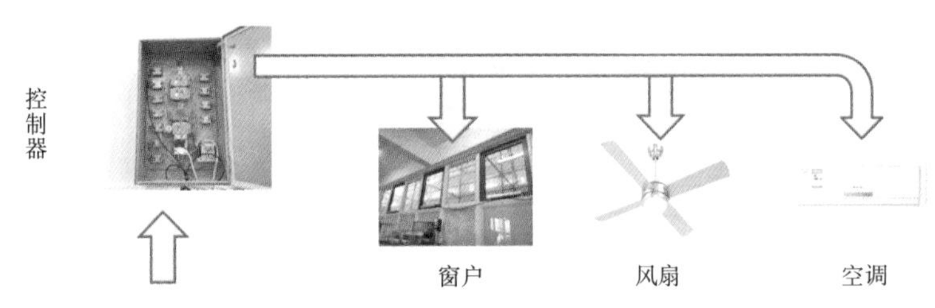

图5.3-12　三联控技术示意图

7. 电气节能措施

（1）节能型变压器

变压器是电力输送的关键电气设备，由于数量众多，变压器本身消耗的电能也相当可观。随着我国产业构造的逐渐调整，对提高供配电系统效率也越来越注重，而配电变压器在整个配变系统中所占的比例较大，所以对其损耗的重视程度越来越高，原有的S11型产品曾经满足不了市场的需求，逐步被淘汰，损耗更低的S13型产品及S15型产品逐步成为市场的主流。

本项目变压器采用S13级别以上的高效变压器，空载损耗和负载损耗满足《电力变压器能效限定值及能效等级》GB 20052—2020的二级能效要求。

（2）能耗监测系统

能耗监测系统是通过在建筑物、建筑群内安装分项计量装置，实时采集能耗数据，并具有在线监测与动态分析功能的软件和硬件系统。分项计量系统一般由数据采集子系统、传输子系统和处理子系统组成。

住房和城乡建设部2008年发布的《国家机关办公建筑和大型公共建筑能耗监测系统分项能耗数据采集技术导则》中对国家机关办公建筑和大型公共建筑能耗监测系统的建设提出指导性做法。要求电量分为照明插座用电、空调用电、动力用电和特殊用电。其中，

照明插座用电可包括照明和插座用电、走廊和应急照明用电、室外景观照明用电等子项；空调用电可包括冷热站用电、空调末端用电等子项；动力用电包括电梯用电、水泵用电、通风机用电等子项。

本项目建立完善的能耗监测系统，为本项目的节能运行和优化提供依据。

8. 可再生能源利用

（1）太阳能热水应用

太阳能热水系统在广东省应用广泛，本项目具有稳定的热水需求，在国际医疗中心采用太阳能热水器与空气源热泵系统联合运行的措施。太阳能集热器置于屋顶。

（2）太阳能光伏应用

目前，一种新型的太阳能发电系统——高效非逆变双备急屋顶太阳能发电供电系统（PV-LED）在市场上开始应用，PV-LED 照明技术就是采用高效非逆变屋顶太阳能发电与 LED 灯照明相结合，构建成一个发电用电直流系统，以光伏电力解决建筑内公共区域的照明问题，达到节能、低碳的目的；是目前较为先进的太阳能光伏替换传统能源，应用于建筑公共照明的实用型工程技术。

本项目针对地下车库采用 PV-LED 太阳能光伏照明，在南北区连廊中部屋顶安装光伏板，如图 5.3-13 所示。

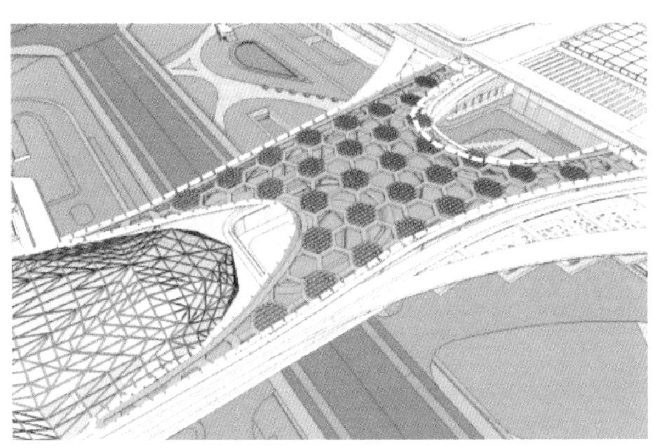

图 5.3-13 南北区连廊顶部的太阳能光伏板

（3）其他可再生能源技术

场地内路灯采用风 / 光互补照明灯。利用太阳能和风能发电为室外停车场和道路照明灯提供电源。风 / 光互补灯光源选用高效节能的 LED 灯。太阳能和风能发电的结合既节约能源也为人员通行提供可靠的照明。

9. 针对本地气候的防潮与除湿优化

针对南沙地区潮湿的问题，特别在岭南典型“回南天”天气时，潮湿和结露问题明显，建筑外窗幕墙气密性满足要求，内装所选材料具有吸湿作用外窗幕墙的气密性满足节能设计要求；同时在半室外区域选用具有一定吸湿作用的材料，尤其避免用光滑材料；室内装饰材料的选择考虑湿度调节的问题，降低空气骤变结露的可能性。国际医疗中心采用四管制系统，实现较好的除湿效果。医院内的手术室、实验室等特殊用房实施湿度独立控制，在这些区域设置独立的空调系统，确保各空间室内参数达到使用要求。

10. 节水措施

（1）雨水综合利用

本项目地处广州，根据气象资料，广州年降雨量大约 1682mm，雨水资源丰富，且全年都有降雨。广州市 1961—1990 年的气象资料显示，从 3 月到 10 月降雨量都在 80mm 以上，降雨分布比较均匀，适合雨水的收集利用，是非常好的杂用水水源。雨水是轻污染水（特别是屋面雨水），水中有机污染物较少，溶解氧接近饱和，钙含量低，总硬度小，经简单处理便可作为本项目的杂用水。由于雨水量随季节变化较大，雨水利用应优先考虑室外杂用水，如绿化灌溉、道路冲洗、车库冲洗、垃圾间冲洗等。

本项目的雨水主要回用至绿化浇灌、道路冲洗等杂用水，雨水处理工艺根据雨水水质以及水质指标进行选择，根据本项目特点，采用雨水收集系统及物理过滤处理系统。附建雨水收集池 800m^3，地下室设置雨水处理及回用机房约 100m^3，清水池 50m^3（图 5.3-14）。

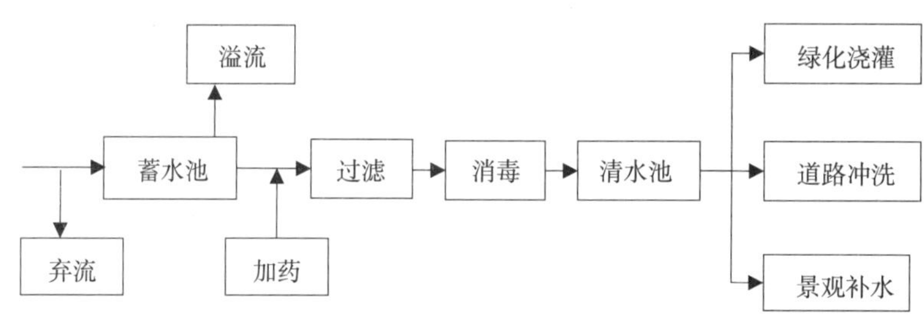

图 5.3-14　屋面雨水利用流程图

（2）节水灌溉技术

本项目绿地面积较大，出于经济性和适用性考虑，本项目还采用微喷灌的节水灌溉技术。微灌包括滴灌、微喷灌、涌流灌和地下渗灌，是通过低压管道和滴头或其他灌水器，以持续、均匀和受控的方式向植物根系输送所需水分的灌溉方式。微灌比地面漫灌省水 50% ~ 70%，比喷灌省水 15% ~ 20%。其中微喷灌射程较近，一般在 5m 以内，喷水量为 200 ~ 400L/h。

（3）节水器具

医院项目人流量较大，除特殊功能需求外，均采用节水型用水器具。公共卫生间坐便器选用 3.5L/5L 双挡水箱，小便器配感应式冲洗阀，蹲便器配双挡式高位水箱或感应式冲洗阀，洗手盆龙头配感应式水嘴，公共淋浴花洒配恒温混水阀。

各卫生洁具装修选型时参考《坐便器用水效率限定值及用水效率等级》GB 25502—2017、《蹲便器用水效率限定值及用水效率等级》GB 30717—2019、《小便器用水效率限定值及用水效率等级》GB 28377—2019、《便器冲洗阀用水效率限定值及用水效率等级》GB 28379—2012、《水嘴用水效率限定值及用水效率等级》GB 25501—2019、《淋浴器用水效率限定值及用水效率等级》GB 28378—2019 等标准，对于医院全部的用水器具，用水效率等级均达到 2 级（表 5.3-5）。

节水器具等级说明　　表 5.3-5

<table>
<tr><th>类型</th><th colspan="2">评价指标</th><th>1 级</th><th>2 级</th><th>3 级</th></tr>
<tr><td>蹲便器（配水箱或冲洗阀）</td><td colspan="2">冲洗水量（L）</td><td>4.0</td><td>5.0</td><td>6.0</td></tr>
<tr><td>小便器（配冲洗阀）</td><td colspan="2">冲洗水量（L）</td><td>2.0</td><td>3.0</td><td>4.0</td></tr>
<tr><td>淋浴器</td><td colspan="2">流量（L/s）</td><td>0.08</td><td>0.12</td><td>0.15</td></tr>
<tr><td>洗手盆水嘴</td><td colspan="2">流量（L/s）</td><td>0.100</td><td>0.125</td><td>0.150</td></tr>
<tr><td rowspan="4">坐便器</td><td>单挡</td><td>平均值（L）</td><td>4.0</td><td>5.0</td><td>6.5</td></tr>
<tr><td rowspan="3">双挡</td><td>大挡（L）</td><td>4.5</td><td>5.0</td><td>6.5</td></tr>
<tr><td>小挡（L）</td><td>3.0</td><td>3.5</td><td>4.2</td></tr>
<tr><td>平均值（L）</td><td>3.5</td><td>4.0</td><td>5.0</td></tr>
</table>

第 6 章

总　结

早在2014年11月，中美双方发布应对气候变化的联合声明。我国首次正式提出2030年碳排放达到峰值，这意味着到2030年，我国的碳排放必须转头向下，快速减少，这是我国向全世界的庄严承诺。而在2020年9月，中国在第75届联合国大会上更是进一步正式提出“2030年实现碳达峰、2060年实现碳中和”的宏伟目标，这犹如一管催化剂，使得城市建设向绿色、低碳全面转型。

城市建设的绿色化是实现城乡建设领域碳达峰、碳中和目标的必由之路。对于岭南地区而言，严峻的生态环境形势以及粗放的城乡建设模式已经给城市建设的绿色化带来很大的压力，城市绿色建设已成为岭南地区实现低碳生态和可持续发展的重要支点，是岭南地区在新型城镇化建设中要树立和坚持的重要原则。

目前，岭南地区的城市绿色建设工作尚处于探索阶段，没有成熟的绿色建设模式可供借鉴参考，存在不少需要研究的问题，如绿色建设区域发展不平衡、建筑业转型升级缓慢，绿色建设概念和模式尚未确立、市场配置资源的决定性作用还存在体制机制障碍等。为此亟需针对目前岭南地区在绿色建设方面的问题，从节能减排和可持续发展视角出发，基于城市建设全领域和具体项目的全生命周期，提出城市绿色建设体系，以期指导目前的城市绿色建设工作。

本书首先通过分析我国城市建设发展现状及相关的绿色化要求，总结和提炼城市绿色建设的关键元素，提出了城市绿色建设的概念和内涵。对于岭南城市而言，绿色建设是以倡导人与自然生态和谐共生为理念，以以人为本、因地制宜、维护城乡生态安全、传承发展岭南建筑文化为立足点，以创建宜居城乡、实现可持续发展为总体目标的城乡建设模式。它在产业支撑、人居环境、社会保障、生活方式等方面突破传统，实现城乡建设模式的转变；在自主创新能力、资源节约利用、降低污染排放、产业结构水平、信息化程度、质量效益等方面转型升级，实现城乡建设的跨越式发展。

此外，本书通过总结岭南城市建设特点，并按照省、市、区的总体逻辑脉络梳理了岭南地区典型省份、城市、行政区、城区的绿色建设发展情况，提出了设计、施工、运营管理等工程建设全生命期不同阶段的城市绿色建设要求。同时，本书通过广泛的技术调研，提出了城市绿色建设的技术体系，该体系包括了绿色建设指标体系、绿色建设标准体系、绿色建设关键技术、岭南特色绿色技术等几个方面，涵盖了城市建设的绿色设计、绿色施工、绿色评价等各个领域，能够为岭南地区的城市绿色建设提供指引。本书还从促进城市绿色发展的角度提出了推动城市绿色建设的创新市场机制以及政策保障措施，可以为政府行政管理部门决策提供参考。

最后，本书通过行政区、城区、建筑三种不同层次下的绿色建设案例分析，总结了城市绿色建设的关键要点，为岭南地区城市建设提供了完整的技术图谱和实践经验，对于推动岭南地区城市绿色建设，促进城乡建设领域的碳达峰、碳中和工作具有现实意义。

参考文献

[1] 陈湘生."两碳"战略下城市建设的思考 [J]. 建筑，2021(13)：17-19.

[2] 王龙欢，贾炳浩，戈晓宇 . 1980—2015 年气候变化对中国城市绿色基础设施的影响 [J]. 风景园林，2021，28(11)：55-60.

[3] 深圳市建设科技促进中心 . 持续践行绿色低碳发展理念 助力先行示范区高质量发展 [J]. 住宅与房地产，2021(20)：8-15.

[4] 陈菲宇，吴洁，罗欣，张南宁 . 广州市绿色建筑设计现状、问题及成因 [J]. 华中建筑，2020，38(08)：9-14.

[5] 丁一 . 海绵城市规划国际经验研究与案例分析 [J]. 城乡规划，2019(02)：33-40.

[6] 徐丹，陈秋晓，王彦春 . 基于案例对比的绿色基础设施的建设模式研究 [J]. 建筑与文化，2016(10)：110-111.

[7] 管勇，许超，孙林，龚红卫 . 江苏省绿色建筑项目发展概况及技术效益分析 [J]. 建设科技，2018 (19)：72-75.

[8] 曾熠宇 . 可持续发展视角下广州市绿色建筑发展政策优化研究 [D]. 广州：华南理工大学，2020.

[9] 王虹，李昌志，李娜，俞茜 . 绿色基础设施构建基本原则及灰色与绿色结合的案例分析 [J]. 给水排水，2016，52(09)：50-55.

[10] 宋秋明，冯维波 . 绿色基础设施建设驱动城市更新 [J]. 现代城市研究，2021(10)：58-62.

[11] 邓巍靓 . 绿色建筑全面推广落实研究——以江苏省、重庆市为例 [J]. 建材与装饰，2018(16)：83-84.

[12] 孟冲，韩沐辰，盖轶静 . 绿色建筑助力粤港澳大湾区绿色发展 [C]// 粤港澳大湾区绿色发展报告（2020）. 国际清洁能源论坛（澳门）：国际清洁能源论坛（澳门）秘书处，2019：444-457+569.

[13] 周天庆 . 面向绿色基础设施建设的城市碳汇绿地体系研究 [C]//. 面向高质量发展的空间治理——2021 中国城市规划年会论文集（08 城市生态规划）. 中国城市规划学会、成都市人民政府：中国城市规划学会，2021：236-244.

[14] 上海发布绿色建筑发展报告 [J]. 墙材革新与建筑节能，2018(07)：11.

[15] 游宇暄，郗永勤 . 邵武经济开发区绿色产业基础设施建设研究 [J]. 福建建材，2021(06)：32-35.

[16] 姜中桥，梁浩，李宏军，宫玮，张川，酒淼，龚维科 . 我国绿色建筑发展现状、问题与建议 [J]. 建设科技，2019 (20)：7-10.

[17] 曹文丽 . 新型城镇化背景下中小城市绿色建筑发展的研究 [D]. 南京：东南大学，2018.

[18] 王子轩 . 1950-1999 岭南现代宾馆建筑遗产保护研究 [D]. 广州：广东工业大学，2021.

[19] 曾云 . 保护和传承岭南建筑文化完善历史建筑档案 [J]. 城建档案，2013(01)：49-50.

[20] 陈雄，陈宇青，许滢，陈超敏 . 传承岭南建筑文化的绿色建筑设计实践与思考 [J]. 建筑技艺，2019(01)：36-43.

[21] 王驰 . 当代岭南建筑的地域性探索 [D]. 广州：华南理工大学，2010.

[22] 公晓莺 . 广府地区传统建筑色彩研究 [D]. 广州：华南理工大学，2013.

[23] 倪文岩 . 广州旧城历史建筑再利用的策略研究 [D]. 广州：华南理工大学，2009.

[24] 王霖 . 广州历史文化街区保护与活化研究 [D]. 广州：华南理工大学，2017.

[25] 王筱宇 . 广州市历史建筑保护规划编制与实施研究 [D]. 广州：华南理工大学，2019.

[26] 夏桂平 . 基于现代性理念的岭南建筑适应性研究 [D]. 广州：华南理工大学，2010.

[27] 张乃健，洪惠群 . 历史街区保护性更新研究——以佛山“岭南天地”为例 [J]. 中国名城，2013(03)：68-72.

[28] 陈吟 . 岭南建筑学派现实主义创作思想研究 [D]. 广州：华南理工大学，2013.

[29] 王河 . 岭南建筑学派研究 [D]. 广州：华南理工大学，2011.

[30] 陈杰，梁耀昌，黄国庆 . 岭南建筑与绿色建筑——基于气候适应性的岭南建筑生态绿色本质 [J]. 南方建筑，2013(03)：22-25.

[31] 杨仕超，周荃 . 岭南建筑元素在绿色建筑中的科学性分析 [J]. 南方建筑，2015(02)：28-31.

[32] 陈伟军 . 岭南近代建筑结构特征与保护利用研究 [D]. 广州：华南理工大学，2018.

[33] 覃辉银，符姝 . 岭南文化多元融合的特点探析 [J]. 华南理工大学学报 (社会科学版)，2015，17(01)：101-106+112.

[34] 王乾森，索亚旭 . 绿色建筑设计理论的本土化回归——基于岭南建筑环境适宜性设计理念的思考 [C]//. 第十一届国际绿色建筑与建筑节能大会暨新技术与产品博览会论文集——S01 绿色建筑设计理论、技术和实践 . 中国城市科学研究会、中国绿色建筑与节能专业委员会、中国生态城市研究专业委员会：中国城市科学研究会，2015：225-229.

[35] 樊馨媛 . 城市触媒视角下的岭南天地历史街区保护更新研究 [D]. 长沙：湖南大学，2021.

[36] 侃卓措 . 基于历史文化传承与发展的岭南古村落文创产品开发研究 [J]. 西部学刊，2022(06)：78-81.

[37] 钟小凤 . 老旧小区改造如何留住岭南历史风貌 [J]. 低碳世界，2020，10(10)：86-87.

[38] 杜鹏，王立新，朱嘉健 . 岭南典型居用型历史建筑现状 [J]. 山西建筑，2020，46(15)：12-13.

[39] 黄万湖 . 岭南骑楼历史街区文化景观可持续发展设计研究 [D]. 桂林：广西师范大学，2017.

[40] 何艳萍 . 岭南思想文化在近代化中的历史地位和作用 [J]. 佛山科学技术学院学报 (社会科学版)，2012，30(01)：76-80.

[41] 赵春晨 . 略论岭南近现代的历史特征与文化精神 [J]. 广州大学学报 (综合版)，2001(03)：31-35.

[42] 何镜堂，郭卫宏，郑少鹏，黄沛宁 . 一组岭南历史建筑的更新改造——何镜堂建筑创作工作室设计思考 [J]. 建筑学报，2012(08)：56-57.

[43] 章滋其 . 基于传承广府营建智慧的当代岭南绿色建筑创作策略研究 [D]. 广州：华南理工大学，2021.

[44] 郭铁，李智伟 . 基于历史文化传承与发展的岭南古村落文创产品开发研究 [J]. 太原城市职业技术学院学报，2019 (10)：44-45.

[45] 蒋涛，许浩生，吴晨晨 . 岭南地区历史街区的生态改造研究 [J]. 华南理工大学学报 (社会科学版)，2016，18(05)：72-78.

[46] 罗雨林 . 岭南园林建筑砖雕的历史探究 [J]. 中国非物质文化遗产，2021(02)：88-98.

[47] 郑德华 . 试论岭南历史文化的开拓和保护 [J]. 学术研究，2000(09)：93-97.

[48] 谢浩，杨楚屏 . 优化防潮设计改善建筑环境 [J]. 哈尔滨工业大学学报，2003（10）：1264-1266.

[49] 赵炜 .BIM 技术在绿色建筑全寿命周期中的应用 [J]. 住宅与房地产，2021(34)：84-85.

[50] 李莹雪，沈维健 .BIM 技术在绿色建筑设计中的应用研究 [J]. 居舍，2022(02)：127-129.

[51] 王伟 . 城市绿色规划中若干问题的探讨 [J]. 低碳世界，2016 (04)：25-26.

[52] 邓孟仁，杨晓琳 . 基于岭南地区的保障性住区绿色规划研究 [J]. 价值工程，2011，30(34)：77-78.

[53] 李奇，韦仕川 . 绿色城市规划思想的回顾及新时代展望 [J]. 上海国土资源，2020，41(03)：32-38.

[54] 刘巍，蒋伟，孟令晗 . 绿色城市设计理念在规划设计中的应用 [J]. 城市住宅，2021，28(10)：128-129.

[55] 姚良刚 . 绿色城市设计与低碳城市规划 [J]. 建材与装饰，2017(51)：80-81.

[56] 石卿 . 绿色城市设计与低碳城市规划——新型城镇化的趋势 [J]. 城市住宅，2021，28(S1)：111-112+115.

[57] 蒋晶容 . 绿色城市设计与可持续发展城市规划研究 [J]. 经济师，2019 (12)：235+285.

[58] 俸远 . 绿色发展理念在建筑设计和城市规划中的具象化 [J]. 住宅与房地产，2019(36)：57.

[59] 宋永朋，张艳 . 绿色建筑与 BIM 技术的高效整合及应用研究 [J]. 智能建筑与智慧城市，2022 (03)：118-120.